Hab Spaß am Surfen!

Der Businesstrainer und -moderator spielt in schwierigen Situationen oft die Rolle zwischen Prediger und Löwenbändiger. Eine kleine unüberlegte Aktion, ein Straucheln im falschen Moment, eine unbedachte Äußerung ... die Löwenmeute schaut sich kurz an und denkt vielleicht schon an leckeres Futter. Um im kritischen Moment die spontan richtige Reaktion oder Bemerkung zu machen, müssen wir sofort auf gründlich reflektierte Grundhaltungen zurückgreifen können. Umgekehrt zeigt sich gerade in kritischen Momenten, welche Grundhaltung der Trainer *wirklich* hat. Im Stress fallen die Masken und das wahre Gesicht wird deutlich. Schade, wenn wir dann haltungsmäßig nur im Trüben fischen.

Der Umgang mit der Gruppe kann das eigene Ego ganz schön durchklopfen. Vor einer Gruppe zu stehen, bietet eine wunderbare Turbo-Chance zur persönlichen Reflexion und *Ent-wicklung:* Wir wickeln viele alte Glaubenssätze und Überzeugungen ab und kommen auf den ungeschützten Kern unserer Persönlichkeit. Jeder Mensch will Echtheit spüren. Rhetorikshows und Fassaden sind nur Beruhigungstechniken für Anfänger.

In diesem Buch möchte ich daher meinem Grundsatz folgen: „Haltung schlägt Tool!" Statt vieler Rezepte und Tools werde ich stärker auf die dafür erforderliche Grundhaltung und innere Einstellung eingehen, die in schwierigen Workshops den Unterschied machen. Viele dieser einfachen Haltungen haben eher mit einer weisen Weltsicht zu tun, die uns in allen Lebenslagen hilft. Daher wollen wir auch einige Quellen zu Wort kommen lassen, die ursprünglich nicht aus der Trainings- und Moderatorenecke kommen.

Um es nicht zu abstrakt werden zu lassen, übersetze ich diese Haltungen immer in konkrete Beispiele und wirkungsvolle Verhaltensweisen und Strategien im Training. Eine Toolbox für den sofortigen Gebrauch lädt zur Umsetzung ein.

Ganz herzlich bedanken möchte ich mich bei Thomas Rößle, der als Freund und Kollege wichtige Kapitel eingebracht hat. Großen Dank auch an alle Kollegen, die ihre jeweils schwierigsten Situationen so offen beschrieben haben. Antje Schmid hat vieles journalistisch überarbeitet, auch dafür vielen Dank. Anselm Grün danke ich für wertvolle Hinweise, wie das Schreiben eines Buches mental am besten gelingt. Und natürlich geht ein großes Dankeschön an Ralf Boden vom Cornelsen Verlag, der die Idee zu diesem Buch hatte und die weite Dehnung des Themas bis zur antiken Philosophie unterstützt hat. Ich wünsche Ihnen viel Spaß beim Surfen auf der Welle.

Es gibt keine schwierigen Teilnehmer.
Nur Teilnehmer, mit denen du noch Schwierigkeiten hast.

Sylt und Garmisch-Partenkirchen, im Sommer 2012   *Dr. Holger Sobanski*

Inhalt

5 Probleme lösen – Schritt für Schritt 95

6 Die Klassiker: 21 schwierige Gruppensituationen und ihre Lösungen 123

Meinem Gartenzwerg Alexander und allen Kollegen und Teilnehmern, die ich in den Trainerausbildungen kennen lernen durfte.

1 Einleitung

1.1 „Wenn's mal richtig knallt":
Keine Angst vor schwierigen Workshops

„Wir finden drei Gründe für Streit in der menschlichen Natur: erstens Konkurrenz, zweitens Mangel an Selbstvertrauen, drittens Ruhmsucht."
Thomas Hobbes

Anspruchsvolle Workshops und Trainings machen den Trainer- und Moderatoren-beruf ja erst interessant. Wenn alles immer glattlaufen würde, gäbe es dieses Berufs-feld wahrscheinlich gar nicht. Viele Workshops kommen ja gerade deshalb nur zu Stande, weil der Auftraggeber genau das erwartet: schwer steuerbare Gruppendyna-mik, unberechenbare Einzelteilnehmer, Vorwürfe, ein zähes Im-Kreis-Drehen ohne echten Fortschritt, eitle Bunkermentalität oder taktisches Fassadenspiel. Jedes Mee-ting, vielleicht fast jedes längere Zusammensein von Menschen, ist voller Konflikte. Die Basisgründe für Streit sind zwar immer wieder die gleichen, aber die Facetten in jeder Situation wieder neu.

Konflikte sind bei uns Menschen – obwohl wir sie täglich als Teil unseres Le-bens erfahren – eigentlich fast immer negativ belegt. Schade eigentlich, dabei sind sie zunächst ja einmal pure Energie. Nur wenige Berufsgruppen freuen sich, wenn es richtig knallt: Mediatoren, Therapeuten, Anwälte, Katastrophenhelfer leben auf und kommen dann ja erst in ihre Existenzberechtigung. Aber das werden wohl im-mer die Ausnahmen bleiben. Sollte der Trainer und Moderator zu dieser seltenen Gruppe dazugehören? Ja und nein. Ja, weil es oft einfach der Realität des Auftrags und der Gruppensituation entspricht. Nein, weil eben weit mehr als die Hälfte aller Trainings und Workshops gar nicht auf Konfliktlösungen angelegt sind. Hier ent-steht der Ärger unnötigerweise erst, weil wir etwas versäumt oder nicht beachtet haben. Oder weil wir problematisches Teilnehmerverhalten nicht erkannt haben und dann auch nicht reagieren konnten.

Üblicherweise versuchen wir, die schwierigen Trainings in erfolgreiche zu dre-hen. Wir wollen die nervigen Störungen überwinden und schnellstmöglich wieder in sicheres Fahrwasser kommen. Wir fühlen uns als Trainer und Moderator in einer entspannten und lustigen Gruppe einfach wohler.

1.2 Wozu ein Buch über Schwierigkeiten?

Dies soll ein Lesebuch sein, das nicht nur praktische Tools zur Bewältigung von schwierigen Workshop-Situationen anbietet. Getreu dem Grundsatz Haltung schlägt Tool, möchten wir grundlegende Haltungen reflektieren, die einen Trainer und Moderator in anspruchsvollen Gruppenkonstellationen erfolgreich machen.

Dabei möchten wir uns hier auf Erwachsenengruppen konzentrieren, die unter externer Moderation durchgeführt werden und ein persönliches oder betriebliches (Lern-)Thema als Grundlage haben. Gruppengrößen von sechs bis 20 Personen mit einer Veranstaltungsdauer zwischen ein und drei Tagen decken in diesem Bereich schon weit über 80 Prozent der Veranstaltungen ab. Dazu zählen offene Seminare, Inhouse-Trainings mit Kollegen aus einer Firma, Strategieworkshops für einen Organisationsbereich oder moderierte Workshops im Rahmen eines betrieblichen Veränderungsprozesses. Dabei sind schwierige Situationen zwar zu lösen, aber nicht das eigentliche Veranstaltungsthema. Konflikt-Workshops und Krisen-Teamentwicklungen stehen daher hier nicht im Vordergrund, da wir in diesen sehr anspruchsvollen Fällen in der Moderation methodisch ausschließlich mit Schwierigkeiten beschäftigt sind. Hier sei auf die einschlägige Fachliteratur für Spezialisten der Krisenmoderation und der Konfliktlösung verwiesen.

1.3 Da liegt der Hund begraben: Ursachen für schwierige Situationen

Typische schwierige Situationen in Workshops sind meist auf folgende drei Auslöser zurückzuführen:

- Problematisches Verhalten einzelner Teilnehmer
- Anspruchsvolle Gruppensituationen/Gruppendynamik
- Problematisches Verhalten des Trainers/Moderators

In der Praxis werden wir häufig eine Mischung von mindestens zwei der drei Problemfelder erleben, die sich gegenseitig beeinflussen oder hochschaukeln. Der eigentliche Auslöser ist dann nur noch schwer auszumachen. Wenn wir den Grundsatz wörtlich nehmen, „Es gibt keine schwierigen Trainings, nur Gruppen und Teilnehmer, mit denen du noch Schwierigkeiten hast", dann laufen alle Workshop-Probleme auf ein problematisches Verhalten des Trainers bzw. des Moderators hinaus. Dies ist jedoch hier bei Punkt 3 nicht gemeint. Es gibt eben auch problematisches Verhalten des Trainers/Moderators, das ganz am Anfang der Dynamik stand und so der eigentliche Auslöser nachfolgender Gruppenthemen war. Beispielsweise würden wir fachliche Inkompetenz oder monotone Workshop-Methodik eines Trainers als einen solchen Auslöser bezeichnen. Wir möchten auf diese Auslöser von Workshop-Problemen hier nur knapp eingehen, da wir sonst die gesamte Trainingsdidaktik behandeln müssten. Fachlich und methodisch versierte Trainer erleben natürlich viel weniger schwierige Situationen!

Dem deutschen Sprachgebrauch folgend und auch wegen der besseren Lesbarkeit werden wir in diesem Buch von „Trainer", „Teilnehmer" oder „Workshop-Leiter" sprechen. Selbstverständlich sind damit auch Teilnehmerinnen und Trainerinnen gemeint.

1.3.1 Was ist eigentlich wirklich schwierig?

„Das ist aber schwierig!" Das ist ein oft gehörter Stoßseufzer in Trainer- und Moderatorenausbildungen, wenn es anstrengend wird. Gerne antworte ich scheinbar gleichgültig mit dem Satz: *„Dann machen Sie doch mal was Schwieriges. Was Leichtes können Sie ja morgen wieder machen."* Was soll das? Wir machen uns oft gar nicht bewusst, dass wir eine „schwierige" Situation im Workshop schon mit einem ersten Gedanken begleiten. Dass es nämlich jetzt schwierig wird. Alles Schwierige scheint von uns aber leider gerne reflexartig in die negativ-anstrengende Ecke gestellt zu werden. Diese Wertung macht es dann oft gerade erst schwierig. Stellen Sie sich einen Wildwasser-Kanuten vor, der bei jeder reißenden Strömung einen Teil seiner Energie dafür vergeudet, dass er schreit: *„Das ist jetzt aber eine schwere Passage!"* Besser ist es, wir nehmen die Leichtigkeit von Anfang an in unsere mentale Startposition auf. Schwierig – na gut, dann machen wir halt jetzt mal für eine (oft nur kurze) Weile etwas Schwieriges, das gehört zum Wildwasserfahren einfach dazu.

1.3.2 Der Weg zu echter Stärke

Wie erreicht ein Trainer und Moderator ein meisterhaftes Niveau? Mir gefällt die Grundsystematik der Gallup-Studie zum Thema „Stärken stärken" gut: Eine echte Stärke, d.h. wirkliche Meisterschaft, erreicht ein Mensch immer dann, wenn drei Faktoren zusammenkommen: Talent, praktische Erfahrung und Kenntnisse/Tools. Das sehen wir ja seit Jahrhunderten bei allen großen Künstlern, Rednern, Baumeistern und eben auch jedem Handwerksmeister. Umgang mit schwierigen Trainings- und Workshop-Situationen ist in diesem Sinne eben auch reines Handwerk. Um es bis zur Meisterschaft zu bringen, brauchen wir zunächst Talent.

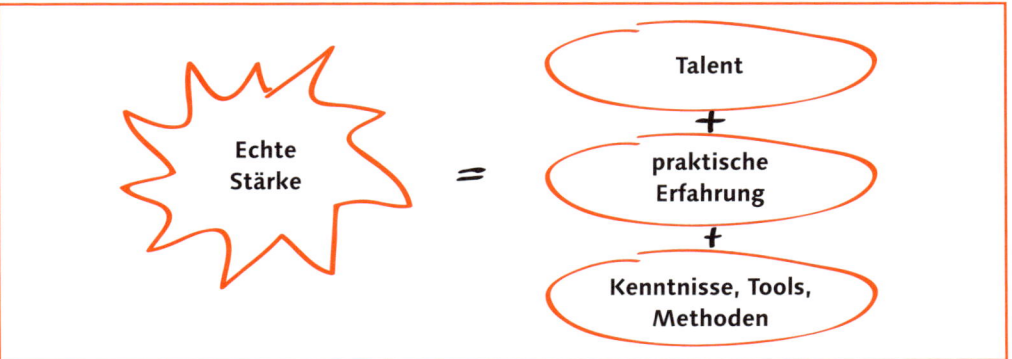

Echte Stärke = Talent, Erfahrung und Kenntnisse

Jeder Mensch hat eine angeborene Kombination von vielen Talenten, die ihn einmalig macht. Im Laufe des Lebens kommt es zunächst darauf an, mit seinen Talenten in Kontakt zu kommen und sie durch diagnostische Tools und praktische Selbstbeobachtung sicher zu erkennen. Dann suchen wir aus genau dieser Talentkombination den für uns wirklich passenden Beruf aus – weil es eben Berufung ist!

Es ist immer wieder erstaunlich, wie viele Menschen sich in Jobs wiederfinden, in denen sie ihre Talente konsequent schonen können. Manche Trainer und Moderatoren mühen sich mit schwierigen Gruppen ab, obwohl sie für diese Tätigkeit erkennbar kaum Talent haben. Haben Sie sich hierzu wirklich ernsthaft geprüft und auch wohlwollend-ehrliche Fremdeinschätzungen über sich eingeholt? Der Umgang mit schwierigen Gruppen erfordert z.B. folgende Talente:

Selbst-Bewusstsein

Damit ist kein schneidiger Auftritt gemeint, sondern eine positive – nicht arrogante – Ich-Stärke. Bin ich mir meiner selbst bewusst? Kenne ich meine Stärken, Schwächen, Muster, Marotten? Habe ich ein gesundes Verständnis über mein höheres Selbst, meinen Sinn und Beitrag in der Gesellschaft? Wie stark reagiere ich auf Muster der Teilnehmer, weil sie unbewusst mit mir selbst zu tun haben? Ein gesundes Selbst-Bewusstsein überträgt sich schnell auch auf eine nervöse Gruppe. Sie kann sich im positiven Sinne „anlehnen", kann sich fallen lassen und muss nicht ständig innerlich mit der Frage beschäftigt sein, „kriegt er oder sie das wirklich hin?". Diese Energie stecken wir lieber gleich in die Lösungsfindung.

Mut

Direkt in ein Minenfeld zu laufen, ist nicht mutig, sondern dämlich. Bei schwierigen Gruppenkonstellationen ist es zwingend notwendig, zunächst mit einem Minensuchgerät die Lage abzutasten und dann einen passenden Weg durch das verminte Gelände zu finden. Was hilft es der Gruppe und dem Auftraggeber, wenn der Trainer oder Moderator mit einer der ersten Minen hochgeht und „tot" ist für den weiteren Prozess? Wir mussten schon einige dieser explodierten Prozesse übernehmen und waren leider auch schon mehrfach dafür verantwortlich, dass ein anderer Kollege für unseren „Moderatoren-Selbstmord" einspringen musste. Diesen Mut braucht es also nicht. Geradliniger, „überlegter" Mut ist aber schon eine Charaktereigenschaft, die enorm hilft bei schwierigen Gruppenkonstellationen. Häufig hören wir ja von Auftraggebern und Teilnehmern in Vorgesprächen und Pausen: „Eigentlich würde ich da ja jetzt am liebsten mal ansprechen, ..."; „Das Beste wäre jetzt ... aber das traut sich ja eh keiner ..."; „Das sollten wir aber besser nicht ansprechen, das ist zu heiß ..." Genau hier wird ein guter Moderator und Trainer eher hellhörig und findet einen konstruktiven Weg, es doch zu besprechen. Gleichzeitig findet er den Mut, seine eigenen – auch unangenehmen – Wahrnehmungen zu äußern. Oder das gesamte Konzept über den Haufen zu werfen, wenn es sein muss. Es ist auch Mut, der uns einen komplett verfahrenen Workshop sinnvoll abbrechen lässt.

Zu Mut gehören für mich auch folgende Fragen: Kann ich allein gut „stehen", d.h., bleibt meine Grundhaltung „Ich bin ich" auch bei Gegenwind stabil, ohne starr zu werden? Kann ich meine Überzeugungen auch gegen eine gesamte skeptische Gruppe entspannt vertreten? Gehe ich auch unbequeme Wege ohne Harmonieorientierung? Mut ist für mich nur begrenzt trainierbar, aber wir wachsen mit den (Trainer-)Herausforderungen.

Kontakt- und Kommunikationsstärke

Müssen Trainer und Moderatoren extrovertiert sein? Nein. Introvertierte Persönlichkeiten können hervorragende Trainer und Moderatoren sein. Oft ist ihre Wahrnehmung sehr gut und sie können sich gut zurücknehmen und auch mal zuhören und schweigen, wenn es der Gruppe hilft. Allerdings müssen sie aus diesem Talent auch etwas machen, d.h. die aktive Kommunikation trainieren.

Auch das Thema Small Talk, Nähe und Nahbarkeit – z.B. in den Pausen – ist für stark introvertierte Trainerpersönlichkeiten oft ein Entwicklungsthema. Macht es mir wirklich Spaß, mit vielen – oft anstrengenden – Menschen den ganzen Tag zu sprechen? Kann ich auf natürliche Weise das Eis brechen lassen? Kann ich mühelos Brücken zwischen distanzierten Menschen bauen?

Extrovertierte Charaktere bringen hingegen häufig ein gesundes Maß an Kontakt- und Kommunikationsstärke mit. Wo meine größte Stärke liegt, finde ich jedoch oft auch meine größte Schwäche: Kann ich mich zurücknehmen? Wie abhängig bin ich von positivem Feedback und guter Workshop-Stimmung? Wie ist mein Redeanteil in der Veranstaltung? Kann ich wirklich so zuhören, dass ich auch Details bei längeren Diskussionen noch aufnehme?

Wahrnehmungssensibilität

Eine perfekte Talentkombination sind Mut (siehe oben) und die passende Vorsicht, die ihre Wurzel in der Wahrnehmungssensibilität hat. Manche Menschen bekommen einfach weniger mit. Es ist für sie sehr anstrengend, eine Vielzahl von zum Teil widersprüchlichen Wahrnehmungen, Stimmungen, Gesten, Wortfetzen, Untertönen und Atmosphären zu verarbeiten. Genau dieses Talent brauchen wir aber für turbulente Workshops. Später kommt dann noch die praktische Erfahrung dazu, welche Wahrnehmungen wir uns parallel aufschreiben, ansprechen oder im Hinterkopf parken. Genau dies macht den Beruf auch so anstrengend.

Flexibilität

Auch starke Eichen fallen im Sturm, der Bambus biegt sich im Wind. Bläst der Gegenwind im Workshop kräftig, ist das Talent zur geschmeidigen Flexibilität gefragt. Manchen Trainerpersönlichkeiten fällt es von Natur aus schwerer, einen Ablauf situativ zu ändern oder eine Methode blitzartig zu tauschen. Sie tun dies nicht aus Freude, sondern weil es sein muss. Dabei ist die Flexibilität im Aufnehmen von

Teilnehmerthemen, Ablaufwünschen und Störungen die Basis des Erfolgs, gerade in der frühen Phase der kritischen Gruppendynamik.

Humor (auch wenn es eng wird)

Humor ist, wenn man trotzdem lacht. Wir gehen darauf später noch ein. Bin ich bekannt dafür, auch in angespannten oder trockenen Situationen noch die Atmosphäre durch einen Scherz, ein Augenzwinkern, eine Mimik oder eine heitere Bemerkung passend zu lockern? Kann ich auch ernste Themen ohne Verharmlosung mit Humor angehen? Kann ich über mich selbst lachen? Humor ist ansteckend und darauf freuen sich Workshop-Teilnehmer immer. Gerade wenn es zum Thema gerade ohnehin wenig zu lachen gibt (herzlich willkommen zum Meilenstein-Workshop SAP-Einführung).

1.3.3 Geborene Frontschweine oder erlernbares Handwerk: Was kann Talent leisten?

Sicher können wir im Umgang mit Gruppen fehlendes angeborenes Talent zumindest teilweise durch noch mehr Fleiß und hartes Lernen von Techniken und Kenntnissen ausgleichen. Die praktische Erfahrungsmenge macht einiges wett und es gibt auch Trainer, die zusätzlich über eine Unmenge von guten Methoden verfügen. Aber all das bleibt harte Arbeit, wenn die entscheidende Spur Talent fehlt. Wenn Sie also nach Jahren der praktischen Erfahrung und vielen erfolgreich besuchten Fortbildungen spüren, dass die Arbeit mit Gruppen immer noch anstrengend und zäh ist, stellen Sie sich bitte ehrlich die Talentfrage.

Doch Talent allein macht ja noch keine wirkliche Stärke aus. Es muss, wie gesagt, auch noch sehr viel praktische Erfahrung hinzukommen. Sonst bleiben wir ewige, „schlummernde" Talente. Dieser zweite Aspekt wird für alle Trainer und Moderatoren eine Herausforderung, die zwar Talent für den souveränen Umgang mit Gruppen haben, in ihrem Berufsalltag aber schlicht zu wenige Übungsmöglichkeiten. Manche internen Trainer haben nur 10 bis 20 Trainingstage pro Jahr oder nur sehr selten anspruchsvolle Gruppenkonstellationen. Da helfen dann die besten Talente nichts, es fehlt einfach an praktischer Erfahrung.

Daher meine Empfehlung: Wann immer es eine Übungsmöglichkeit gibt, ob in der Firma, der Projektgruppe, in der Freizeit, als Co-Moderator oder bei Fortbildungen, rufen Sie immer reflexartig „Hier – ich mach's!". In den Trainer- und Moderatorenausbildungen kommen immer die Teilnehmer am weitesten, die sich jeder Übungsmöglichkeit bis an die Grenzen der Erschöpfung stellen.

Wenn Talent und viel praktische Erfahrung zusammenkommen, reicht das vielen Menschen schon aus, da sich erste Erfolge ja schon einstellen. Ich erinnere mich noch an eine Personalchefin eines großen Konzerns in München, die in einer Moderatorenausbildung vor allen ihren Personalreferenten sagte: *„Ich habe alles aus praktischer Erfahrung gelernt, Tools und Techniken aus all diesen Kursen und Büchern sind gar* *nicht wichtig!"* Ihre Referenten sollten einfach „machen", der Rest würde sich dann schon ergeben. So entsteht aber nie eine wirkliche echte Stärke, da eben die theoretischen Tools und Techniken fehlen. Für den Umgang mit anspruchsvollen Gruppen benötigen wir also noch dutzende von Modellen, Einstellungen, Tools und bewährten Interventionen, die wir dank unseres Talents auch gleich praktisch in einer realen Situation zur Erfahrung machen können. Dieses Buch liefert Ihnen eine Vielzahl dieser Kenntnisse und Techniken.

Prüfen Sie sich also immer selbstkritisch: Habe ich wirklich die gute Kombination aus Talent, praktischer Erfahrung und notwendigen Techniken und Kenntnissen, um die schwierige Gruppensituation zu meistern? Falls nein, an welchem der drei Punkte muss ich ansetzen?

1.3.4 Die 4+1 Lernstufen zur Meisterschaft

Die bekannten 4+1 Stufen des Lernens gelten natürlich auch für unser Thema: Wir lernen Schritt für Schritt bis zur mühelosen Meisterschaft, mit schwierigen Workshop-Konstellationen umzugehen.

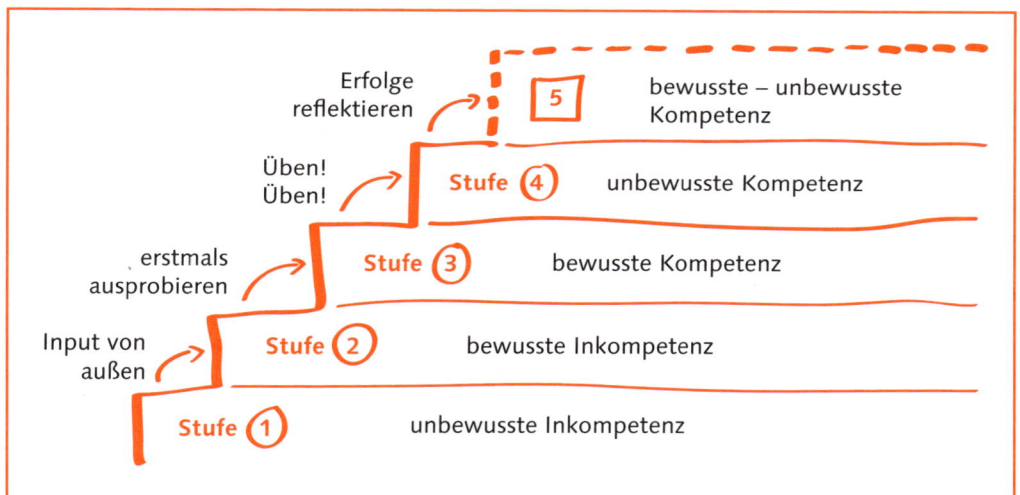

4+1 Stufen des Lernens

Stufe 1 – ... war da was?

In unserer unbewussten Inkompetenz sind wir am gefährlichsten: Wir wissen gar nicht, dass wir etwas nicht wissen. Schon die alten Griechen konnten von dieser naiv-ignoranten Erkenntnisstufe ein Lied singen. Hier sehen wir einen Trainer und Moderator vor der Gruppe, der die schwachen Signale gar nicht erkennt, die schon wenige Stunden (oder Minuten) später zum Problem führen werden. Dass er dann mit dieser kniffligen Situation auch nicht umgehen kann, weiß er auch nicht wirklich bewusst. Sonst hätte er ja jemanden um Hilfe bitten können. Für wirklich anspruchsvolle Situationen fehlt auch eine passende Toolbox von Interventionen, sodass wir uns einfach nur durchlavieren können. Das merken natürlich auch die Teilnehmer. Im besten Fall sagen wir dann nach einem katastrophalen Training: *„Tja, die brauchten wohl mal diese miese Phase ...", „Sind halt auf Krawall gebürstet gewesen, da kann man nichts machen ...", „Ich denke, langfristig wird das sehr heilsam gewesen sein ..."* Autsch. Häufig mussten wir Trainingsgruppen in einem „zweiten Versuch" zum gleichen Thema von einem internen oder externen Kollegen übernehmen, der es auf der Stufe 1 probiert und Schiffbruch erlitten hat. Schon in der Auftragsklärung wurde dann meist deutlich, dass der Trainer einfachste Grundregeln oder Interventionen der Gruppendynamik gar nicht kannte. Diese Erkenntnis half dann leider auch nicht viel weiter, da dem gleichen – einmal „abgeschossenen" – Trainerkollegen meistens kein zweiter Versuch zugestanden wird. Aber dann hilft die Reflexion immerhin für den nächsten schwierigen Auftrag.

Stufe 2 – ... bis hierhin und nicht weiter!

Ein ganz beachtlicher Fortschritt für uns ist der Sprung in die bewusste Inkompetenz. Mindestens dieser Sprung sollte durch dieses Buch oder eine einfache Trainer- und Moderatorenausbildung möglich sein. Was für ein Geschenk: Ich weiß, dass ich nichts weiß! Jetzt freut sich der alte Grieche schon sehr. Obwohl er ja immer noch nichts kann. Für schwierige Trainings und Workshops macht das einen gewaltigen Unterschied. Wir kennen einige Kollegen, die sich in sehr konfliktreichen Gruppensituationen unsicher fühlen und sich deshalb schon bei ersten Anzeichen in der Auftragsklärung Hilfe von Kollegen holen oder den Auftrag ablehnen. Das ist konsequent und vermeidet Schaden für alle Beteiligten. Diese Kollegen haben sich aber immerhin die Mühe gemacht, sich so stark zu reflektieren, dass sie ihre Kompetenzgrenzen erkennen können. Auch die Mehrzahl der Fachtrainer ist auf dieser Stufe langfristig erfolgreich. Sie bleiben stabil in ihrem Fachthema und verzichten konsequent auf gruppendynamische Experimente und problematische Kundenkonstellationen – können aber auch mit aufkeimenden Störungen schon in der Frühphase souverän umgehen.

Stufe 3 – ... auflösen, Schritt für Schritt!

Die bewusste Kompetenz als Jongleur von schwierigen Gruppen fühlt sich an wie unsere ersten Fahrstunden mit dem Auto. Wir nehmen am Verkehr teil, haben aber mächtig Stress, auf all die Verkehrszeichen, Knöpfe, Pedale, die Regeln und den laufenden Verkehr zu achten. Wir kommen richtig ins Schwitzen und haben kräftig Druck. In dieser Stufe hilft wirklich nur eines: üben, üben, üben. Dieser Stufe entspricht oft die Trainer- und Moderatorenausbildung, bei der wir direkt ins kalte Wasser springen und mit der Ausbildungsgruppe als Versuchskaninchen konkrete Erfahrungen im Lösen von schwierigen Situationen machen.

Das Sinnloseste, was wir in dieser anstrengenden Stufe machen können, sind Gedankenspiele wie *„Ich will eigentlich doch gar nicht als Trainer und Moderator arbeiten ..."* / *„Schwierige Gruppen liegen mir wirklich nicht ..."*. Kein Fahrlehrer würde in der zweiten Fahrstunde mit dem Fahrschüler eine Grundsatzdiskussion über die Gefahren des Autoverkehrs und die Schönheit des Bahnfahrens beginnen. Er wird vielmehr seelenruhig die dritte Fahrstunde ausmachen. Für diese Stufe gilt der alte Edison-Spruch: „Erfolg ist zu 99 Prozent Transpiration und zu ein Prozent Inspiration." Als Trainer und Moderator müssen wir uns durch diese Stufe durchquälen, viele Stunden auf die Vorbereitung eines schwierigen Trainings verwenden und manchmal noch mehr Stunden für die Nachreflexion, warum etwas schiefgelaufen ist. Während des Fahrens helfen uns einfache Checklisten, die wir noch etwas unelegant „abarbeiten", und natürlich würgen wir den Motor auch mehrmals ab. Stufe 3 ist die ultimative Invest-Phase in unserem Beruf. Wer dieses Investment scheut, wird kaum in Stufe 4 ankommen.

Stufe 4 – ... welche Schwierigkeiten? – Schon gelöst!

Jetzt haben wir uns aber wirklich eine angenehme Erholungsphase verdient! Als Erwachsene fahren wir wahrscheinlich fast alle Auto in der Stufe der unbewussten Kompetenz. Mühelos surfen wir durch den dichten Stadtverkehr, telefonieren nebenbei über die Freisprechanlage, essen und trinken, klönen mit dem Beifahrer, vermeiden schon im Ansatz zehn potenzielle Beinahezusammenstöße (nicht der Rede wert) und haben noch einen Blick für die Häuser und Landschaft draußen. Auf dieses Niveau kommen wir nur durch viel praktische Erfahrung. Stress haben wir keinen – obwohl wir viel schneidiger fahren als in unseren ersten Fahrstunden. Wir machen uns gar nicht bewusst, wie viele Kompetenzen wir hier eingesetzt haben.

Als Trainer und Moderator von schwierigen Gruppenkonstellationen sorgen wir in der Stufe 4 oft schon unbewusst für eine frühzeitige Auflösung der latenten Spannungen und finden scheinbar mühelos die richtigen Worte zur Besänftigung der gestressten Teilnehmer. Das geht alles so schnell und ohne Checklisten, dass wir meist erst im Nachhinein – z.B. anhand einer Videoanalyse – die gelungene Intervention erkennen. Dabei stehen uns dutzende, vielleicht sogar hunderte von Interventionen in unserem unbewussten Kellerarchiv sofort zur Verfügung. So macht surfen bei hohen Wellen Spaß!

Stufe 5 – ... ach, deshalb klappt das immer!

Geht es überhaupt noch weiter? Ja! Auch traumwandlerisch sichere Vollprofis können noch etwas dazulernen. In der bewussten unbewussten Kompetenz (das ist kein Widerspruch!) reflektieren wir zeitgleich als Trainer und Moderator, warum uns die Auflösung der schwierigen Situation in diesem Moment so mühelos-sicher gelingt. Die richtige Intervention kommt zwar spontan-intuitiv, aber wir machen uns sofort parallel die dahinterliegende Technik, das Modell oder die öffnende Sprachwendung bewusst. So erkennen wir, dass wir keine Naturtalente sind, sondern eben auch auf dieser Stufe noch handwerklich gelerntes und erprobtes Wissen einsetzen.

Auf dieser Stufe lernen wir also noch weiter und fallen nicht in die bequeme „Ich reagiere spontan dann schon irgendwie genial und richtig ...-Haltung". Dieses Buch kann Impulse bis zur dritten Stufe liefern. Die Stufe 4 bis 5 kann es leider nicht für Sie liefern. Da kommen wir nur durch viel praktische Erfahrung hin, die sich nun einmal über Bücher nicht erwerben lässt. Für diese High-End-Bereiche braucht es eine fordernde Trainer- und Moderatorenausbildung, in der Sie Ihre Grenzen praktisch erleben.

1.4 Die Drei-Ebenen-Profis – bei Schwierigkeiten klar im Vorteil

Der Workshop-Markt verändert sich: Bisher eher getrennt laufende Methoden wie Training, Einzelcoaching und Organisationsberatung werden in Business-Projekten immer stärker verzahnt. Zwar behält jede Methode ihr bestimmtes Profil und entwickelt es auch weiter. Doch wird zunehmend erwartet, dass sich ein externer Trainer oder Moderator z.B. in ein mehr-moduliges Führungskräfteentwicklungsprogramm mit Trainings, Prozessmoderationen zur aktuellen Reorganisation in der Firma und Coachings der Teilnehmer integriert. Ich habe vor vielen Jahren für mich den Begriff des Drei-Ebenen-Profis entwickelt, der diese besondere Qualität in seiner Arbeit zeigt. Wir fragen uns als Drei-Ebenen-Profi immer: Welche der bei einer Anfrage und in der Auftragsklärung angesprochenen Aspekte betreffen

- nur eine einzelne Person (Coaching-Ebene oder Einzeltraining u.Ä.),
- eine Gruppe bzw. ein Team innerhalb der Organisation (Teamentwicklung, Gruppentraining, Mediation u.Ä.),
- eine gesamte Organisationseinheit (Organisationsentwicklung, Changemanagement u.Ä.)?

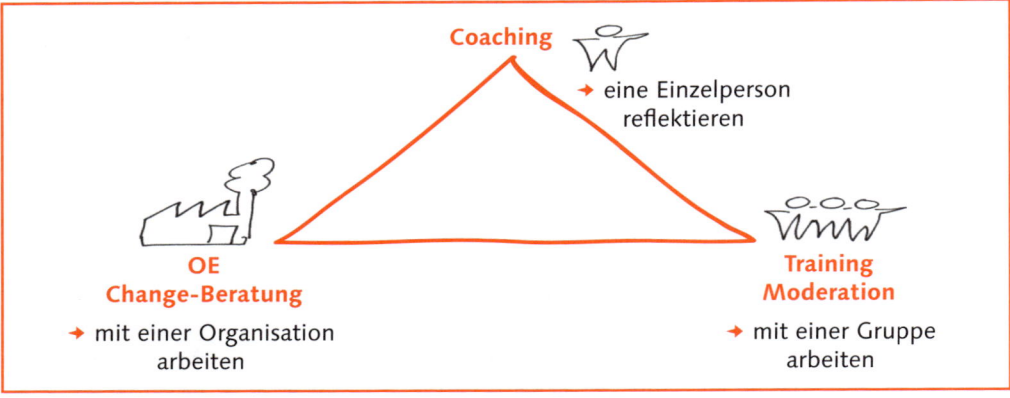

Drei-Ebenen-Profis

Typische Verzahnungen in Workshops sind:

- Workshops, die im Rahmen eines Change-/OE-Prozesses angesetzt werden
- Moderationen von Meetings mit (Teil-)Projektleitern in schwierigen Projektphasen
- Trainings als ergänzendes Instrument zu einem Coaching(-programm)
- Seminare mit vorab festgelegten Einzeltrainings- und Coaching-Bausteinen zu passenden Fragestellungen (z.B. im Onbording-Coaching)
- Coachings mit einer Führungskraft als Vor- oder Nachbereitung einer Teamentwicklung oder Mediation
- Schulungen und Einzelcoachings für ganze Teams im Rahmen einer Bereichsentwicklung
- Seminare in bestimmten Unternehmensphasen (Gründung, Wachstum, Post-Merger, Fusion, Personalanpassung)

In all diesen Fällen kann vom Trainer und Moderator erwartet werden, dass er nicht mit „Tunnelblick" nur sich und seine aktuellen Teilnehmer im Blick hat, sondern sich kompetent an die angrenzenden Themen andockt und auch aus seinen Wahrnehmungen als Trainer hier zusätzliche Impulse setzt. Das setzt aber Kompetenz voraus! Die besten Trainer im Business kennen daher auch die Toolbox des Coachings, der Moderation, der Personal- und Organisationsentwicklung und des Changemanagements.

Nur so können sie wirklich das jeweils beste für die Organisation vorschlagen, unabhängig von einer Methode. Training oder Moderation ist nur eine Methode! So wie Coaching, Mediation und Prozessberatung auch. Selbst wenn ein Kunde direkt nach einem Training oder einer Moderation fragt, lohnt es sich, einen großen Schritt zurück zu machen und sich zu fragen: Wäre eine andere Methode vielleicht zielführender? Müsste zunächst etwas anderes gemacht werden? Ist ein Workshop wirklich das effektivste Instrument? Für den Kunden mitdenkende Trainer sind gefragt und werden weiterempfohlen. Wir müssen die anderen Methoden aber ebenso gut kennen wie das Trainieren und Moderieren.

Wichtigster Grundsatz für Drei-Ebenen-Profis ist daher:

Die Zielsetzung bestimmt die Methode!

1.5 Die Basiskompetenzen des starken Trainers

Vor dem Meisterwerk kommt das Gesellenstück: Bevor wir uns mit der speziellen Haltungskompetenz im Umgang mit schwierigen Workshops beschäftigen, brauchen wir eine solide Basis für den Beruf als Trainer oder Moderator. Durch die Art und Weise, wie sich ein Trainer oder Moderator seiner Gruppe gegenüber verhält, beeinflusst er in starkem Maße das Lernklima und die Lernbereitschaft der Teilnehmer. Es lohnt sich, darüber nachzudenken, mit welchen Verhaltensweisen der Trainer die Lernfähigkeit der Gruppe unterstützen und mit welchen er sie stören kann.

Eine simple Orientierung schafft die Überlegung, wie er selbst als Teilnehmer gerne von einem Trainer behandelt werden würde. Keiner von uns hat es gern, wenn er angefahren oder bloßgestellt wird. Wenn er unter Druck gesetzt oder wie ein kleines Kind behandelt wird.

Die meisten Menschen haben eine Abneigung dagegen, manipuliert zu werden, und sie haben deshalb ein feines Gespür dafür entwickelt.

Erwachsene können im Allgemeinen besser lernen, wenn ihnen die Lernsituation transparent ist und wenn die Lernziele und das Klima in der Gruppe mitgestaltet werden dürfen.

Dies ist kein Plädoyer für die „weiche Welle", vielmehr sind Menschen, die sich als ernst genommene Personen behandelt fühlen, in der Regel durchaus zu hoher Arbeitsleistung bereit. Ein Trainer, der das Vertrauen zwischen ihm und der Gruppe nicht durch Tricks oder Inkompetenz verspielt, kann durchaus hohe Anforderungen an die qualitative und quantitative Leistung der Gruppe stellen. Setzt er dagegen die Gruppe unter Druck, engt er ihren Handlungsspielraum unnötig ein. So erzeugt er Widerstände in der Gruppe, die viel von der Energie verschlingen, die für den eigentlichen Lernprozess notwendig ist. Hier sind nicht die Widerstände gemeint, die mit dem Lernen selbst zusammenhängen. Gemeint ist die Abwehrhaltung bei den Teilnehmern, die ein Trainer durch autoritäres oder selbstdarstellerisches Verhalten auslöst.

Nun ist es sicher nicht sinnvoll, ein Idealmodell für das Trainerverhalten zu entwerfen. Was „richtiges" und was „falsches" Verhalten ist, hängt sehr von der Persönlichkeit des Trainers und von der Zusammensetzung der Gruppe ab. Neben der Überlegung, die wir oben angestellt haben – „Was du nicht willst, das man dir tu, das füg auch keinem anderen zu" –, gibt es nur den Rat, sich als Trainer immer wieder Feedback von der Gruppe zu holen und dieses Feedback aufmerksam und selbstkritisch anzuhören.

Es ist nicht ausreichend, einfach guten Willens zu sein, um seine Trainerrolle gut zu spielen. Vielmehr gehören verschiedene Arten von Kompetenz dazu, d.h. Fähigkeiten, die notwendig und erlernbar sind.

Aus meiner Sicht gibt es vier Arten von Kompetenz:
- Unter Fachkompetenz verstehen wir die Fähigkeit, den Trainingsinhalt und die Trainingsmethoden fachlich wirklich zu beherrschen. Dazu gehört nicht nur das Wissen um den Inhalt und die Methoden, sondern auch das praktische und theoretische Umfeld des Wissensstoffes. Der Trainer soll gängige Fragen aus seinem Fachgebiet beantworten und die fachliche Relevanz seines Stoffes einordnen können. Das bedeutet nicht, dass er auf seinem Gebiet allwissend sein muss. Es tut der Auto-

rität keinen Abbruch, wenn auch er einmal eine Frage unbeantwortet lässt, solange seine fachliche Versiertheit im Prinzip anerkannt ist.

- Mit Umsetzungskompetenz ist gemeint, dass der Trainer das organisatorische Umfeld, in dem das Erlernte in die Praxis umgesetzt werden soll, kennen muss. Er soll also Erfahrungen darüber besitzen, welche organisatorischen und institutionellen Schwierigkeiten auftreten, wenn die Trainingsziele in der Praxis angewendet werden. Ein Mangel an dieser Art von Kompetenz führt dazu, dass der Trainer ständig dem Vorwurf der Praxisferne ausgesetzt ist.

  Zu dieser Art von Kompetenz gehört auch, dass der Trainer die organisatorische Möglichkeit haben muss, Bedenken gegen die Ziele einer Veranstaltung an verantwortliche Stellen weiterzugeben und ggf. für ihre Änderung zu sorgen. Das Gleiche gilt für organisatorische Probleme, die im Zusammenhang mit der Realisierung der Lernziele auftreten, sofern sich die Teilnehmer nicht selbst um ihre Lösung kümmern (können).

- Die individuelle Kompetenz des Trainers besteht in seiner Fähigkeit, mit sich selbst zurechtzukommen. Dazu gehören die Kenntnis über seine spezifischen Reaktionsformen, z.B. in Konfliktsituationen, Klarheit über seine eigenen Wünsche und Ziele. Diese Kenntnisse sind Voraussetzungen, um situationsgerecht reagieren zu können und auch um die erheblichen psychischen Belastungen, denen ein Trainer ausgesetzt ist, durchstehen zu können.

- Soziale Kompetenz heißt, dass der Trainer in der Lage sein muss, gruppendynamische Situationen zu erkennen und auf sie angemessen zu reagieren. Dazu gehört seine Fähigkeit, möglichst vorurteilsfrei mit jedem Gruppenmitglied Kontakt aufzunehmen, und es gehört die Art und Weise dazu, wie er seine Führungsrolle in der Gruppe wahrnimmt. Er muss in der Lage sein, einzuschätzen, wie sein Verhalten auf die Gruppe wirkt, und er muss über ein ausreichendes Verhaltensrepertoire verfügen, das ihm erlaubt, in unterschiedlichen Situationen differenziert zu reagieren.

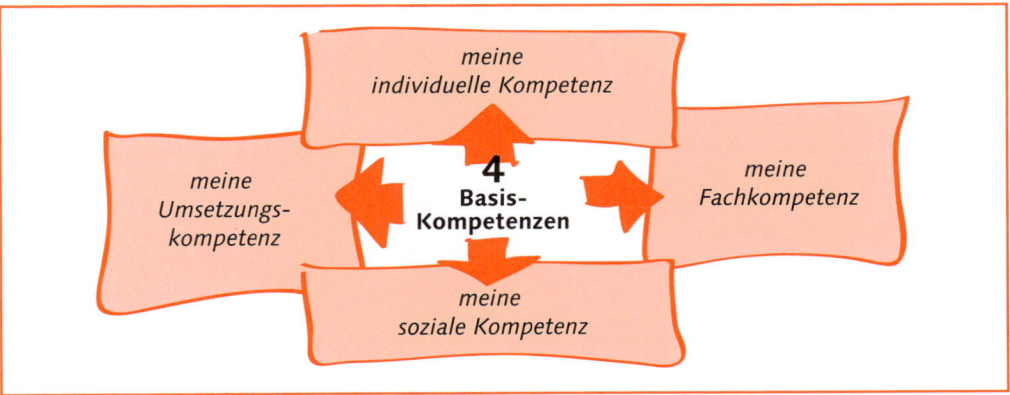

Die vier Basiskompetenzen des Trainers

Alle diese Kompetenzen sind nur in einem gewissen Umfang „naturgegeben", d.h., sie sind im üblichen Sozialisationsprozess gelernt. In vielen Fällen ist die Fachkompetenz noch am ehesten gegeben, während die übrigen Kompetenzen vor oder während der Trainertätigkeit erlernt werden müssen. Umsetzungskompetenz lässt sich am ehesten aus der Erfahrung lernen, d.h. aus konkreten Arbeits- und Steuerungsprozessen in einem Betrieb, einer Verwaltung oder einem Verband.

Auch individuelle Kompetenz lehrt bis zu einem gewissen Grad das Leben. Unterstützend können hierfür alle Arten von Selbsterfahrungsgruppen sein, die nach den Zielen des „personal growth" arbeiten, d.h., die persönliches geistig-seelisches Wachstum fördern. Neben dem methodischen Knowhow vermitteln gute Train-the-Trainer-Ausbildungen auch das Maß an sozialer Kompetenz, das für die Arbeit in der Erwachsenenbildung notwendig ist.

Um letztlich souverän mit schwierigen Situationen in Workshops und Trainings umgehen zu können, brauchen wir die ganze Palette an Trainer- und Moderatorenkompetenzen.

Für unsere offenen Trainer- und Moderatorenausbildungen verwenden wir im abschließenden Testing diese Beurteilungssystematik, die als Orientierung dafür dienen kann:

Beurteilungskriterien für Trainer und Moderatoren	
Einstieg	aktivierend, sympathisch
Verständlichkeit	vermeidet Fremdwörter, erklärt Fachbegriffe, spricht kurz, klar und präzise
Aussprache	Sprechpausen, Tempo/Lautstärke, Wortbetonungen
Gestik	passend zu den Aussagen
Haltung	sicherer Stand / Sitzen, Kopfhaltung
Mimik	Lächeln, Gesichtsausdruck / Interesse
Sprachstil	eindeutige Begriffe, treffende Formulierungen, keine Schachtelsätze, keine Generalisierungen
Manuskriptgebundenheit	liest wenig ab, freie Rede
Fragetechnik	gibt Zeit, nutzt offene Fragen, fragt zurück etc.
Blickkontakt	schaut alle Teilnehmer gleichmäßig an, kein Fixieren
Füllwörter	vermeidet „ähm" und „öh" etc.
Zeiteinteilung	hält die Zeit ein und bringt das Wesentliche unter
Aktivierung des Publikums	moderiert, stellt interessante Fragen

Witz und Humor	verulkt sich selbst, bringt zum Lachen
Präsentationen	Schriftbild etc. der Grafiken
Übungen	zum Thema passend
Medienhandhabung	Flips, Pinnwand, Videobeamer, Video etc.
Fachliche Kompetenz	Erfahrungswerte aus dem Fachlichen
Arbeitsmaterialien	Menge, Qualität
Prozesssteuerung	keine Abschweifungen, behält die Zügel in der Hand, ergebnis- und zielorientiert
Teilnehmerorientierung	stellt die Teilnehmer in den Mittelpunkt, Du-/Sie-Formulierungen statt man etc.
Natürlichkeit	keine künstliche Verhaltensweise, nahbar
Empathie	Einfühlungsvermögen, ausreden lassen, hört zu, bedankt sich, wiederholt Aussagen, teilt seine Empfindungen mit
Konfliktkompetenz	Umgang mit schwierigen Situationen/Teilnehmern
Moderationsschluss	Zusammenfassung, Abschlussaktivierung

1.6 Das kleine Geheimnis des Trainererfolgs

Die Liebe macht's! Manchmal ist es schon verwunderlich, dass Anfänger mit schwierigsten Gruppen zurechtkommen und Vollprofis daran scheitern können. Auf der subtilsten Ebene hat der erfolgreiche Umgang mit schwierigen Teilnehmern wohl gar nicht viel mit Techniken und Tools zu tun. Wir kennen das ja aus dem Coaching oder von erfolgreichen Therapeuten und auch Lehrern. Wenn die Basis echte Liebe für die Menschen ist, echtes Mit-fühlen für ihren nächsten Schritt und ehrliche Begeisterung für jede Überwindung, die gelingt – dann ist die Basis für den Erfolg gelegt.

Ein Trainer, der seine Teilnehmer wirklich mag, der schafft auch schwierige Konstellationen. Wenn nur ein Erfolgsgeheimnis erlaubt wäre – diese Regel würde vielleicht bei Trainern gewinnen. Ein Trainer oder Moderator, der das positive Potenzial auch des schwierigsten Teilnehmers „sieht" – der sich über jeden Menschen als einmalige Lernpersönlichkeit richtig freut – der kann sich sogar viele methodische und inhaltliche Pannen im Workshop-Ablauf erlauben (das muss aber nicht sein ...).

Doch wie kann ich meine eigene Haltung gegenüber den Teilnehmern für mich selbst auf den Prüfstand stellen? Denn ist es nicht manchmal so, dass man von sich glaubt, man liebt seine Teilnehmer und das ist aber in Wirklichkeit gar nicht der Fall? Hilfreich ist es, den ständig fließenden Strom an Gedanken im eigenen Kopf zu verfolgen, der auch während eines Workshops nie verstummt. Wie der Persönlichkeitstrainer Jens Corssen es so wunderbar mit dem Begriff des „Quatschi" in unserem Kopf beschreibt, der ständig quakt, quengelt, lästert und plärrt. *„Wo hat die denn diese Kette her, sieht ja unmöglich aus … typisch Ingenieur, wieder so ein C&A-kariertes Hemd … man, jetzt hab ich es ja verstanden, was du sagen willst, komm halt auf den Punkt … ganz wie meine Mutter … hoffentlich sitzt der in der Mittagspause nicht neben mir … kann ich mir nicht vorstellen, dass du wirklich so ein toller Chef bist … die wollen doch gar nicht an sich arbeiten … wieso bin ich eigentlich Trainer geworden? … ob der mir ein ordentliches Feedback gibt morgen? … was für ein hässlicher Seminarraum, wer von euch hat den eigentlich gebucht?"*

Solange wir uns noch über irgendetwas aufregen, ist der Job nicht getan. Es wird lange dauern, bis wir Quatschi einigermaßen in den Griff bekommen. Bis dahin ist es auch schon eine liebevolle Erkenntnis, dass ich eben zu diesen aktuellen Teilnehmern – noch! – keine echte Liebe entwickeln kann. Das ist doch schon ein erster Schritt.

Ich liebe meine Teilnehmer

Trainererfahrung

Kerstin Ercolino: Stärkste Herausforderung und Profitipp

Was war Ihr persönlich größter Trainings-Flop?
Es handelte sich um ein zweitägiges offenes Leadership-Seminar, das ich von einem Kollegen übernommen hatte und in dem starke Gruppendynamik entstand.

Wie konnte es dazu kommen?
Ich hatte damals den Trainingsleitfaden und die Hand-outs für die Teilnehmer mehr oder weniger so übernommen. Das lief von Anfang an schief, da ich mich nicht in die Themen einfinden konnte. Meine Unsicherheit wurde immer größer, was natürlich die Teilnehmer auch gemerkt haben.

Wie haben Sie die Kurve gekriegt?

Indem ich eine „Nachtschicht" eingelegt habe, um wenigstens den zweiten Tag so einigermaßen zu überstehen. Ich habe meinen Ablaufplan für den zweiten Tag nochmals komplett überarbeitet und Themen eingebaut, in denen ich mich wirklich sicher fühle. Der zweite Tag war dann einigermaßen in Ordnung für die Teilnehmer, der erste Eindruck des ersten Tages blieb jedoch hängen.

Was ist Ihre tiefste Lernerfahrung daraus?

Versuche niemals Themen oder Methoden zu übernehmen, in denen du nicht zu 100 Prozent sicher bist. Bleibe bei deiner Trainerpersönlichkeit, versuche nie, andere Trainerpersönlichkeiten zu kopieren, sondern integriere nur die Anteile, die wirklich zu deiner Persönlichkeit passen. Bereite dich immer bis auf den kleinsten Teil vor und nehme immer mehr an Trainingsinhalten mit, als du tatsächlich im Training auch durchführen wirst. Sprich Störungen in der Gruppe immer gleich an und arbeite mit der Gruppendynamik.

Was machen Sie nie mehr?

Trainingsinhalte „kopieren", in denen ich mich nicht sicher fühle.

Der Profitipp: Mein persönlicher Lieblingshelfer in schwierigen Workshop-Situationen ist: Erst einmal tief durchatmen und die Geschehnisse aus einer Art „Metaebene" analysieren – die Situation ist dein Coach!

Kerstin Ercolino ist seit vielen Jahren als Coach, Beraterin und Trainerin tätig. Ihr Fokus liegt auf den Bereichen Executive Coaching, Diagnostik/Assessment-Center und systemische Organisations- und Führungskräfteentwicklung.

2 Gekonnt scheitern: Klassiker für den Misserfolg

2.1 Wenn Sie ein wirklich frustrierter Trainer werden wollen ...

Thomas Rößle

Wir sind meist viel mehr Ursache, als wir glauben – trauen Sie sich ruhig, aus dem folgenden Potpourri zu schöpfen. Eine Bauchlandung ist dabei garantiert vorprogrammiert.

Gute Vorbereitung bringt es nicht

Wie, was hat die Vorbereitung mit den gruppendynamischen Prozessen zu tun? Ganz einfach: Zu spät kommen, der Raum noch nicht fertig vorbereitet, Unterlagen sind noch nicht ausgeteilt, Sie sind noch am Rauchen, während die Teilnehmer bereits sitzen und/oder Sie fangen deutlich später an als geplant. Da kann der gut eingestimmte und sich auf das Seminar freuende Teilnehmer gar nicht anders, als mit einem ersten Magengrummeln in den Tag zu starten. *„Da hat wohl einer seine Hausaufgaben nicht gemacht, na, da bin ich mal gespannt, wie das weitergeht!"*

Das ist eine selbstgemachte Hürde, die schwer wieder aufzufangen ist, denn der Teilnehmer erwartet viel von seinem Trainer – und das zu Recht.

Methodische Katastrophen konsequent durchziehen

Schon mal so etwas gedacht: *„Großer Gott, ist das heute eine lahme Gruppe. Da zieht sich ja jedes Thema wie Kaugummi!"* oder *„Die sind echt schwer zu animieren, echte Konsumenten, wie langweilig."* Tja, vielleicht sollten Sie sich mal Gedanken über Ihre Methodik machen: anderthalb Stunden PowerPoint-Folienschlacht, Lehrvortrag an Lehrvortrag, langweilige Beispiele oder Pausen nur, wenn man selbst eine braucht!

Der Aufmerksamkeitsfaktor ist – verständlicherweise – gleich null. Da können Sie Ihr Seminar auch mit der Parkuhr durchführen. Nicht nur, dass die Teilnehmer damit kämpfen nicht einzuschlafen, sie haben auch kaum eine Chance auf Lernimpulse.

Vergessen Sie nicht den Trainer-Lieblingssatz: „... dazu kommen wir dann später"

Kaum ein Trainer schafft es, sein Seminar ohne diesen Satz durchzuführen. Und leider hält dann aber kaum einer sein Versprechen. Der erste Fehler im Umgang mit diesem Satz besteht darin, dass sich ein Trainer nie aufschreibt, welche Frage oder welches Thema er später noch erklärt. Somit wird das Versprechen nicht eingehalten. Der zweite Fehler bei diesem Satz ist die inflationäre Verwendung. Wer glaubt Ihnen denn noch, wenn Sie zu oft sagen: „Dazu kommen wir dann später?" Klare Empfehlung: Hüten Sie sich vor übermäßigem Gebrauch.

Immer beliebt: Späße auf Kosten anderer

Es ist schon immer eine große Hilfe gewesen, andere auf Ihr Leid aufmerksam zu machen, also kann das ja in einer Seminaratmosphäre nicht anders sein. Trauen Sie sich ruhig, vor den Augen aller einen Teilnehmer in die Enge zu treiben. Oder einen Teilnehmer bloßzustellen, wenn er bei einer Aufgabe versagt hat. Wertschätzung wird doch ohnehin überbewertet. Sicher ist eines, die Gruppe wird Ihnen schnell zeigen, was sie davon hält.

Bloß keinen zu Wort kommen lassen: Der Oberlehrer-Effekt

Es wäre ja vermessen, wenn einer der Teilnehmer sich besser im Thema auskennt als der Trainer selbst! Wozu wäre er dann hier? Daher gilt die ganz klare Regel: Ich bin hier der Chef – vor allem fachlich! Etwas Arroganz kann dabei gar nicht schaden, schließlich haben Sie tagelang am Seminardesign gefeilt und wochenlang recherchiert. Ein Input durch die Teilnehmer/Gruppe ist eigentlich gar nicht gewünscht. So kann ich am besten zeigen, was ich draufhabe. Und wenn einer die Seminarregeln nicht einhält? Ganz klar, dann hole ich meinen verbalen Zeigestock raus und die Person bekommt eins auf die Finger. So macht Seminar Spaß, vor allem für die Teilnehmer!

Sei ein Fähnchen im Wind!

„Sie brauchen eine Pause? Selbstverständlich machen wir kurz Pause." Oder: *„Jetzt kein Rollenspiel? Dann tauschen Sie sich einfach untereinander zu den gelernten Themen aus."* Wie schön, dass es noch Trainer gibt, die sich auf der Nase herumtanzen lassen. Wenn ich als Teilnehmer einmal diese „Lunte" gerochen habe, nutze ich die sich hier bietenden Möglichkeiten so oft, wie es geht. Und das heizt die Gruppendynamik dann richtig schön an, denn jeder Teilnehmer möchte davon Gebrauch machen und Sie werden der Spielball der persönlichen Bedürfnisse.

Keine Rücksicht auf Störungen

Warum soll man sich auch verrückt machen? Sie haben hier einen ganz klaren Auftrag und ein ganz klares Ziel zu erfüllen. Alles Weitere liegt nicht in Ihrem Verantwortungsbereich. Die Teilnehmer können sich gerne die Köpfe einschlagen, wenn sie sich bei einem Thema nicht einig werden. Wen Sie nicht ignorieren können, wird aus dem Seminar geschmissen. Einfache Regel, effektiv und 100 Prozent wirksam. Wirksam auf jeden Fall in Ihrem Auftragsbuch. Den Kunden sind Sie los!

Theoretischer Input wird überbewertet

Wozu die Teilnehmer immer mit Theorie langweilen? Am Ende hat ja ohnehin keiner was verstanden. Da macht es sicher mehr Sinn, die Teilnehmer gleich in ihr Unglück zu stürzen! Rollenspiele mit Kamera und anschließendem Feedback sind das beste Rezept für eine schnelle Lernquote, auch im Negativen. Und aus Fehlern lernen wir ja bekanntlich am meisten. Also, sparen Sie sich Ihren theoretischen Input und lassen Sie die Teilnehmer möglichst oft gegen die Wand fahren. Eine perfekte Trainerbewertung ist Ihnen sicher!

Weniger ist mehr!

Getreu nach dem Motto: „Weniger ist mehr!" ist es immer ratsam, nur maximal 50 Prozent der Zeit zu verplanen. Am Ende läuft der Seminartag ja ohnehin anders als geplant. Und jeder Teilnehmer ist im Grunde froh, wenn er früher als im Vorfeld kommuniziert nachhause fahren darf. Die Autobahn ist so voll ab 16.00 Uhr, also warum tun wir uns das an? Wir hören einfach früher auf! Da hat jeder was davon, vor allem der Trainer. Minimaler Aufwand bei maximalem Erlös. Trauen Sie sich ruhig!

Finger weg von Bildern

Schön gestaltete Flipcharts? Interessante Folien und Bilder? Kein Teilnehmer kann sich am Ende des Seminars an die einzelnen Kleinigkeiten mehr erinnern. Und die Ausgestaltung kostet so wahnsinnig viel Zeit, das steht in keinem Verhältnis zueinander. Also weglassen heißt die Devise! Nehmen Sie einfach das Material, das Sie im Seminarraum vorfinden. Das tut es dann schon ...

Verbrenn dich nicht

Zum Glück merkt nie ein Teilnehmer, ob und vor allem wie intensiv Sie mit dem Thema in Kontakt stehen. Da reicht auch heiße Luft, um die Teilnehmer von den Stühlen zu blasen. Keiner kann Sie dafür verantwortlich machen, was der Auftraggeber für Ziele hat. Und die Aussage, „keine Ahnung warum und wieso", ist definitiv die beste Medizin, um den Kopf aus der Schlinge zu ziehen. Probieren Sie es aus.

Distanz fühlt sich immer gut an!

Zum Glück sind wir nie Teil der Gruppe. Wozu auch? Als Trainer haben Sie immer die besseren Karten! Jeder hat seinen Tanzbereich und der des Trainers ist immer durch ein Pult abgetrennt. Das schafft klare Fronten, schön zu wissen, wo man steht. Und in der Pausenzeit sollen die Teilnehmer sich gefälligst selbst beschäftigen. Als Trainer kann man sich nicht um alles kümmern, das ist doch klar!

2.2 Die 5 Klassiker: Erfolglose Trainertypen und ihre Eigenheiten

1   Der Besserwisser-Trainer

Wissen ist Macht. So weit, so gut. Wenig(er) Wissen führt auf der Gegenseite aber zu Ohnmacht – also Ohne-Macht-sein. Wer will das schon? Trainer, die alles besser wissen, führen unbewusst eine Gruppe oft unnötig in Spannungen, weil die Teilnehmer keine Möglichkeit sehen, das Wissensgefälle auszugleichen. Perfektion erzeugt Aggression. Irgendwann fängt der erste mutige Teilnehmer an, den Trainer an die Grenzen seines Wissens zu führen, ein erstes Rechthabergefecht zu starten oder sich auf ein Ja-aber ... -Spiel einzulassen. Der Tanz beginnt.

Lösung: Begeben Sie sich wirklich innerlich auf die Augenhöhe der Teilnehmer, auch wenn diese in Ihrem Spezialgebiet tatsächlich wenig Kompetenz haben. Mir hilft dabei immer ein mentaler Trick: Ich stelle mir vor, was die vor mir sitzenden Menschen alles schon in ihrem Leben gemeistert und geschafft haben, auch ohne dass wir in der Vorstellungsrunde wirklich Zeit hatten, uns darüber auszutauschen. In den Pausen hören wir dann ja die spannendsten Sachen! Der eine hat unter widrigen Umständen drei Kinder allein großgezogen, der andere hat schon in fernen Kontinenten gearbeitet, der Dritte eine schwere Krankheit überwunden und ist heute mit Interesse dabei ... Jeder Mensch ist also ein Experte in seinem Leben. Wir sind also im gleichen Club. Seien Sie neugierig auf die Lebensgeschichten Ihrer Teilnehmer und hören Sie wirklich zu, was sie zu erzählen haben. Gönnen Sie sich die Minuten dafür. Als Dank hören Ihre Teilnehmer auch Ihnen dann zu, wenn Sie von Ihrem Spezialgebiet erzählen.

Die zweite Lösung geht noch weiter und setzt beim menschlichen blinden Fleck, dem Recht haben, an. Erst auf dieser Ebene können wir das Besserwisser-Thema wirklich loslassen.

2 Der Lehrer-Schüler-Typ

Zum Glück stirbt dieser Archetypus des Trainergeschäfts langsam aus. Ich war ganz überrascht, als ich den gestandenen Leiter der Inhouse-Trainerabteilung eines globalen Konzerns in unserer internen Trainerausbildung hörte: *„Die Teilnehmer eines Workshops sind wie Schüler zu behandeln. Denn der Trainer ist der Lehrer, der einen pädagogischen Auftrag zu erfüllen hat."* So kann man es natürlich auch sehen. Doch dieses Lehrer-Schüler-Bild passt einfach nicht mehr auf die heutige Zielgruppe der Erwachsenen. Ehrliche Augenhöhe für einen Teilnehmer entsteht so kaum, eher unangenehme Erinnerungen an quälende Pauker in der eigenen Schulzeit.

Lösung: Ganz klar, wir dürfen runter vom Sockel und rein ins reale Leben der Erwachsenenwelt. Am besten, wir streichen die immer schiefen Analogien zur Schule möglichst komplett. Der gute Trainer lernt ebenso viel wie die Teilnehmer. Es kann auch hilfreich sein, in der Einleitung des Workshops einen kleinen Seitenhieb auf die Schule einzubauen, z.B. „Gut, wir sind hier ja nicht in der Schule, also wer etwas sagen möchte, legt einfach los ohne Handzeichen ...", „Ob Sie hier etwas mitnehmen, entscheiden Sie ja allein. Wir sind ja hier nicht in der Schule und machen auch keine Test".

Heute fahren wir besser mit dem Grundsatz: Die Teilnehmer sind Kunden.

3 Der Angsthasen-Trainer

Angst frisst Seele auf. Das gilt auch für Workshop-Leiter. Es ist schon erstaunlich, wie schreckhaft gestandene Trainer und Moderatoren vor einer etwas rumorenden Gruppe werden können. Die Angst, dass ihnen bald alles entgleitet, führt dann zu lähmendem oder lavierendem Nichtstun. Manchmal biedern wir uns sogar an, Hauptsache, sie fressen mich nicht. Kritische Themen werden unbewusst ausgespart, eigene Empfindungen nicht mehr ausgesprochen, ehrliche Feedbacks nicht mehr zugelassen. Hauptsache, wir kommen ohne Eskalation über die Runden.

Lösung: Gehe dahin, wo die Angst ist! Durch das Lebensthema Angst muss jeder reife Mensch hindurch. Workshop-Leiter haben dabei vielleicht ein paar Extrarunden zu gehen. Untersuchungen zeigen ja immer wieder, dass etwa 90 Prozent der menschlichen Ängste nie Realität werden. In den Trainerausbildungen stelle ich gerne die Frage: „Was kann eigentlich schlimmstenfalls passieren?" Es ist dann hilfreich, auch die seltensten Extremsituationen konkret durchzuspielen. Für den einen ist es die persönliche Beleidigung durch einen Teilnehmer, für den anderen der Abbruch der Veranstaltung oder die offene Verweigerung der gesamten Gruppe. Schreiben Sie es sich auf, auch wenn es lächerlich klingt oder extrem unwahrscheinlich ist. Gehen Sie dann mental durch, was Sie in dieser Situation konkret machen werden. Etwa: *„Ich packe meine Sachen zusammen und fahre nachhause, unterwegs rufe ich den Auftraggeber an, dass der Workshop abgebrochen werden musste."*

Sollten Sie ein eher ängstlicher Charaktertyp sein, würde ich mir gut überlegen, ob Sie kritische Workshops überhaupt leiten müssen. Sie erweisen der Gruppe damit einfach keinen Gefallen. Sie sind dann unbewusst zu viel damit beschäftigt, Ihre eigenen Ängste zu bändigen und diese Energie fehlt zum echten Themendurchbruch mit der Gruppe.

4   Der Allesversteher und Dauergrinser

Hier steht die Parodie der 1970er-Jahre-Bewegung vor der Gruppe. Mit antrainierter Empathie wird Verständnis gezeigt, mit ernster Miene oder zartem Dauerlächeln der Kopf gewogen und werden Sätze in den Raum gelegt wie: *„Das kann ich gut verstehen und nachvollziehen…"* / *„Ich kann mir vorstellen, wie Ihnen zu Mute ist…"* Grundsätzlich wird hier sehr professionell für wirklich alles Verständnis gezeigt und gerne viel geschwiegen. Wertungen sind natürlich tabu. Wir fühlen uns früher oder später wie in einer therapeutischen Austauschrunde der Familienberatungsstelle. Häufig erreichen wir in einem normalen Workshop damit aber eher das Gegenteil: Die Emotionen kochen noch höher, Teilnehmer reagieren zunehmend irritiert oder genervt und machen am Ende ganz zu.

Lösung: Wir müssen nicht für alles Verständnis zeigen und dürfen aus einer professionellen Metaebene auch einmal deutlich unsere Sicht auf die Diskussion darstellen. Dies ist nicht die Wahrheit, sondern ein Impuls, der vielleicht etwas voranbringt. Prüfen Sie auch selbstkritisch Ihre eigene Veranlagung zur Harmoniesucht. Der Antreibertest zur Transaktionsanalyse hat hier schon oft geholfen. Meist steckt nur der bekannte Antreiber „Sei gefällig!" bzw. „Mach es allen recht!" dahinter und keine wirklich fundierte gesprächstherapeutische Ausbildung.

5   Der Kämpfer und Gegenhalter

Da wird es für die Teilnehmer wirklich spannend, denn hier wird etwas geboten fürs Geld. Manche Trainer und Workshop-Leiter stemmen sich unerschrocken in den Wind, halten bei jeder Diskussion kräftig mit ihrem Standpunkt dagegen und kämpfen sich mit ihrer Sichtweise durch die Widersacher in der Gruppe. Es kann auch schon mal lauter oder ruppiger werden. In jedem Fall liegt eine leicht gereizte

Kampfatmosphäre zwischen der Gruppe und dem Trainer in der Luft. Wenn wir Glück haben, fällt der Groschen der Erkenntnis in der Gruppe irgendwann in die gewünschte Richtung. Dann hat das tapfere Ringen zumindest einen Sinn gehabt. Wenn wir Pech haben, verrinnt die ganze Energie nur noch im offenen Getümmel und wir beklagen hohe Verluste auf beiden Seiten.

Lösung: Hier kann der Grundsatz helfen: Der Trainer macht nur Angebote. Wir sind nicht verantwortlich für einen Gesinnungswechsel bei den Teilnehmern. Auch können wir prüfen, ob wir unbewusst stellvertretend für jemand anderes einen Standpunkt durchfechten. Manchmal fühlen wir uns berufen, für die (schweigende oder nicht anwesende) Führungsetage einen Standpunkt gegenüber dem versammelten Team zu vertreten. Hier hilft es, die Energie konsequent auf die Partei zu lenken, die eigentlich gemeint ist: *„Gut, dass Ihr Teamleiter heute auch dabei ist, Sie können ihn ja hier direkt fragen." „Haben Sie das Ihre Unternehmensleitung schon einmal gefragt? Wie könnten Sie denn Ihre Frage dort platzieren?"* Wenn wir uns öfter in dieser Situation wiederfinden, lohnt es auch, unsere Motive Macht oder Rache/Kampf z.B. im Steven-Reiss-Motivprofil genauer anzusehen. Wollen wir vielleicht unbewusst mehr Macht und Einfluss, als der Rolle des Workshop-Leiters zusteht? Wollen wir unbewusst unsere Lust nach Kampf und Rache vor einer Gruppe ausleben?

2.3   Die 12 Freunde und Feinde des Workshop-Erfolgs

Wir kommen oft in für uns wiederkehrende, kritische Workshop-Situationen, die mit der jeweiligen Gruppe oder dem speziellen Thema gar nichts zu tun haben. Wenn wir in den Trainerausbildungen unglücklich verlaufende Veranstaltungen analysieren, fällt eines immer wieder auf: Es sind oft die fehlenden grundlegenden Basisqualitäten des Trainerberufs, die dann das Fass zum Überlaufen gebracht haben.

Wenn wir Schwierigkeiten also konsequent von Anfang an vermeiden wollen, lohnt es sich, diese „Klassiker" bei der eigenen Trainingsarbeit mit einigen Fragen immer wieder zu reflektieren. In Bezug auf diese zwölf Tugenden wird uns die Arbeit an uns selbst wohl nie ausgehen:

1   Fleiß statt (innere und äußere) Faulheit

- Wo habe ich mir Arbeit in der Konzeption gespart?
- Wo habe ich in der Vorbereitung zu wenig recherchiert?
- Hatte ich einen Plan B oder sogar C ausgearbeitet?
- War ich wirklich bereit, in der Nacht zwischen den beiden Workshop-Tagen das Konzept komplett zu überarbeiten?

- Habe ich mir die Trainingstools wirklich selbst erarbeitet oder nur von Kollegen bequem übernommen?

Die innere Faulheit ist der größte Feind des Menschen, davon bin ich fest überzeugt. Erfolg ist nach Edison ein Prozent Inspiration und 99 Prozent Transpiration – das gilt auch für den Trainer- und Moderatorenberuf. Deutlich wird das erst richtig in schwierigen Workshop-Situationen. Ohne echten Fleiß kein Workshop-Preis!

2 Energie statt Langeweile

- Hat sich schon eine kleine Spur von Gleichgültigkeit gegenüber den Themen der Gruppe bei mir eingeschlichen?
- Höre ich die Themen der Teilnehmer schon zum hundertsten Mal?
- Bin ich innerlich müde?
- Spüre ich, dass ich „runtertrainiert" bin und sehnsüchtig an meinen dringend nötigen Urlaub denke?
- Mache ich den Trainer- und Moderatorenjob schon zu lange?
- Strahle ich gerade wirklich Energie aus?
- Vergeht die Zeit nicht nur für mich, sondern auch für die Teilnehmer wie im Flug?
- Brenne ich noch für meine Themen und diese Gruppe oder Organisation?

Das Energiemanagement eines Trainers oder Moderators ist ein großes Thema und wird selbst vom letzten Teilnehmer subtil-intuitiv wahrgenommen. Oft kann sich ein Trainer methodische Schwächen leisten, solange die Energieebene überzeugend und mitreißend ist. Schlaftabletten provozieren Gruppendynamik.

3 Hundertprozentige Präsenz statt Ablenkung

- Denke ich während des Workshops öfters mal an ganz andere, eigene Themen, die mich privat gerade beschäftigen?
- Lässt mein „Quatschi" im Kopf häufiger eigene Gedankenspiele hochkommen, während die Teilnehmer sich angeregt unterhalten?
- Spüre ich noch echte Neugier für die fachlichen Themen der Teilnehmer?
- Gehe ich in Gedanken schon durch, wen ich in der Kaffeepause noch anrufen muss und wann ich den Parkplatz verlassen muss, um rechtzeitig zum nächsten Workshop zu kommen?
- Spiele ich durch, wie lange der Workshop noch dauert?
- Checke ich bei einer Gruppenarbeit mal kurz die E-Mails in meinem Smartphone?
- Bin ich gedanklich schon mit der Rechnungsstellung beschäftigt?

Wirklich im Hier und Jetzt sein ist ja nicht nur für Meditierende ein großes Ziel. Gerade im Umgang mit schwierigen Gruppen und Workshop-Konstellationen hilft die hundertprozentige Präsenz über viele Klippen hinweg. Schalte alle innere und äußere Ablenkung – und natürlich Mobiltelefone und Smartphones – konsequent aus. Die Gruppe hat die totale Aufmerksamkeit verdient und wird es dir danken.

4 WIR statt ICH

- Erlebe und betone ich häufig die Trennung zwischen ich (Trainer/Moderator) und ihr (Gruppe)?
- Nutze ich in der Moderation häufig die Wörter *„Sie …" / „Ihr …"* bzw. *„ich …"*?
- Beginne ich Übungen häufig mit dem Einstieg *„Jetzt würde ich vorschlagen …"* / *„Jetzt möchte ich mit Ihnen …"*?
- Spüre ich eine leichte innere Distanz zur Gruppe und zu einzelnen Teilnehmern?
- Bleibe ich als Trainer/Moderator zu lange bei einem „Sie", während die Gruppe schon längst zum „Du" übergegangen wäre?
- Verschmelze ich wirklich mit der Gruppe auf Augenhöhe im Sinne von *„Wir lernen gemeinsam"*?
- Gebe ich meine gelungenen Workshop-Übungen nur als gemeinsamen Erfolg der Gruppe weiter oder behalte ich den Erfolg insgeheim für mich und lasse mich von der Gruppe dafür feiern (*„Das ist mir wirklich gut gelungen"* / *„Da habe ich etwas sehr Interessantes für Sie …"*)?

Ein subtiles Erfolgsgeheimnis auch für schwierige Workshop-Gruppen ist der große Sprung vom ICH zum WIR. Eine Gruppe trägt auch methodische Flops und Wissenslücken des Trainers mühelos mit, wenn er sich in das WIR der Lerngruppe eingereiht hat und nicht zu sehr seine distanzierte Sonderrolle demonstriert. Dazu trägt auch die Sitzordnung bei. Sitzen Sie neben den Teilnehmern und lassen Sie nicht zu viele Stühle frei zwischen sich und der Gruppe. Ich durfte als Teilnehmer einen Tagesworkshop miterleben, bei dem der Trainer ohne nachzudenken den ganzen Tag am Kopfende eines riesigen Besprechungstisches saß, während alle Teilnehmer sich um das andere Ende des Tisches scharten. Die fünf Meter zwischen Trainer und dem nächsten Teilnehmer wurden konsequent durch lauteres Sprechen kompensiert. Schon nach 10 Minuten war klar: Hier wird es nie zu einer Überwindung der ICH/IHR-Barriere zum gemeinsamen Lernspaß eines WIR kommen.

5 Bescheidenheit statt Eitelkeit

- Bin ich stolz, dass ich in den Feedback-Bögen nach dem Seminar – den so genannten „Happy Sheets" – wieder so gut abgeschnitten habe?
- Was macht die Bewunderung von Teilnehmer-Fans mit mir?
- Genieße ich den Applaus am Ende des Trainings?
- Achte ich darauf, mit meiner Kleidung, den kleinen Statussymbolen und dem reibungslosen „Null-Fehler-Auftritt" einen guten Eindruck zu machen?

- Erzähle ich nicht gerne immer wieder meine alten Heldengeschichten?
- Berauscht mich mittlerweile mein Erfolg, dass ich immer ausgebucht bin und das Bankkonto so schön voll ist?
- Spüre ich den großen Kompetenzunterschied zwischen mir und den vermeintlich unbedarften Teilnehmern?
- Dominiere ich die Pausengespräche der Gruppe nicht nur mit meinem Redeanteil, sondern auch durch meine Lebensweisheiten und Erlebnisse?
- Beginne ich das Hotelpersonal und die Auftraggeber mit meinen kleinen Marotten zu nerven? (*„Ich brauche immer kariertes Flipchartpapier und mindestens ein Vier-Sterne-Hotel mit Tageslicht im Seminarraum, sonst kann die Veranstaltung nicht gelingen ...“*)
- Beschäftige ich mich insgeheim stark damit, wie ich rüberkomme, ob ich alle Teilnehmer für mich gewinnen kann oder auch den letzten kritischen Teilnehmer noch überzeuge?

„Überheblichkeit und Arroganz sind kümmerliche Schutzwälle. Indem du sie beseitigst, löschst du die Distanz aus, die dich von anderen trennt.“
Drukpa Rinpoche

Die Trainingsbeurteilungen von Workshops führen ja fast immer nur zu sehr guten oder guten Bewertungen, daher ja der Name „Happy Sheets". Davon sollten wir uns nicht blenden lassen. Langfristiger Erfolg ist vielleicht die größte Gefahr für die persönliche Entwicklung eines Trainers und Moderators. Über tausend Wege wird unser Ego in diesem „Traumberuf" poliert. Die kleinen Eitelkeiten und Marotten nehmen schleichend zu, ohne dass wir das wirklich merken. Zu diesem subtilen Thema bekommen wir auch kaum ehrliches Feedback von den Teilnehmern und den Auftraggebern.

Aber ist das denn so schlimm, wenn doch unsere Trainingsmethode überzeugend ist? Durchaus. Die Teilnehmer sind nämlich mit den kleinen Eitelkeiten des Trainers subtil sehr beschäftigt und genau diese Energiemenge steht nicht mehr für die inhaltliche Beschäftigung zur Verfügung. Auch sind die Eitelkeiten des Trainers oft ein gefundenes Fressen, um Lernwiderstand von Teilnehmern auf den Lehrenden zu übertragen. Statt mich zu bewegen, bleibe ich in der Komfortzone des Beobachters oder Lästerers – das geht leichter. Das rechte Maß der Bescheidenheit liegt immer zwischen dem sich künstlich „Zu-klein-Machen" und einer „Ego-Aufblähung", dem „Sich-groß-Machen".

6 Meister des Fachs statt Selbstüberschätzung

- Bin ich wirklich ein Meister meines Fachs, der fast alle Facetten des eigenen Themas souverän beherrscht?
- Sage ich für neue Themen zu, in der Hoffnung, mit meinem bisherigen Tool-Fundus oder ein paar Büchern und Kollegentipps auszukommen?

- Habe ich genug praktische (Lebens-)Erfahrung, um mit dieser Gruppe arbeiten zu können?
- Kenne ich mein Thema aus eigener jahrelanger Berufspraxis?
- Bilde ich mich selbst im Thema weiter?
- Konzentriere ich mich auf wenige, zentrale Trainingsthemen?
- Habe ich die Tools und Methoden über Jahre selbst erarbeitet oder nur bequem entliehen?

Fachlich nicht wirklich fit zu sein, ist eine häufige Ursache für Workshop-Probleme. Die meisten Menschen leiden eher an Selbstüberschätzung statt an Selbstunterschätzung. Natürlich muss ich mich auch mal etwas aus dem Fenster lehnen und sagen, *„Habe ich zwar noch nie gemacht, aber ich probiere es …“*. Kollegen mit einem Hang zur Selbstüberschätzung rufen aber gerne drei Tage vor dem Training an, mit der Bitte: *„Du hast doch so etwas Ähnliches schon mal gemacht. Kannst du mir da mal einen Ablauf oder Übungen schicken, ich will mich da nicht zu sehr reinhängen …“* Copy-and-paste funktioniert bei anspruchsvollen Gruppen nur begrenzt.

7   Souveräne Ruhe statt Hektik

- Kann ich in einem nervösen Workshop wie ein Fels in der Brandung wirken?
- Werde ich leicht hektisch, wenn ein kritischeres Feedback kommt oder eine Übung nicht gut läuft?
- Treibe ich mich und die Gruppe durch einen ambitionierten Zeitplan?
- Kann ich kritische Wahrnehmungen mit innerer Ruhe aussprechen?
- Gehe ich auch mit Wissenslücken und Fehlern souverän um (*„Das weiß ich nicht.“* / *„Oh, da habe ich einen Fehler gemacht.“*)?
- Kann ich auch längere Zeit still sitzen und konzentriert zuhören?
- Habe ich die Geduld, eine Anmoderation zu präzisieren oder eine Sequenz komplett zu wiederholen, um das Lernziel noch zu erreichen?
- Werde ich innerlich leicht nervös, wenn Autoritäten erscheinen oder sich kritischer zu Wort melden (Auftraggeber, Personaler, Vorgesetzte, anwesende Trainer und Moderatoren)?
- Spreche ich zu schnell?

In der Ruhe liegt die Kraft. Das Wort „hetzen“ entstammt dem gleichen Wortstamm wie das Wort „hassen“: Und tatsächlich hassen wir unsere Arbeit in dem Moment, in dem wir uns abhetzen. Hektik in der Arbeit mit Gruppen ist aber meist sinnlos: Wir werden einfach nicht produktiver dadurch, sondern verschwenden Energie. Eine Gruppe gut zu führen heißt nicht, viel Staub aufzuwirbeln, alles in Bewegung oder in Veränderung zu bringen. Gut führen heißt, Ruhe und Klarheit in die Organisation, das Team oder die Gruppe zu bringen.

Die ruhige Achtsamkeit, also auf Menschen, Situationen und die vielen kleinen Dinge im Workshop zu achten, das ist die vielleicht wichtigste Grundlage von allem. Die Achtsamkeit macht mich wach, bringt mich in die Gegenwart. Nur so kann ich wirklich spüren, welche Stimmung der einzelne Teilnehmer wirklich hat und wie er sich etwa mit einer übertragenen Aufgabe fühlt. Die Achtsamkeit geht fast immer verloren, wenn wir uns gestresst fühlen oder in wilder Hektik im Workshop unterwegs sind.

8 Flexibilität statt Starrsinn

- Bin ich wirklich bereit, mein ganzes Konzept infrage zu stellen, wenn es die Situation erfordert?
- Kann ich Reihenfolgen und Zeitpläne problemlos umstellen?
- Wechsle ich bei Bedarf den Raum, die Sitzordnung, die Medien oder die Methode?
- Bin ich kulant, wenn ein Kunde einen Workshop kurzfristig absagen muss?
- Nehme ich akute Themenwünsche der Organisation oder einzelner Teilnehmer schnell auf?
- Lasse ich mich von überraschenden Entwicklungen im Workshop aus der Spur bringen oder werde ich dann erst richtig munter?

Gegen eine ganze Gruppe hat noch kein Moderator gewonnen. Umso erstaunlicher, dass wir immer wieder erleben, dass ein Trainer mit seinem Konzept stur durch die Wand will und sich mehrere Beulen holt. Was bei einigen Gruppen funktioniert hat, muss nicht bei der nächsten klappen. Echte Flexibilität wird von einer Gruppe sofort wahrgenommen und wertgeschätzt. Flexibilität ist ja auch in fast allen Bühnenbranchen ein Zeichen von hoher Professionalität. Improvisationstheater und freie Wunschkonzerte sind nichts für Anfänger.

9 Schonungslose Ehrlichkeit statt Feedback-Wolken

- Kann ich auch unbequeme Wahrheiten oder Empfindungen aussprechen?
- Vermittle ich kritische Botschaften präzise und in einfacher Sprache, sodass sie von jedem verstanden werden?
- Sage ich das, was ich meine, und meine ich auch das, was ich sage?
- Ist hinter der Ehrlichkeit auch eine wertschätzende Wurzel spürbar?
- Mache ich es mir auch selbst mit meinen Rückmeldungen nicht leicht oder schone ich mich und die Auftraggeberbeziehung aus taktischen Gründen?
- Verpacke ich meine Botschaften in künstlich aufgeblasenen Feedback-Wolken mit blumigen Umschreibungen und vagen Andeutungen?
- Vermittle ich ein Feedback, das wirklich zum Nachdenken anregt und in Erinnerung bleibt?
- Verkneife ich mir ein anspruchsvolles Feedback aus Angst oder Bequemlichkeit?

Direktheit erfordert immer Respekt und Wertschätzung. Die folgende Richtschnur hilft meistens: Sage die Wahrheit, aber sage die Wahrheit nicht immer. Alles, was wir als Trainer oder Moderator gerade in kritischen Workshop-Situationen sagen, muss stimmen. Aber wir müssen nicht jede Erkenntnis zu jedem Zeitpunkt aussprechen. Häufiger als ein Zuviel an ehrlichem Feedback ist jedoch ein Zuwenig an Feedback oder ein zu wenig deutliches Feedback: Ich bin immer wieder erstaunt, wie präzise manche Trainer und Moderatoren die Teilnehmer und die Gruppe in der Pause und nach der Veranstaltung analysieren können. Nur den Beteiligten haben sie es nie gesagt ...

10 Natürliche Nähe statt Fassade

- Bin ich als Trainer und Moderator wirklich transparent für die Gruppe?
- Kann ein einzelner Teilnehmer oder die ganze Gruppe mir nahekommen und auch private Dinge erfahren?
- Baue ich Distanzzonen auf oder komme ich den Teilnehmern auch auf natürliche Weise räumlich nahe?
- Wie viel investiere ich in mein Selbstmarketing und die Fassade meiner erfolgreichen Unangreifbarkeit?
- Kann ich auch über eigene Gefühle sprechen und drücke sie auch aus?

„Auch das ist ja eine ständige Ursache von Unruhe und Aufregung: Wenn du dich immerfort ängstlich in Szene setzen musst, keinem dein wahres Gesicht zeigen kannst – so wie das Leben vieler Menschen auf Gaukelei und Angeberei eingestellt ist –, dann nämlich quält dich die Furcht, ohne die gewohnte Maske ertappt zu werden. ... Wie viel Vergnügen macht dagegen echte, schlichte Natürlichkeit, die sich im Umgang ganz unbefangen gibt."

Seneca, ca. 60 n.Chr.
Schöner kann man es auch 2000 Jahre später nicht sagen. Diese schlichte Natürlichkeit ist der Maßstab für die Teilnehmer, sich ebenso zu öffnen.

11 Reife Stärke statt kindliche Reflexe

- Habe ich meine unbewussten Muster aus der Kindheit und Jugend einmal gründlich reflektiert?
- Kenne ich meine Persönlichkeit aus verschiedenen diagnostischen Blickwinkeln?
- Weiß ich, welche Knöpfe kritische Teilnehmer bei mir drücken müssen, um alte Filme abzuspulen und mich richtig aufzuregen?
- Habe ich mich mit der Transaktionsanalyse so weit beschäftigt, dass ich nicht in Dramen und Psychospiele mit Teilnehmern einsteige?
- Bin ich schnell verletzt oder beleidigt, wenn Teilnehmer mich persönlich angreifen?

Gerade im Umgang mit Gruppen ist eine gute Portion Selbstreflexion bis hinunter auf therapeutische Ebenen sehr nützlich. Wir sind zwar als Trainer oder Moderator nie der Therapeut von individuellen oder kollektiven Persönlichkeitsmustern der Teilnehmer. Doch bei uns selbst ist das Thema Selbstreflexion schon erfolgskritisch. Im Stress kommen alle kindlichen Reflexe hoch, die ich im Ernstfall aber gar nicht mehr erkennen kann. Machen Sie also Coaching- und Trainerausbildungen, die nicht nur handwerkliche Sicherheit vermitteln, sondern Raum lassen für Ihre individuelle Reflexion von Mustern.

12   Frischer Humor statt Ernststarre

- Kann ich noch schmunzeln, wenn andere schon in Ernsthaftigkeit erstarren?
- Schaffe ich es, eine verkrampfte Stimmung durch die angemessene Dosis Humor sofort zu entspannen?
- Vermittle ich ernste Themen noch mit Leichtigkeit und bringe die Teilnehmer dabei zum Schmunzeln?
- Stelle ich auch den Autoritäten im Raum noch freche Fragen, die sie wirklich aus der Reserve locken?
- Kann ich über mich selbst lachen und mich mit Ironie wirksam auch vor einer Gruppe komisch infrage stellen?

Auch Lernen funktioniert nachweislich bei guter Laune besser und die Erinnerungsleistung steigt. Wir werden noch darauf eingehen, warum Humor so wichtig ist beim Thema schwierige Workshops. Es kommt ja nicht darauf an, in angespannten Veranstaltungen einen brüllenden Witz zu reißen. Humor ist auch ein Zeichen von hoher Energie und Souveränität, die ansteckend wirkt. Verbinde Tiefe nicht mit Schwere, sondern mit Leichtigkeit – das ist die Devise.

Fragen Sie sich also bei einem gut oder schlecht verlaufenen Workshop im Nachgang bei einem guten Glas Rotwein: Auf welcher der 12 Baustellen habe ich im Workshop Schwächen gezeigt und wo lohnt es sich wohl noch, gründlicher zu graben?

3 Sprudelnde Quellen für den Problemlöser

3.1 Workshop-Probleme – vom Hirnforscher erklärt

Es gibt ja kaum einen Lebensbereich, der noch nicht von der modernen Hirnforschung untersucht wurde. Die Hirnforschung hat in den letzten Jahren viele spannende Erkenntnisse geliefert, die sich auf das Lernen von Menschen und ihre Motivation in Workshops beziehen. Was vorher nur vermutet wurde, kann nun in empirischen Studien nachgewiesen werden. Wir wissen heute viel besser, welche Grundsteine für echtes Lernen und gelungene Workshops sorgen.

Eine gute Inspiration ist mir immer das Grundlagenwerk „Lernen" des Hirnforschers Manfred Spitzer, der ganz nebenbei auch ein hervorragender Trainer ist. Hier einige seiner Erkenntnisse und die daraus folgenden Konsequenzen, um Schwierigkeiten in Workshops zu vermeiden oder aufzulösen:

Wie nehmen Teilnehmer wirklich etwas auf im Training?

Eine Vermutung wird Gewissheit: Das Wichtigste ist – mit weitem Abstand – der Trainer als Person selbst. Mit einem guten Trainer ist es wie mit der Schönheit: Man kann nicht sagen, woran es liegt oder wie man darauf kommt, aber man sieht es sofort. Dem einen hängen die Teilnehmer an den Lippen, der andere kann machen, was er will, und keiner hört zu. Der eine hat Autorität, der andere ist autoritär.

Was ist wichtig für die Person des Trainers / des Lehrenden?

Wie schon zuvor beschrieben, brauchen Trainer vor allem Liebe zu den Teilnehmern und Begeisterung für ihr Thema. Die Beschäftigung mit zwei Fragen reicht für die Selbstvergewisserung von Trainern:

- Willst du wirklich dein Berufsleben mit (lauten, frechen, anstrengenden) Teilnehmern verbringen?
- Kannst du oder weißt du etwas, das dir so wichtig ist, dass du es Teilnehmern immer wieder aufs Neue erzählen möchtest?

Es kommt also nicht auf die Trainingstechnik an, sondern darauf, ob Teilnehmer und Trainer miteinander klarkommen. Das ist wie in der Therapie. Kommen sie miteinander klar, dann passiert etwas. Ist dies nicht der Fall, passiert nichts, d.h., es findet kein echtes Lernen statt.

Ob ein Trainer am Computer, an der Tafel oder am Overhead unterrichtet, ist egal. Ob Plenum oder Gruppenarbeit: Wichtig ist nur, ob sich Teilnehmer und Trainer schätzen und mögen. Didaktische Tricks sind unwichtig. Es heißt also wieder: Liebe deine Teilnehmer (siehe Kap. 1.6)!

Wie entsteht Motivation zum Lernen?

Die Person des Trainers ist das stärkste Medium für die Motivation. Seine Begeisterung, sein Lob, seine netten Worte machen es.

Der Trainer muss über sein Gebiet interessante Geschichten erzählen können. Nicht eine Trainingstechnik steht im Vordergrund, sondern die Beherrschung des Fachgebiets.

Emotionale Geschichten und Beispiele erzählen – das ist die Kunst des Trainers. Nicht emotionale Geschichten werden schlechter behalten. Humor und gute Laune im Training regen nachweislich das Lernen an. Beherzigen wir dies in unserem Workshop-Stil, bleiben uns viele Schwierigkeiten erspart.

Menschen sind von sich aus motiviert, das Hirn kann gar nicht anders. Es geht also nicht um die Frage, „Wie motiviere ich einen Menschen?", sondern um die Frage, warum so viele Menschen so oft demotiviert sind.

Schokolade, Musik und Blickkontakt wirken immer

Die moderne Hirnforschung hat es empirisch bewiesen: Wie Manfred Spitzer beschreibt, sind es vor allem drei Faktoren, die das Belohnungssystem von Teilnehmern immer wieder positiv anstacheln. Schokolade als weltweit häufigstes Suchtmittel, schöne Musik und der Blickkontakt mit einer attraktiven Person aktivieren immer die Dopamin-Ausschüttung im Hirn. Als Trainer sollten wir also attraktiv aussehen (wer mag schon schwabbelige, verwahrloste Moderatoren?), unseren Teilnehmern freundliche Blicke und aufmunternde Worte schenken und immer schöne Musik dabei haben. Und wenn wir dann noch Schokolade nach einer anstrengenden Workshop-Einheit verteilen, ist ein weiterer Baustein für eine krisenfreie Veranstaltung gelegt.

Ich habe es ausprobiert und tatsächlich, es funktioniert. Nichts einfacher als das: Nehmen Sie zu jedem Workshop Schokolade für alle Teilnehmer mit (besonders am zweiten Tag, wenn es oft anstrengend wird), lassen Sie Musik zu Beginn und in jeder Pause laufen und treiben Sie ordentlich Sport und ernähren Sie sich ordentlich.

Direkter Blickkontakt und nette Worte an die Teilnehmer aktivieren das Belohnungssystem ebenso, dann wird besser gelernt. Schauen Sie den Teilnehmern wirklich intensiv in – ein – Auge und lächeln und nicken Sie zustimmend. Dann können Sie sogar inhaltlich total widersprechen, ohne dass Ihnen dies verübelt wird.

Weiche vom erwarteten Fahrplan eines Trainings ab

Wir vermitteln keinen Stoff: Gehirne bekommen nicht vermittelt – sie produzieren selbst. Das Gehirn berechnet ständig im Voraus, was passieren wird. Deshalb: Überrasche immer positiv, dann wird gelernt! Tue nicht das Erwartete, sondern das Unerwartete. Mache kürzere Sätze und setze eine Pause. Das ist überraschend und wirkt.

Insgeheim wissen wir ja schon, was in einem Workshop passieren wird: Nach einer Vorstellungsrunde wird die Agenda vorgestellt, wir besprechen die Spielregeln und dann klären wir die Erwartungen und steigen ins Thema ein. Gähn ... Nichts ist erwarteter und langweiliger als die immer wieder zu beobachtende Startaufstellung eines Workshops. Der alte Seminarhase freut sich schon auf das altbekannte Ritual und hat innerlich schon fast abgeschaltet: *„Herzlich willkommen ... jetzt stelle ich mich Ihnen mal kurz vor* (das dauert dann fast fünf Minuten), *dann stellen wir den Ablauf mit PowerPoint vor* (wir konnten es gar nicht erwarten, bis endlich das heiße Surren des Beamers ertönt), *dann klären wir die Spielregeln, dann darf sich jeder brav selbst kurz vorstellen* (12 Stakkato-Lebensläufe von wichtigen, erfolgreichen Menschen folgen), *dann schreiben wir unsere Erwartungen auf Kärtchen ... und jetzt erzählt der Trainer, warum das Thema sooo wichtig ist für unser Leben ...“*

Variiere die Bausteine des Workshop-Starts

Unser Gehirn berechnet immer voraus, was demnächst eintreten wird, und wenn es dann eintritt, wird das Ereignis als unbedeutend verbucht. Die Aufmerksamkeit läuft auf Sparflamme und wir lernen eher wenig. Informationen werden unbewusst weggefiltert. Ein zäher Standard-Workshop liegt vor uns. Es geht aber auch anders:

Deshalb ist es wichtig, dass sich der Ablauf positiv vom Erwarteten abhebt.

Bauen wir Überraschungen ein, steigt die Neugier und wir lernen. Wechsele die Reihenfolge der Workshop-Bausteine: Eine originelle Vorstellungsrunde im Stehen, der Soforteinstieg ins Thema ohne Begrüßung, komplettes Weglassen der Trainervorstellung bis zum Nachmittag, Vorstellungsrunde erst nach der Kaffeepause – es gibt viele Möglichkeiten, etwas Unerwartetes zu machen!

Überraschend ist auch die Sprechweise des besonderen Trainers: Wir sollten es uns angewöhnen, bei Bedarf ungewöhnlich kurze und prägnante Sätze zu sprechen, um danach einige Sekunden konsequent zu schweigen. Probieren Sie es aus. Sie werden in aufmerksame, überraschte Gesichter gucken, die übliche lange Statements erwartet haben.

Akzeptiere Lernwiderstände als Normalität

Lernen hat bei vielen immer noch ein negatives Image, es wird als unangenehm angesehen. Lernen macht vielen Erwachsenen – insbesondere Älteren – sogar Angst. Sie reagieren gelangweilt oder abwehrend und versuchen so, ihre Angst zu überspielen. Der Hirnforscher Manfred Spitzer hat die Ursache dafür so erklärt: *„Wer lernt, ändert sich. Das Aufnehmen von Neuem bedeutet immer auch Veränderung in dem, der aufnimmt. Aus ‚Man ändert sich, wenn man lernt‘ folgt, ‚Wer lernt, riskiert seine Identität‘ (d.h. seine Erfahrungen, seine Geschichte und Werte, die die Person ausmachen).“*

Während Lernen bei Kindern, die erst dabei sind, ihre Identität aufzubauen, keinerlei Ängste auslöst, kann Lernen Erwachsene potenziell immer verunsichern, da hier gewohnte und bewährte Strukturen und Muster infrage gestellt werden. Der latente Widerstand Erwachsener dem Lernen gegenüber zeigt sich immer wieder im Verhalten einzelner Teilnehmer oder schlägt sich in der Gruppendynamik nieder.

Typische Formen von Widerstand sind:
- Einwände erheben
- Generalisieren
- Sich, andere und das Thema lächerlich machen
- Blockieren und verweigern
- Vergessen, verschlafen, fehlen
- Häufiger das Thema wechseln
- Sich „dumm“ stellen

Diese Lernwiderstände gilt es zunächst einfach zu akzeptieren, statt dagegen anzukämpfen. Im Gegenteil: Tauchen sie auf, ist das eher ein positives Zeichen, dass gelernt wird. Wir sollten uns als Trainer hier also eher etwas entspannen, statt zu viel Energie auf die Bewältigung dieser normalen Begleitumstände des Lernens zu verwenden. Manches legt sich fast von allein.

Trainererfahrung

Christine Roos – Stärkste Herausforderung und Profitipp

Was war Ihr persönlich größter Trainings-Flop?
Vor einiger Zeit führte ich ein zweitägiges, englischsprachiges Inhouse-Kommunikationstraining mit zwölf Teilnehmern aus fünf Ländern durch. Alle kannten sich seit Jahren und morgens vor Beginn des Trainings unterhielten sie sich lebhaft. Doch schon kurz nach dem Start des Trainings wurden sie sehr wortkarg, es gab wenig Austausch, die Energie wurde schleppend und zäh. Ich bekam kaum etwas aus ihnen heraus. Im Laufe des Vormittags merkte ich, wie ich mehr und mehr verkrampfte und mich extrem anstrengte, Schwung in die Sache zu bringen, was aber nicht gelang. Ich begann, an mir zu zweifeln und machte mir richtig Sorgen, ob und wie ich wohl die restlichen anderthalb Tage schaffen würde.

Wie konnte es dazu kommen?
Im Vorfeld hatte es nur ein kurzes Gespräch mit dem Vorgesetzten gegeben. Über die Teilnehmer wusste ich fast nichts. Da sie alle in einem internationalen Bereich arbeiteten, war ich davon ausgegangen, dass alle gutes bis sehr gutes Englisch sprechen würden.

Wie haben Sie die Kurve gekriegt?
Beim ersten gemeinsamen Mittagessen nahm ich meinen Mut zusammen und sprach das Thema an. Ich schilderte meinen Eindruck und fragte genau nach: Stimmt das? Wie geht es Ihnen bisher? Was brauchen Sie? Was soll ich ändern? Schnell wurde klar, dass die meisten Teilnehmer schlicht mit dem Englisch überfordert waren. Einige hatten Hemmungen, überhaupt etwas zu sagen. Dadurch, dass wir das thematisiert hatten, wurde ich entspannter und dadurch auch die Teilnehmer. Ich passte das Training an, und wir bekamen noch viel Spaß, lockere Stimmung und gute Diskussionen.

Was ist Ihre tiefste Lernerfahrung daraus?
Wenn es in der Gruppe „komisch" ist, und ich den Eindruck habe, dass die Teilnehmer gehemmt sind, braucht es manchmal großen Mut, die eigene Unsicherheit anzusprechen und Feedback einzuholen. Ich habe mir aber angewöhnt, schnell und genau nachzufragen. Ich schildere meine Eindrücke und höre dann genau zu, was sie sagen und brauchen. Und das wissen sie immer ziemlich genau. Dadurch verbessert sich der Kontakt zu ihnen deutlich.

Was machen Sie nie mehr?
Ich falle nicht mehr in Panik und rede mir nicht mehr ein, ich würde etwas falsch machen; ich mühe mich nicht mehr ab. Vielmehr sehe ich es als Zeichen, dass ich etwas ändern sollte, und finde heraus, was ich anders machen kann. Meine Teilnehmer sind entspannter, offener und lernbereiter, wenn auch ich offen und entspannt bin. Dann erzielen wir deutlich bessere Ergebnisse.

Der Profitipp: Mein persönlicher Lieblingshelfer in schwierigen Workshop-Situationen ist: Durchatmen und Mut zusammennehmen – dann eigene Schwierigkeiten und Wahrnehmung mitteilen und Feedback einholen.

Christine Roos aus Berlin ist internationale Trainerin und Beraterin mit den Schwerpunktthemen Führung und Kommunikation.

3.2 Workshop-Probleme – über persönliche Denkstile erklärt
Thomas Rößle

3.2.1 Gruppendynamik nach HBDI© gestalten

Wir alle haben unterschiedliche Wege, an Aufgaben heranzugehen und diese zu lösen. Um diese unterschiedlichen Denkansätze greifbar zu machen, arbeiten wir in der Trainerwelt mit Modellen. Diese bringen, gerade aus Sicht eines Teilnehmers, diese verschiedenen Sichtweisen auf den Punkt oder helfen, sie zu erklären. Ein häufig genutztes Modell für persönlichkeitsprägende Denkstilpräferenzen ist das HBDI©, das Herrmann-Brain-Dominanz-Modell.

Was ist HBDI?

Das Herrmann-Brain-Dominanz-Instrument basiert auf der Funktionszuordnung aus der Gehirnforschung. Ned Herrmann hat ein Vier-Quadranten-Modell entwickelt, das die Zuordnung von Denkpräferenzen und Verhaltensweisen ermöglicht. Diese einfache Darstellung ermöglicht für eine Vielzahl von Alltagssituationen – immer wertfrei – Kommunikationsprozesse greifbar zu machen. Die Kernaussage ist, dass jeder Mensch als Individuum agiert – und das ist gut so! Lernen Sie, Andersartigkeit zu erkennen und zuzulassen.

Das Modell unterscheidet dabei vier Denkstile, die, je nach Aufgabe und persönlicher Präferenz, sich im Alltag zeigen. Wir handeln in der Regel danach oder suchen uns auch die Aufgaben im Leben, die am besten zu uns passen.

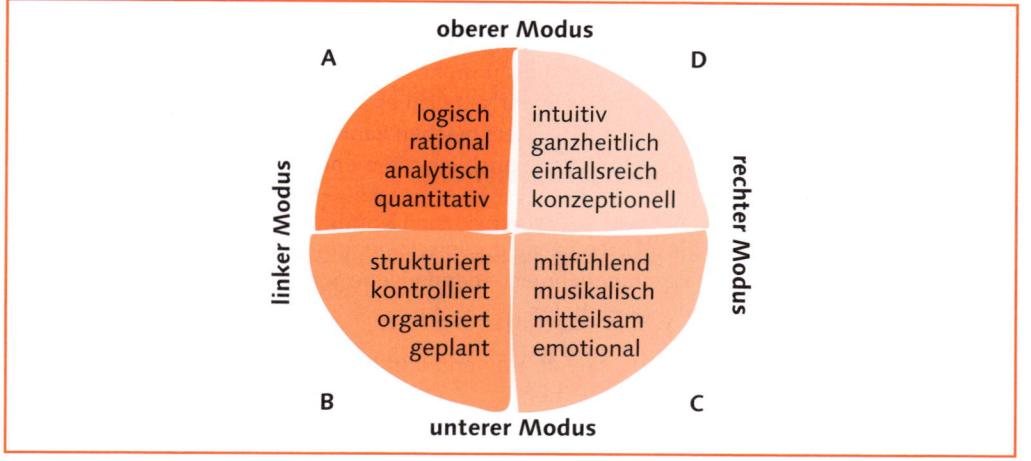

Die HBDI-Quadranten (© Herrmann International Central Europe)

3.2.2 HBDI© und mein eigener Trainingsstil

Im ersten Schritt ist das Arbeiten mit dem Modell das Arbeiten mit der eigenen Person. Welche sind meine eigenen Präferenzen? Was tue ich und wie wirke ich damit?

- Als Trainer mit starker Ausprägung in Quadrant A zeigen Sie viel Herzblut für fachlichen Input. Auch die Aufbereitung der Medien ist in der Regel eher sachlich bis hin zu nüchtern. Vielleicht zeigt sich auch technische Verliebtheit in der Wahl der Medien, jedenfalls ist es für diesen Typ fast selbstverständlich, dass Diagramme, Tabellen und komplexe Darstellungen genutzt werden.

- Der Trainer mit starker Ausprägung in Quadrant B ist der sicherheitsorientierte Typ. Als Teilnehmer erkennt man das sehr schnell an etwa der visualisierten Agenda, dem exakten Einhalten des Zeitplanes, den sehr strukturierten Medien, der Aufgeräumtheit im Seminarraum und der geringen Flexibilität, wenn es darum geht, den Seminarfahrplan zu verlassen.

- Eine starke Ausprägung in Quadrant C ist immer dann spürbar, wenn der Trainer sich deutlich mehr mit dem Zwischenmenschlichen auseinandersetzt. Befindlichkeiten und Gefühle stehen im Mittelpunkt. In der Methodik zeigen sich viele Übungen, Bewegungsspiele, Feedback – eben alles, wobei Menschen in Kontakt kommen.

- Bei einer Ausprägung in Quadrant D erleben die Teilnehmer viel Freiraum für eigene Kreativität. Es gibt wenig vorgegebene Methoden, der Trainer unterstützt und fördert die Eigeninitiative innerhalb des Seminarraums. Es werden viele Möglichkeiten geboten, die altherkömmlichen Vorgehensweisen bei einem Training zu verlassen.

Zum Glück ist keine dieser Ausprägungen die richtige oder die falsche. Jede Herangehensweise und Methode hat ihre Berechtigung, führt aber auch zu spezifischen Problemen im Workshop, wenn sie zu einseitig ausgelebt wird.

3.2.3 HBDI© in der Übersetzung der Trainerrolle

Jeder Mensch agiert am liebsten aus seiner eigenen Komfortzone heraus. So auch der Trainer. Er plant den Ablauf, baut das Seminar methodisch und didaktisch aus der eigenen Präferenz heraus auf. Der Vorteil ist dabei die hundertprozentige Identifikation mit dem Seminar. Nur – wer sitzt vor mir? Auf welche Ausprägung treffe ich in der Gruppe? Wenn wir Glück haben, sitzen lauter Teilnehmer im Boot, die exakt die gleiche Ausprägung haben wie der Trainer. Die Chance dafür ist jedoch sehr gering. Und so liefern wir ganz ohne Absicht die ersten Ansätze für das, was wir im Seminar als unangenehm oder lästig empfinden. Jeder hat unterschiedliche Bedürfnisse, auch im Seminar. Und dabei kann HBDI© eine Hilfestellung sein.

3.2.4 HBDI© in der Übersetzung der Teilnehmerrolle

Schauen wir einmal mit der HBDI©-Brille auf die Teilnehmer:
- Teilnehmer Typ A legt Wert auf Zahlen, Daten und Fakten. Er analysiert gerne die Zusammenhänge und liefert Beweise. Für ihn gibt es meist nur schwarz oder weiß, hopp oder top. Das Zwischenmenschliche steht nicht im Vordergrund und auf der Gefühlsebene werden kaum oder gar keine Aussagen getroffen. Er will schnell an sein Ziel kommen und möglichst nicht über Umwege.

    Typische Berufsgruppen Quadrant A: Hier findet man bevorzugt Ärzte, Rechtsanwälte, Techniker, Physiker und Mathematiker.
- Teilnehmer Typ B braucht Sicherheit. Er gewinnt Vertrauen über die fachliche Sicherheit des Referenten. Ebenfalls wichtig ist das Einhalten von Regeln, und sollten diese überschritten werden, muss der Trainer sofort eingreifen. Mit visuellen Hilfsmitteln wie z.B. Teilnehmerhandouts und ordentlichen Medien gewinnt der Trainer den Zuspruch.

    Typische Berufsgruppen Quadrant B: Diese Ausprägung zeigt sich deutlich in den Berufen Finanzdienstleistung, Controller, Steuerberater, Buchhaltung und Sekretariat.
- Teilnehmer Typ C will von Anfang an wahrgenommen werden. Seine Bedürfnisse zeigen sich deutlich in der Kommunikation und dem Wunsch, sich mitzuteilen. Bei den ersten Aufgaben wie z.B. einer geplanten Vorstellungsrunde geht der C-Typ meist voraus. Input ist wichtig, das Miteinander und die Geselligkeit dürfen jedoch auf keinen Fall zu kurz kommen.

    Typische Berufsgruppen Quadrant C: Alle sozialen Berufe wie Kindergärtner, Krankenpfleger, aber auch Lehrer und Trainer finden wir in diesem Quadranten. Musikern spricht man auch eine hohe Ausprägung in C zu.

- **Teilnehmer Typ D ist der ruhige Typ.** Er begibt sich gerne in Denkschleifen und braucht dafür auch Freiräume. Jede Methode ist für ihn eine gute Methode, wenn er genug Platz zur Entfaltung hat. Er ist der geborene Workshop-Typ und arbeitet gerne mit. Dabei ist jede Chance zum Verlassen des Fahrplanes willkommen und erwünscht.

  Typische Berufe in Quadrant D: Die kreativen Berufe fallen in diesen Quadranten – Künstler, Designer, das Marketing und viele strategische Führungskräfte und Unternehmer.

Da wir als Mensch in der Regel unsere Präferenzen und damit unsere Stärken ausleben wollen, treffen wir bei der (finalen) Berufswahl meist die richtige Entscheidung. Und das ist auch eine der schnellsten Möglichkeiten für eine erste kurze Analyse. Haben Sie einen Workshop für das Team der Buchhaltung vor sich? Strukturieren Sie den Workshop sicherheitshalber gleich im Stil B durch, bevor der Stress beginnt. Aber denken Sie daran: Es ist davon auszugehen, dass jede Person mehr als eine Ausprägung zeigt. Die Berufsgruppe bzw. die Branche gibt aber meist einen guten ersten Impuls in eine Richtung!

Die Botschaft für die Trainerrolle lautet:

Arbeiten Sie jeweils mit der passenden HBDI©-Sichtweise und bauen Sie das Seminar zielgruppengerecht auf. Es ist immer sinnvoll, sich auf jeden der vier Typen methodisch vorzubereiten. Wenn Sie für jeden etwas anbieten können, vermeiden Sie destruktive Projektionen auf den Trainer und seine Arbeit. Das ist der erste Schritt für ein entspanntes Seminar.

Wie reagieren die HBDI©-Typen im Workshop-Konflikt und in der Gruppendynamik?

Und wenn es dann doch anders kommt? Gerade in Stresssituationen zeigen sich Präferenzen bei unserem Gegenüber sehr deutlich. Eine zusätzliche Hilfestellung für die eigene Reflexion kann dabei die Auswertung des so genannten Stressprofils als Teil der HBDI©-Auswertung sein. Dies zeigt genau auf, welche Präferenz in schwierigen Situationen sichtbar wird. Wie verhält sich nun der jeweilige Typ im Seminar, wenn er mit der Situation oder mit einer Sache nicht zufrieden ist?

Durch genaues Beobachten und die Wahrnehmung auf der Ebene der Präferenzen hat der Trainer nun die Möglichkeit, im Krisenfall die geeigneten Werkzeuge gezielt zu nutzen.

Ein Tipp vorab: Richten Sie Ihre Wahrnehmung auf die eigene Reaktion. Welcher Quadrant spricht aus mir? Welche Präferenz zeigt sich bei mir in Stresssituationen? Je näher der Trainer mit seiner Sprache an die Sprache des Teilnehmers herankommt, desto höher sind die Erfolgschancen. Das gelingt meist gut, indem die

Wahrnehmung auf das eigene Empfinden gelenkt wird. Der Praxistipp lautet hier ganz klar: Machen Sie sich in der Wahl Ihrer Reaktion etwas frei von akuten Emotionen. Diese behindern die Fokussierung auf die Bedürfnisse der Teilnehmer. Betreiben Sie eigene „Psychohygiene" – damit ist gemeint: Nehmen Sie sich selbst in Stresssituationen im Seminar nicht so wichtig!

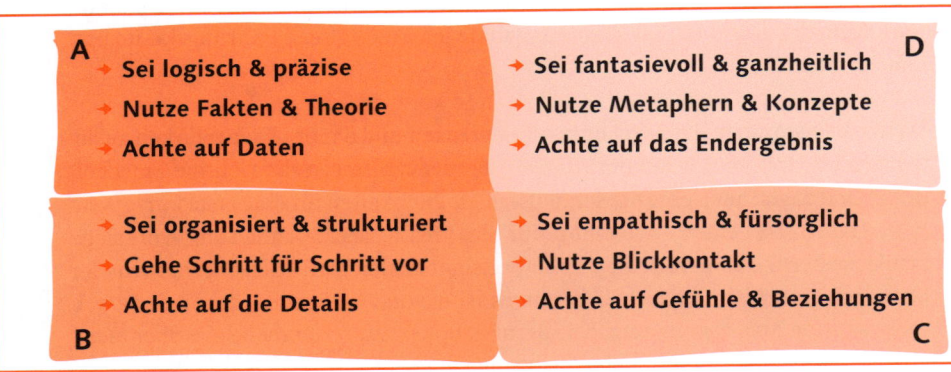

Rückmeldungen an meinen Kommunikationspartner geben (© Herrmann International Central Europe)

- **Blauer Quadrant (A) – der analytische und faktenorientierte Teilnehmer**
Ein Teilnehmer mit der bevorzugten (Stress-)Ausprägung im Quadranten A liebt auch unter emotionaler Spannung noch die Logik. Er geht jedes zwischenmenschliche Problem rational an und analysiert die Situation. In schwierigen Situationen argumentiert er über Fakten und wirkt eher distanziert.

    Umgang als Trainer mit Typ A: Liefern Sie die gewünschten Fakten, zeigen Sie bei der Konfliktlösung analytische Fähigkeiten, sprechen Sie nicht ständig über Gefühle!

- **Grüner Quadrant (B) – der strukturierte und detaillierte Teilnehmer**
Präferenzen im Quadranten B zeigen sich in Genauigkeit und dem Bedürfnis nach Einhaltung von Regeln. Dieser Teilnehmer achtet auf Termine und Zeitplanung, entdeckt versteckte Probleme und bleibt beharrlich bei der Sache. Letzteres auch in schwierigen Situationen: Er kann für Workshop-Stress sorgen, weil die Agenda nicht eingehalten wurde, nicht alle angekündigten Themen vollständig bearbeitet wurden oder die Pause zu spät beginnt.

    Umgang als Trainer mit Typ B: Schreiten Sie sofort ein, wenn Regeln gebrochen werden. Gehen Sie strukturiert an die Lösung und geben Sie Sicherheit über die nächsten Schritte. Halten Sie die Agenda ständig sichtbar und erklären Sie, wann welche Teile noch zu erwarten sind.

- **Roter Quadrant (C) – der emotionale und empathische Teilnehmer**
Dieser Teilnehmer wirkt im Seminar mitreißend. Er spürt Reaktionen, respektiert Werte und reagiert auf die Körpersprache anderer Menschen. Zwischenmenschli-

che Probleme werden sofort erkannt und auch auf dieser Ebene gelöst. Ein Teilnehmer aus Quadrant C reagiert gerne emotional auf sein Gegenüber.

Umgang als Trainer mit Typ C: Beachten Sie die Gefühle der Personen im Raum. Spiegeln Sie auf der Metaebene und stoppen Sie die inhaltliche Arbeit. Zeigen Sie viel Wertschätzung und nehmen Sie sich viel Zeit für die atmosphärische Klärung der Stresssituation.

- **Gelber Quadrant (D) – der intuitive und konzeptionelle Teilnehmer**
Eine Ausprägung in Quadrant D zeigt sich durch das Erkennen großer Zusammenhänge. Der Teilnehmer erkennt Chancen und Möglichkeiten und kann Ideen und Konzepte integrieren. Im konfliktträchtigen Seminar steht er über den Dingen und versteht nicht immer die Intention der anderen. Er befasst sich nur selten mit Auslösern oder Ursachen der Situation.

Umgang als Trainer mit Typ D: Geben Sie den Teilnehmern die Möglichkeit der gemeinsamen Problemlösung. Leiten Sie Workshop-Techniken ein und reiten Sie nicht auf der Ursache des Konfliktes herum!

3.2.5 Gemischte Workshop-Gruppen: Wo gibt es Konfliktpotenzial?

Sie kennen das Sprichwort: „Gleich und Gleich gesellt sich gern!" So ist das auch im Umgang der einzelnen Quadranten untereinander.

- Eine Kommunikation von Teilnehmern innerhalb des gleichen Quadranten ist sicher die einfachste und damit die konfliktärmste bei der Betrachtung der Möglichkeiten für das Entstehen von gruppendynamischen Prozessen. Hier versteht man sich ohne viele Worte und denkt bei allen Prozessen sehr ähnlich. Das Verständnis für den anderen und für seine Situation ist hier sehr hoch.
- Das Miteinander und die Kommunikation in der Zuordnung linke und rechte Seite des Modells zeigen auch gute Chancen auf Verständigung. Diese Denkstile sind miteinander verwandt (A + B und C + D) und erlauben einen Blick in die Welt des anderen. Diese Nähe des Denkstiles führt nicht sofort zu einem Konflikt, sondern bringt eine automatische Nähe und Unterstützung des Prozesses.
- Etwas schwieriger wird es da schon auf den limbischen Ebenen. Die horizontalen Ebenen haben zwar auch eine Gemeinsamkeit (oberer Modus stärker: Denker – unterer Modus stärker: Macher), diese bildet aber nicht sofort eine sichtbare und spürbare Ebene für die Verständigung. Jetzt wird es schon schwer, auf Anhieb eine gemeinsame Kommunikation zu erreichen.
- Nun wird es richtig ernst! Die diagonal gegenüberliegenden Quadranten wollen eigentlich nichts miteinander zu tun haben. Was dem einen wichtige Fakten für die Problemlösung sind (Typ A), sind dem anderen nur lästige Steine auf dem Weg zu den Empfindungen und Gefühlen (Typ C). Oder das unbedingte Einhalten von Regeln (Typ B) ist dem freiheitsliebenden Typ D total egal. Konflikt vorprogrammiert? Konfliktträchtig auf jeden Fall und bedeutend schwerer wieder zum Seminarfahrplan zurückzukommen als in jeder anderen Konstellation. Die perfekte

Herausforderung für den Trainer! Hier kann es hilfreich sein, der Gruppe die HBDI©-Systematik kurz vorzustellen, um damit Bewusstsein für die potenziellen Missverständnisse zu schaffen.

Richten Sie auch hier Ihre Wahrnehmung auf den stattfindenden Prozess in der Gruppe. Diese bestimmt das Tempo und die Richtung im Konfliktfall. Nutzen Sie dabei das HBDI© als Kompass für die Bedürfnisse und Handlungsempfehlungen, und das nicht nur, wenn Alarmstufe Rot vorherrscht. Fazit: Das Leben bleibt bunt!

3.3 Workshop-Probleme – gruppendynamisch erklärt

Thomas Rößle

3.3.1 Vier Blickwinkel auf Konflikte in Workshops

Möglichkeit 1: Störungen der Teilnehmer untereinander

Eine häufig auftauchende Konfliktart ist der Konflikt zwischen Personen (interpersonell). Meist wird dieser Konflikt direkt und verbal ausgetragen. In einem Seminar oder Workshop können das hochemotionale „Ringkämpfe" sein, die sich ein oder mehrere Personen liefern. Als Trainer oder Moderator erkennen Sie das z.B. an dem Bewerten von Beiträgen oder wenn der eine Teilnehmer dem anderen scharf ins Wort fällt. Manchmal ist die Erscheinungsform auch etwas weniger deutlich und der Konflikt spielt sich mehr im Hintergrund ab. Auslöser dafür sind oft Hierarchiethemen oder auch mitgebrachte persönliche Differenzen.

Möglichkeit 2: Differenzen zwischen Gruppen/Bereichen

Hier handelt es sich meist um einen Konflikt zwischen oder innerhalb von Gruppen oder Abteilungen einer Organisation. Auslöser sind hier meist die aus dem klassischen Konfliktmanagement bekannten Themen:

- Der Verteilungskonflikt: Ein zur Verfügung stehendes Budget oder eine Ressource muss zwischen verschiedenen Parteien aufgeteilt werden. Und natürlich will jeder Bereich das größte Stück vom Kuchen abbekommen.
- Der Zielkonflikt: Die beteiligten Gruppen können sich nicht auf ein einheitliches Ziel einigen.
- Der Wertekonflikt: Dieser Konflikttyp taucht immer dann auf, wenn unterschiedliche Werte oder Haltungen aufeinanderprallen. Häufig erlebt der Trainer oder Moderator solche Schwierigkeiten im politischen oder interkulturellen Umfeld.

Möglichkeit 3: Konflikte in Richtung des Themas

Nicht jeder Teilnehmer ist immer begeistert, wenn er zu einem Workshop oder Seminar eingeladen wird. Da sind schon auch mal Themen dabei, die den Eingeladenen nicht interessieren, die er als Zeit raubend empfindet oder die den Eindruck entstehen lassen können, dass es ja ohnehin schon Vorgaben für die Lösung gibt.

Ein deutliches Erkennungszeichen ist die ablehnende Haltung eines Teilnehmers. Diese Haltung wird entweder offen kundgetan oder sie äußert sich in einer starken Zurückhaltung während des Prozesses.

Möglichkeit 4: Konflikte in Richtung des Moderators/Trainers

Meist führt mangelnde Akzeptanz des Moderators zu diesem Konflikt. Die Teilnehmer sehen den Moderator als nicht kompetent genug an oder trauen ihm nicht. Manchmal reicht aber auch schon ein komisches Gefühl in der Magengegend, um etwas misstrauisch und mit einer eingefärbten Haltung dem Workshop gegenüberzutreten. Wenn allerdings ein grober Fehler ganz offen passiert oder auch die Einstellung des Moderators gegenüber der Gruppe nicht stimmt, braut sich definitiv ein Konflikt zusammen.

3.3.2 Die vier Konflikte auf der Metaebene spiegeln

Bedienen Sie sich des Werkzeugs des Spiegels. Und das heißt nichts anderes, als der Gruppe oder den Beteiligten die Möglichkeit zu geben, das, was passiert, aus einer neuen Perspektive (Metaebene) zu sehen. Und so sieht das Werkzeug aus:

- Schritt 1: Was haben Sie beobachtet? Was haben Sie wahrgenommen?
  „Mir fällt auf …"
  „Ich erlebe Sie heute …"
- Schritt 2: Was macht das Beobachtete mit Ihnen? Was löst es in Ihnen aus?
  „Mir geht es damit …"
  „Das macht mit mir …"
- Schritt 3: Was wollen wir jetzt unternehmen? Wie geht es jetzt weiter?
  „Wie sollen wir damit umgehen?"
  „Was wollen wir jetzt unternehmen?"
  „Was würden Sie an meiner Stelle jetzt tun?"

Gehen Sie die drei Schritte direkt in Folge durch. Durch die aktivierende Frage im dritten Schritt öffnen Sie Ihr Feedback an die Gruppe und laden damit zum Dialog ein. Jetzt kann mit einem neuen Blickwinkel auf die Situation oder die Sache geblickt werden. Und die Chancen auf eine gemeinsame Lösung sind sehr hoch. Gerade durch den zweiten Satz, bei dem es darum geht, in Worte zu fassen, was in Ihrem Bauch los ist, zeigen Sie die Wichtigkeit und Dringlichkeit, die der Situation gerecht wird. Dies schafft auch manchmal Betroffenheit beim Empfänger der Botschaft und fördert den „Heilungsprozess".

Wie sieht das jetzt bei den einzelnen Konfliktarten genau aus?

- Im Fall von Störungen der Teilnehmer untereinander ist es erst einmal leicht, sich selbst emotional herauszunehmen. Die wahrzunehmende Unruhe bezieht sich auf das Miteinander der Teilnehmer und selbst, wenn es dort richtig zur Sache geht, bin ich in meiner Rolle außen vor. Bevor Sie den Mund aufmachen, empfiehlt es sich, die gesamte Gruppe bewusst zu beobachten und festzustellen, ob Sie die Störenfriede unter 4 bzw. 6 Augen auf die Situation hin ansprechen können. Abhängig machen können Sie das von dem Grad der Verärgerung der restlichen, am Konflikt unbeteiligten Personen. Je mehr diese Personen darauf warten, dass endlich jemand einschreitet, je klarer ist für Sie die Reaktion. Wenn z.B. eindeutige Regeln im Umgang miteinander gebrochen werden, dann muss eine Reaktion im Plenum erfolgen. Handelt es sich um eher persönliche Themen, die auf dem Rücken der Gruppe ausgetragen werden, dann sollten Sie die beteiligten Personen im Einzelgespräch auf die Situation hinweisen. Das Werkzeug des Spiegelns ist dabei die beste Form und zu empfehlen.
- Bei Konflikten zwischen Gruppen oder Bereichen ist das sehr ähnlich. Allerdings gibt es hier nur einen Weg – den offiziellen. Sprechen Sie direkt und vor der gesamten Gruppe die Situation an. Die drei W helfen auch hier, aus der festgefahrenen Situation zu kommen und die Gruppe auf den Weg der Lösung zu bringen. Zusätzlich empfiehlt es sich, bei z.B. einem Verteilungskonflikt, die Rolle des Moderators noch bewusster zu leben. Jetzt sind die Augen der Teilnehmer besonders auf Ihre Aufgaben sensibilisiert: das Gesagte zusammenfassen, die Aussagen auf den Punkt bringen, Ergebnisse visualisieren und für die Einhaltung von Regeln sorgen! Ziel ist in erster Linie das Erreichen einer Plattform, um das Seminar inhaltlich weiterführen zu können.
- Bei Konflikten in Bezug auf das Thema bietet der Moderator selbst jetzt wieder eine größere Zielscheibe. Das Thema wird von den Teilnehmern oft nicht von der Person des Moderators getrennt gesehen. Nachdem Sie Ihre Wahrnehmung geschildert haben, empfiehlt es sich nun, eine kurze Auftragsklärung zu führen. Sprechen Sie die ganze Gruppe oder den jeweiligen Teilnehmer direkt an: *„Was ist Ihr Grund, heute hier in diesem Seminar zu sein? Was interessiert Sie an diesem Thema? Welche Motivation für das Thema bringen Sie / bringst du mit?"* Geben Sie den Teilnehmern genug Raum, um wieder in ihrer Mitte anzukommen. Die Fragen sind letztendlich nur ein Hebel, um die Emotionalität wieder aufzulösen.

    Praxistipp: Zu Beginn eines Workshops haben Sie bereits die Möglichkeit, solche im späteren Verlauf des Tages aufkommenden Situationen zu vermeiden. Einfache Abhilfe schafft die Durchführung einer Erwartungsabfrage mit den Teilnehmern. Fragen wie z.B.: *„Was erwarten Sie vom heutigen Tag? Was soll heute hier passieren?"* oder *„Was darf hier auf keinen Fall passieren?",* bringen schnell ans Tageslicht, was in den Köpfen der Teilnehmer vorgeht. Und natürlich geht es nicht um die Chance, schnell das Konzept auf den Kopf zu stellen! Es geht vielmehr darum, den Teilnehmern aufzuzeigen, was Inhalt und Ziel des Workshops ist und was nicht.

- Kommen wir nun zur „Königsdisziplin", Konflikte in Richtung des Trainers. In einer dieser Situationen findet sich der Moderator dann wieder, wenn er handwerkliche Fehler gemacht hat. So hart das klingen mag, aber wie überall im Leben bietet die Trainerbühne eben auch Risiken für Fehler. In jeder Trainer- und Moderatorenlaufbahn kommt es früher oder später dazu. Bewahren Sie einen kühlen Kopf und sprechen Sie die Situation frühzeitig an. Ihr Bauch gibt Ihnen in der Regel den richtigen Impuls. Eine professionelle Haltung ist nun gefragt. Stellen Sie alle persönlichen Empfindungen und Emotionen hinten an. Auch hier können Sie über die Spiegelmethode den Durchbruch schaffen. Besonders im Schritt 3 – der aktivierenden Frage – können Sie die Teilnehmer in einen neuen Blickwinkel versetzen: *„Wie soll ich Ihrer Meinung nach mit der Situation umgehen?"* oder *„Was brauchen Sie von meiner Seite aus, um die Situation zu klären?"* Mit so viel Wahrnehmung und Offenheit rechnet kaum ein Teilnehmer in solch einem Konflikt. Daher appelliere ich an Sie: Seien Sie mutig!

3.4 Workshop-Probleme – transaktionsanalytisch erklärt

3.4.1 Welche Transaktionen erschweren Workshops?

Die klassische Transaktionsanalyse (TA) nach Eric Berne ist eine der etablierten psychologischen Schulen, die für den Umgang mit Gruppen praxisnahe und leicht analysierbare Werkzeuge liefert. Eine Transaktion ist danach die kleinste sinnvoll erfassbare Einheit psychologischen Geschehens. Die Transaktionen sind Bausteine jeder Kommunikation. Die Transaktion ist der Austausch von verbalen und nonverbalen Botschaften zwischen den Menschen. Ähnlich dem Mechanismus bei Geschäftsabschlüssen zwischen Kaufleuten: Austausch zwischen Kaufangebot (z.B. Ware) und Gegenleistung (z.B. Geld). Die Transaktion kommt zu Stande, wenn der Angesprochene das Kaufangebot annimmt, dann erst wird getauscht. Im Workshop kann das schon ein zugeworfener Blick zwischen Teilnehmern sein oder ein knappes Seufzen des Moderators.

Herzstück der Transaktionsanalyse sind die drei Ich-Zustände in jedem Menschen:
- das lehrhafte/kritische oder fürsorgliche Eltern-Ich (z.B. der Trainer als strenger Oberlehrer; der fürsorgliche Moderator, der jeden Wunsch der Teilnehmer erfüllen will; der regelsetzende Dozent),
- das reflektierende Erwachsenen-Ich (z.B. der reflektierende Moderator aus der Metaebene heraus; der Trainer, der wertfrei über die in der Übung wahrgenommenen Gefühle der Teilnehmer diskutiert) und

- das natürliche oder angepasste Kind-Ich (der begeisternde Trainertyp, der zu spontanen Aktionen hinreißt; der brave Dozent, der genau den erwarteten Lehrplan abarbeitet; der rebellische Führungskräftetrainer, der in seiner Führungskarriere oft aneckte und jetzt über seine Managerworkshops für seine kritische Sicht auf die Geschäftsführung kämpft).

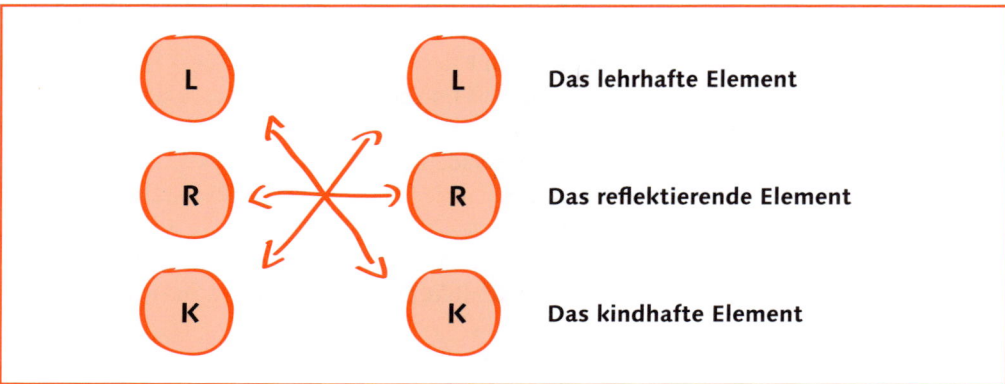

Transaktionen der Ich-Zustände

Zwischen diesen drei Ich-Zuständen verlaufen die Transaktionen. Es sind alle Verbindungen zwischen den drei Ich-Zuständen denkbar. Aus der „Verbindungslinie" zwischen den drei Kreisen wird die Art der Transaktion erkennbar.

Für Schwierigkeiten in Workshops sind z.B. folgende Transaktionen verantwortlich:
- Trainer im kritischen Eltern-Ich und Teilnehmer im angepassten Kind-Ich
  → Variante A: große Distanz, fast Ehrfurcht gegenüber dem Trainer, Teilnehmer wagen kaum zu widersprechen (lästern dafür umso mehr in der Pause) oder
  → Variante B: der latente Dauerdisput zwischen rechthaberischen Trainern und rebellischen Teilnehmern, die sich trotzig den Anweisungen widersetzen wollen.
- Trainer im fürsorglichen Eltern-Ich und Teilnehmer im (rebellisch-trotzigen) angepassten Kind-Ich
  Ein Trainer, der es allen Teilnehmern recht machen will und sich jeden Schuh anzieht und dabei gar nicht merkt, dass die Teilnehmer bereits die Achtung verlieren.
- Teilnehmer (oder Trainer) im kritischen Eltern-Ich gegenüber anderen Teilnehmern im natürlichen Kind-Ich
  Der ewig kritische, distanzierte Spielverderber oder Moralapostel, der den natürlichen Spaß der Gruppe subtil torpediert.

Der erste entscheidende Schritt zur Lösung ist es, die Transaktionen zu erkennen und aus dem Erwachsenen-Ich nüchtern zu reflektieren.

Das kann laufend während der Veranstaltung im Kopf des Trainers geschehen oder in einer anschließenden Supervision. Dann kann man sich und die Teilnehmer im zweiten Schritt immer wieder einladen, aus der R-Ebene heraus die Themen zu diskutieren. Gerade in Deutschland ist es oft ein befreiender Fortschritt, auch bei Erwachsenen das natürliche Kind aus dem Dornröschenschlaf zu wecken und das angepasste Kind etwas weniger stark zu bedienen. Spontane Freude, Spiele, körperliche Nähe, Musik und Tanz, Outdoor-Übungen sind hierfür typische Workshop-Elemente.

3.4.2 Destruktive Antreiber von Teilnehmern und Trainern

Ein sehr nützliches Werkzeug für Trainer und Moderatoren sind die inneren Antreiber der TA. Da grundlegende Bedürfnisse vieler Menschen nicht voll erfüllt wurden, reagieren die meisten Menschen mit Antreiber-Dynamiken, die diesen Mangel ausgleichen sollen. Diese werden oft in der Kindheit über die L-Botschaften z.B. der Eltern an die Kinder vermittelt. Sie halten uns ständig auf Trab, werden nie wirklich endgültig „erledigt/erfüllt".

Die wichtigsten Antreiber sind:

Sei perfekt!

Nur fehlerfrei bist du akzeptabel. Hundertprozentige Perfektion, Erwartungen „übererfüllen", eher deutsches Phänomen. Suche nach Anerkennung über Können und Wissen. Menschen, die perfekt sein müssen, kennen kaum ihre tieferen persönlichen Fähigkeiten/Qualitäten. Fehler sind peinlich. Mögliche Konsequenzen:
- Trainer, die schon bei kleinen Ablaufpannen aus der Fassung geraten
- Moderatoren, die sich zu akribisch vorbereiten und dann den „perfekten" Ablauf nicht loslassen können
- Teilnehmer, die sich nicht trauen, eine schwache erste Übung abzuliefern
- Misstrauisch werden alle kleinen Fehler des Moderators wahrgenommen und damit wird die gesamte Veranstaltung abgewertet

Beeil dich!

Die Fülle des Lebens erfahren, Lebensgenuss oder Schaffenskraft ohne Zeitverlust erreichen. Menschen, die so angetrieben werden, wollen ihre Zeit sinnvoll nutzen, verbreiten Hektik, sind ungeduldig. Sie gehen zu viele Aufgaben an, stellen Quantität vor Qualität, leben kaum im Hier und Jetzt, sprechen oft schnell, sind leicht nervös, tendenziell überlastet. Zeitoptimierer und Tagvollstopfer. Mögliche Konsequenzen:

- Methodisch und inhaltlich überfrachtete Trainings
- Kaum Zeit, einmal in Ruhe ein Thema im Workshop zu Ende zu diskutieren
- Auftraggeber, die Workshops zeitlich zu knapp ansetzen („*Ein halber Tag muss reichen dafür.*")
- Schlecht vorbereitete Workshops von Moderatoren, die von einer Veranstaltung zur nächsten hetzen

Sei stark!

Beispielsweise auf die Zähne beißen, Vorbild sein, Haltung bewahren. Hart durchgreifen oder allein durchkämpfen. Menschen mit diesem Antreiber suchen Sicherheit in sozialen Kontakten, Schutz vor Kränkungen. Hören selten auf ihre Körpersignale. Gefühle werden eher kontrolliert. Überforderung und Tapferkeit. Eigene Probleme werden manchmal verschwiegen. Mögliche Konsequenzen:
- Trainer, die sich durch eine schwierige Gruppendynamik „durchbeißen" wollen, obwohl ihre innere Stimme längst etwas anderes sagt (z.B. ehrlich sagen, dass man so nicht weiterarbeiten möchte)
- Teilnehmer, die ernste Probleme nicht ansprechen wollen und können

Sei gefällig!

Mache es allen recht. Streben nach Harmonie, Zugehörigkeit. Streit, Konflikte oder Ablehnung werden vermieden. Personen, die diesem Antreiber unterliegen, zeigen eher weniger Ecken und Kanten, fühlen sich schnell verantwortlich, stellen eigene Bedürfnisse zurück, suchen Bestätigung, nehmen sich manchmal insgesamt zu stark zurück. Sind „nett". Mögliche Konsequenzen:
- Trainer, die weichgespülte Feedbacks geben
- Moderatoren, die auf das Wohlwollen der Auftraggeber schielen und dabei die unangenehmen Knackpunkte umschiffen
- Teilnehmer, die trotz Unbehagen sich nicht gegen ein unpassendes Training auflehnen und keine eigene Meinung vertreten

Streng dich an!

Bedürfnis, etwas für die Gemeinschaft zu leisten. Nutzlosigkeit wird vermieden. Leistung wird an der Mühe gemessen, nicht zwingend am Ergebnis. Qualität kommt nur über Anstrengung, wer rastet, der rostet. Solche Menschen schultern viel Verantwortung, machen es sich selbst eher schwer. Zähe Kämpfer, hoch belastet. Mögliche Konsequenzen:
- Trainer, die lieber alles selbst neu erarbeiten, statt sich von Kollegen helfen zu lassen
- Teilnehmer, die „mehr vom Gleichen" probieren, statt in Ruhe zu überlegen, wie man leichter zum Ziel kommt
- Auftraggeber, die bis abends um 22 Uhr trainieren lassen

Auflösung der inneren Antreiber:

Innere Antreiber sind hartnäckig. Über selbst gewählte oder von außen vorgeschlagene und verinnerlichte sog. Erlaubersätze, z.B. „du darfst ruhig ...", können festsitzende Antreiberdynamiken bei Erwachsenen schrittweise aufgeweicht werden. Für Trainer und Moderatoren lohnt es sehr, diese Erlaubersätze zu erarbeiten. Nur so kann nachhaltig der blinde Fleck des eigenen (destruktiven) Workshop-Stils gemildert werden.

Innerer Antreiber	Passende Erlaubersätze für Trainer und Moderatoren
1 Sei perfekt!	Du darfst du selber sein. 80 Prozent ist Perfektion.
2 Beeil dich!	Du darfst dir Zeit nehmen. Du tust genug.
3 Sei stark!	Du darfst offen sein. Du darfst Gefühle zeigen.
4 Sei gefällig	Du darfst dich selbst bejahen. Ich bin ich.
5 Streng dich an!	Du darfst deine Sache gelassen abschließen. Du darfst es dir einfach(er) machen.

Es lohnt sich, 15 Minuten für einen Antreibertest zu investieren, dann wissen Sie genau, welcher innere Antreiber auch Sie in Stress versetzt. Sie finden Fragebogen und Auswertung kostenlos im Internet: Geben Sie einfach „Antreibertest Transaktionsanalyse" in eine Suchmaschine ein.

3.4.3 Das stressige Drama-Dreieck im Workshop

„Die da oben machen doch eh, was sie wollen, ohne uns zu fragen ... / Ich kann das nicht und konnte es auch noch nie! / Sie haben ja gut reden, Sie machen hier schlaue Sprüche ..."
Wir kennen die zähen Diskussionen, die als Dauer-Spielchen nie enden wollen. Für den Trainer, Moderator und Teilnehmer gibt es drei verschiedene Rollen, aus denen heraus man psychologische Spiele im Workshop spielen kann. Diese Reaktionsmuster lernt man früh in der Kindheit, um andere zu beeinflussen. Die drei psychologischen Rollen sind aufeinander bezogen, was sich durch das sog. Drama-Dreieck darstellen lässt:

- Es hat sich herausgestellt, dass es meist eine der drei Rollen ist, die ein Mensch *bevorzugt* einnimmt.
- Jeder Mensch kann je nach Situation in allen drei Rollen agieren. Meist hat jeder jedoch einige „Lieblingsmaschen".
- Alle Gefühlsmaschen stammen aus dem Kind-Element. Das reflektierende R-Element bleibt ausgeblendet. Daher bringt es in der Situation meist nichts, eine Masche „aufzudecken". Später ist der Teilnehmer vielleicht einsichtiger ...

Folgende Positionen werden im Drama-Dreieck besetzt:

- Der Verfolger setzt anderen zu und ruft sie zur Ordnung.
- Der Retter will anderen helfen und müht sich für sie ab.
- Das Opfer erleidet Unrecht oder ist hilflos.

Verfolger: Ich + / Du –

„Das ist totaler Quatsch!"

→ greifen in Konfliktsituationen an
→ schüchtern ein
→ erwecken in anderen Schuldgefühle
→ betonen hierarchische Unterschiede

V — **R**

O

Retter: Ich + / Du –

„Was wärst du nur ohne mich!"

→ meinen es gut mit anderen
→ passen ständig auf, dass nichts passiert, keine Spannung auftritt
→ ihre Hilfe macht abhängig
→ Retter erwarten Dank, Opfer sind aber undankbar

Opfer: Ich - / Du +

„Wie soll ich das nur schaffen?"

→ sind hilflos
→ tun sich leid
→ warten und hoffen, dass sich etwas von selbst ändert
→ geben nach und passen sich an
→ unbewusst suchen sie einen Retter oder Verfolger

Typische Verhaltensweisen im Drama-Dreieck

Damit das Drama-Dreieck läuft, müssen zwei Flügel zusammenkommen. Flügelspiele im Drama-Dreieck sind

- die immer gleiche Abfolge von verdeckten Transaktionen,
- die in vorhersehbarem Ablauf („immer das Gleiche ..."),
- auf einen genau definierten Nutzeffekt herauslaufen,
- immer ungute Gefühle erzeugen und mit Abwertungen arbeiten und den Beteiligten leider nicht bewusst sind,
- aber immer das Erleben des bevorzugten Maschengefühls sichern (Verfolger, Retter, Opfer im Drama-Dreieck zu sein).

Der Wunsch nach Zuwendung und Anerkennung ist dabei nahezu der Motor für alles, was wir tun. Das Drama-Dreieck lebt von der Abwertung und ist somit eine gigantische Zuwendungsmaschinerie!

Das Drama-Dreieck läuft in Workshops z.B., wenn

- der Trainer sich mit immer neuen Vorschlägen an einzelne Teilnehmer vergeblich abmüht (Retter zu Opfer),

- Teilnehmer über die Firma und die anspruchsvollen Workshop-Themen jammern, ohne wirklich etwas anzupacken (Opfer),
- der anwesende Vorgesetzte den Moderator ständig auffordert, endlich mehr Zug in die Veranstaltung zu bringen (Verfolger zu Opfer).

Lösungen aus dem Drama-Dreieck in Workshops

- Schritt für Schritt die Transaktionen zwischen Trainer und Teilnehmern und zwischen den Teilnehmern erkennen.
- Die Workshop-Situation aus dem Drama-Dreieck heraus erklären. Welche zwei Flügel haben sich gefunden?
- Als Trainer und Moderator selbst nicht in das Spiel einsteigen, wach sein am Anfang. Den eigenen Flügel „abdichten".
- Die Aufmerksamkeit auf andere Themen und Teilnehmer lenken, die Situation „verflüssigen" (*„O.k., ja, so kann man es auch sehen. Gehen wir mal zum nächsten Thema über ...".*)
- Den verdeckten Spielgewinn „verweigern" und lieber etwas anderes anbieten, z.B. die eigentlich gewünschte Zuwendung direkt geben, statt im Dauerdisput dem Teilnehmer unbewusst viel Workshop-Zeit schenken, ihn lieber in der Pause ansprechen und für etwas Persönliches loben.

Trainer und Moderatoren sind nicht die Therapeuten der Teilnehmer. Tief sitzende Drama-Muster bei Erwachsenen aufzulösen kann kaum die Aufgabe sein für Trainer und Moderatoren. Sie können sich jedoch von diesem schwarzen Loch der Energieverschwendung entfernen und damit die Dynamik durchbrechen. Wer selbst keinen Flügel anbietet, ist immun!

3.4.4 Die schönsten Psychospiele mit Teilnehmern

Häufige Konfliktursache in Workshops sind die Verfeinerungen des Drama-Dreiecks, die so genannten Psychospiele. Jeder von uns spielt einige davon meisterhaft. Hier eine Kurz-Checkliste zum Erkennen eines Psychospiels im Workshop:

- Mindestens einer, meist alle haben am Ende ungute Gefühle.
- Der Ablauf ist immer der gleiche.
- Die Beteiligten wissen nicht, was läuft.
- Wird der Vorgang „aufgedeckt", reagieren die Beteiligten allergisch.

Hier die beliebtesten Psychospiele (echte Klassiker!):

Aus der Verfolgerposition:

- *„Da habe ich dich erwischt!"* (Fehler gefunden etc.)
- *„Wenn du nicht wärst ..."* (dann würde es mir besser gehen ...)
- *„Wofür hältst du mich eigentlich?"* (anlocken, dann Entrüstung)

- *„Sieh bloß, was du angerichtet hast!"* (moralische Vorwürfe)
- *„Jetzt entscheide du mal!"* (den Trainer als Unbeteiligten in das Thema hineinziehen)
- *„Auch nicht besser!"* (na also, hab ich mir doch gleich gedacht ...)

Aus der Retterposition:

- *„Versuch's doch mal so ..."* (gut gemeinte Lösungsvorschläge bieten)
- *„Ich bin ja so froh, dass ich helfen kann!"* (Trainer ist gönnerhaft, etwas stolz)
- *„Was würdest du nur ohne mich anfangen!"* (Trainer ist nachsichtig, macht abhängig)
- *„Die werden noch mal froh sein, dass sie mich gekannt haben!"* (später mal, oft als innerer Dialog, oft leicht schmollend nach einer Veranstaltung)

Aus der Opferposition:

- *„Versetz mir eins!"* (unbewusst eine unerfreuliche Reaktion des Trainers provozieren)
- *„Ich bin völlig überlastet."* (Teilnehmer, die nie Zeit haben; sich immer neue Pflichten aufladen, es nicht schaffen)
- *„Ja, aber ..."* (der nervige Teilnehmer mit der Haltung „Es geht nicht, das beweise ich mir und euch")
- *„Meins ist besser als deins!"* (die Stimmung vergiften, bis der andere dumm dasteht)
- *„Ist es nicht schrecklich?"* (beliebte Konversation unter Teilnehmern, Stimmung verderben)
- *„Ach, ich Ärmster ..."* (Teilnehmer, die sich selbst bedauern, sich nicht wirklich helfen lassen)
- *„Das kann ich doch nicht / das begreife ich doch nicht."* (hilflose Teilnehmer)
- *„Warum muss das immer mir passieren?"* (was für ein Pech ...)
- *„Ich wollte doch nur helfen."* (... aber sehe mal wieder, dass ich es nicht schaffe)

Zunächst sollten wir als Trainer und Moderator bei uns selbst die häufigsten Verfolger-, Retter- und Opfer-Spiele erkennen. Dann fragen wir uns weiter: Welche Psychospiele spielt deine wichtigste Bezugsperson? Welche Psychospiele haben deine Eltern (mit dir) gespielt? Bei welchen Spielen dockst du an? Auf welche Psychospiele von Teilnehmern reagierst du anfällig oder allergisch? Haben wir das erkannt, gilt es wieder, nicht in die Spiele einzusteigen. Wir können einfach einmal schweigen, andere Teilnehmer ansprechen, emotionslos sagen, *„Ja, so kann man es auch sehen ..."* oder die konstruktiven Ressourcen der Teilnehmer wertschätzen.

3.4.5 Teilnehmer o.k., Trainer o.k.?

Eines der bekanntesten Elemente aus der Transaktionsanalyse sind die Grundeinstellungen. Wir können die Grundeinstellung zu bestimmten Personen, Situationen und auch in Phasen unseres Lebens einnehmen. Es gibt 4 + (1) verschiedene Grundeinstellungen, die wir zu unserem Gegenüber als Trainer oder Moderator einnehmen können:

1. Ich bin o.k. – du bist o.k.

   „Mit mir stimmt alles, und mit dir ist auch alles in Ordnung."

2. Ich bin nicht o.k. – Du bist o.k.

   „Ich bin nicht in Ordnung, bei mir stimmt etwas nicht. Mein Gegenüber ist besser weggekommen als ich."

3. Ich bin o.k. – du bist nicht o.k.

   „Ich bin schon richtig, aber mit den anderen stimmt etwas nicht."

4. Ich bin nicht o.k. – du bist nicht o.k.

   „Ich selbst bin geschädigt, und die anderen taugen auch nichts."

   Durch Einsicht und kräftige Selbstreflexion kann man bewusst zur „fünften" Grundeinstellung gelangen:

5. Ich bin o.k. – du bist o.k., wenn ich es bedenke.

   „Wenn ich es recht bedenke, ist bei mir alles in Ordnung, und die anderen sind mir recht, auch wenn sie anders sind."

Probleme in Workshops ergeben sich aus der Grundeinstellung 2, 3 und 4. Wann gab es Situationen in Workshops, in denen eine der Grundhaltungen bei Ihnen anklang? Welchen Preis mussten Sie in den Workshops in diesen Fällen zahlen? Was würden Sie bei Aufgabe der Grundeinstellung (2, 3 oder 4) in dieser Situation gewinnen?

Reflexionen auf der Ebene der Grundeinstellungen sind für Trainer und Moderatoren eine lebenslang lohnende Arbeit. Stimmt die Grundeinstellung (ich bin o.k. – du bist o.k.) zu den Teilnehmern auch in kritischen Situationen, können selbst methodische Mängel und handwerkliche Fehler in der Moderation den Erfolg nicht mehr ernsthaft gefährden.

3.5 Workshop-Probleme – mit Schattenarbeit erklärt

Psychotherapeuten wissen es längst, bei Trainern und Moderatoren sickert es erst langsam durch: Es gibt meist unbewusste Themen, die hinter offensichtlichen Symptomen stehen. Die Symptome sind für alle in der Gruppe sichtbar. Bei den dahinterliegenden Ursachen tappen wir alle im Dunkeln, auch der Teilnehmer selbst! Es ist daher kein inszeniertes Versteckspiel oder eine bewusste Nebelbombe, die da auf uns einwirkt. Das verdrängte Thema ist komplett unbewusst geworden. Es kann daher sehr irritierend – oder befreiend – sein, wenn wir als Moderatoren von den wahrgenommenen Symptomen wegschwenken und eine Frage oder Antwort auf der Ebene der unbewussten Ursache geben. Probieren Sie es aus, doch seien Sie auf der Hut: Sie könnten zunächst angegriffen werden.

Aus der therapeutischen Arbeit sind die Klassiker der so genannten Schattenarbeit und ihre allgemeine Bedeutung gut bekannt:

	Das aktuell sichtbare Symptom oder Thema im Workshop bei einem Teilnehmer:	Die dahinterliegende, ursprüngliche, meist unbewusste Schattenthematik:
1	Druck (*„Ich habe/erlebe Druck …"*)	Antrieb, Eifer, Verlangen (verborgen)
2	Ablehnung (*„Niemand mag mich."*)	*„Ich würde dich nicht mal grüßen!"*
3	Schuldgefühle (*„Du machst mir Schuldgefühle."*)	*„Ich bin wütend wegen deiner Forderungen."*
4	*„Ich kann nicht!"*	*„Ich will nicht, verdammt noch mal!"*
5	Angst	Erregung
6	Furcht vor anderen (*„Sie wollen mir was tun."*)	Feindseligkeit (*„Ich bin wütend und aggressiv, ohne es zu wissen."*)
7	Verlegenheit (*„Alle sehen mich an."*)	*„Ich habe mehr Interesse an Leuten, als ich weiß."*
8	Traurigkeit	Wut!
9	Rückzug	*„Ich stoße alle weg!"*
10	Neid (*„Du bist so großartig."*)	*„Ich bin ein bisschen besser, als ich selbst weiß."*
11	Hass (*„Ich verabscheue dich wegen …"*)	Autobiografisches Geschwätz (*„Ich kann mich selber wegen … nicht leiden."*)
12	Verpflichtung (*„Ich muss."*)	Verlangen (*„Ich möchte gern."*)

Quelle: Ken Wilber, Wege zum Selbst

Ein Beispiel zu Punkt 1 „Druck empfinden" soll die Wirkungsweise verdeutlichen:
- Trainer: *„Auf geht's! Am besten üben wir das jetzt mal gleich gemeinsam durch."* Teilnehmer: *„Jetzt machen Sie aber Druck!" „Das ist aber schwierig!"*
- Gewöhnliche Trainerreaktion: *„Oh, das tut mir leid, ich wollte Sie nicht unter Druck setzen"* oder *„Ach, so schwierig ist das gar nicht, Sie schaffen das schon."*
- Ungewöhnliche Trainerreaktion, die das Schattenthema direkt anspricht: *„Aha, ich sehe, Sie wollen es jetzt wissen. Ich freue mich über Ihren Eifer."*

Gerade Einsicht in die Wirkungsweise von Punkt 12 kann unser Trainer- und Moderatorenleben sehr erleichtern: Hinter einem verpflichteten *„Ich muss!"* (… hier sein, … mir das anhören etc.) steht eigentlich ein unbewusstes Verlangen, etwas doch zu wollen. Das ist dem Betreffenden aber leider noch gar nicht bewusst.

Lothar Niebert – Stärkste Herausforderung und Profitipp

Was war Ihr persönlich größter Trainings-Flop?
Im Rahmen einer geplanten Leadershiptrainingsreihe der oberen Managementebene kam es gleich beim ersten Modul zu massiven Widerständen der Teilnehmer, sodass eine Fortführung des geplanten Ablaufs nicht mehr möglich war.

Wie konnte es dazu kommen?
Im Vorfeld plante die Personalentwicklung die Leadershipreihe und signalisierte mit Vorstand und im Rahmen einer Bedarfserhebung über ein Profil, die Inhalte abgeleitet zu haben. Der Start des ersten Moduls, den die Personalentwicklung übernahm, zog sich über drei Stunden, worauf die Teilnehmer recht ermüdet schienen. Deshalb entschied ich, ohne eine lange Vorstellungsrunde gleich ins Thema einzusteigen. Dies stellte sich als folgenschwerer Fehler heraus. Den Tag über boykottierten die Teilnehmer zunehmend die Übungen und hinterfragten den Sinn jeglicher Ausführungen. Es kamen Aussagen wie: *„Und warum soll ich mich jetzt mit meiner Persönlichkeit beschäftigen?"* Am Nachmittag wurde klar, dass das Seminar so nicht mehr weiter fortzuführen war.

Wie haben Sie die Kurve gekriegt?
Ich brach das offizielle Seminar ab, um von jedem Teilnehmer eine offene Rückmeldung zu den bisherigen Inhalten, den Erwartungen und zu mir als Trainer zu bekommen. Es kostete Mut, sich dem Risiko auch einer sehr negativen Kritik zu stellen. Dabei stellte sich heraus, dass die Teilnehmer nie zu den Inhalten des Seminars befragt wurden und dringender Bedarf bestand, einen massiven Konflikt mit dem Vorstand zu klären. Wir einigten uns trotzdem, das Seminar erst mal so weiterzuführen. Im Nachhinein wurde jedoch die Gesamtkonzeption verworfen und ich als Trainer auch nicht mehr angefragt.

Was ist Ihre tiefste Lernerfahrung daraus?
Der Sinn und Zweck des Trainings muss mit den Teilnehmern abgesprochen sein. Eine gute Personalentwicklung kann Vorschläge machen, aber ersetzt nicht die Abfrage der Teilnehmer. Besonders in den höheren Managementebenen sollten die Themen und Inhalte mit den Teilnehmern zusammen erarbeitet werden.

Was machen Sie nie mehr?
1. Ein Seminar oder einen Workshop ohne eine Erwartungsabfrage zu starten, auch wenn es noch so „unnötig" erscheint. 2. Konzeption und Inhalte übernehmen, ohne genau nachzuhaken, inwieweit die Teilnehmer einbezogen wurden oder das Seminar selbst ausgewählt haben.

Der Profitipp: Mein persönlicher Lieblingshelfer in schwierigen Workshop-Situationen ist: Wenn etwas schiefläuft, erhobenen Hauptes die Wahrheit der Situation ansprechen. Den Fehler nicht nur bei sich suchen, aber daraus lernen.

Lothar Niebert ist Managementtrainer aus Freiburg und Mitbegründer des K-Teams für Konfliktklärung und Kommunikation.

3.6 Workshop-Probleme – philosophisch erklärt

Wir können noch so viele Rezeptbücher, Checklisten und Tool-Sammlungen über den Umgang mit schwierigen Seminarsituationen lesen, wirkliche Nachhaltigkeit erreichen wir allein damit nicht. Haltung schlägt Tool. Ein solides Fundament ist die Basis für ein sturmsicheres Haus. Ich würde Trainern und Moderatoren raten, sich über die Jahre mit den Originalschriften echter Geistesgrößen der Philosophie und Psychologie immer wieder auseinanderzusetzen. Die Quelle der Inspiration für den stabilen Umgang mit schwierigen Situationen ist meiner Meinung nach durch nichts zu ersetzen. Diese Arbeit sollte jeder für sich entwerfen, sie macht ja auch viel Freude. Finden Sie Ihre eigene Inspiration. Hier nur einige Quellen mit einigen ausgewählten Zitaten, die Lust machen sollen auf mehr.

3.6.1 Marc Aurel – Trainer als bescheidene Führungspersönlichkeiten?

„Geh immer den kürzeren Weg. Der kürzeste Weg ist der naturgemäße, das heißt, in allen Reden und Handlungen der gesunden Vernunft folgen. Ein solcher Entschluss befreit dich von tausend Kümmernissen und Kämpfen, von jeder Verstellung und Eitelkeit ...“
2.000 Jahre alt, aber zeitlos gültig: Als Trainer sind wir erfolgreicher, wenn wir in unserer Denkweise einfach bleiben und geradlinige Wege zur Problemlösung bevorzugen. Dazu gehören eine einfache, ungekünstelte Sprache und gesunde Vernunft. Gleichzeitig wird auf die Gefahr von Eitelkeit und der gekünstelten Verstellung hingewiesen.
„Sei wie ein Fels, an dem sich beständig die Wellen brechen: Er steht fest und dämpft die Wut der ihn umbrausenden Wogen ...“
Es ist diese ruhige, souveräne Ausstrahlung, die Teilnehmern das Gefühl gibt, den Moderator als Fels in der Brandung zu erleben. An dieser Ausstrahlung können wir arbeiten.
„Die Außendinge kommen mit unserer Seele nicht in Berührung, Störungen deines Seelenfriedens entstehen nur aus deiner Einbildung. Die Welt ist Verwandlung, das Leben Einbildung. Was kümmert es dich, wenn unter anderen diese oder jene Stimmen über dich laut werden oder sie diese und jene Meinung von dir haben? ...“
Das ist nicht leicht zu verstehen. Aber der moderne Konstruktivismus sagt eigentlich das Gleiche: Unsere Wahrnehmung ist nur unsere Konstruktion der Wirklichkeit, also eine „hausgemachte Einbildung“. Die negativen Spannungen und Kritiken eines Workshops müssen also gar nicht unseren Kern verunsichern. Gleichzeitig ist es wichtig, sich als Trainer unabhängig zu machen.
„Suche in das Innere jedes Menschen einzudringen; aber gestatte auch jedem andern, in deine Seele einzudringen.“
Als Trainer sollten wir uns ernsthaft bemühen, die Motive, persönlichen Interessen und Charaktere unserer Teilnehmer zu erkunden. Psychologische Kenntnisse gehören sicher auch dazu. Gleichzeitig empfiehlt es sich als Trainer, wirklich

offen zu sein und aus dem eigenen Herzen keine Mördergrube zu machen. Echt sein, ehrliches Feedback geben und eigene Stimmungen.

Einstiegslektüre für Interessierte: Marc Aurel: „Selbstbetrachtungen".

3.6.2 Seneca – Trainer mit stoischer Grundhaltung?

„Sich nach anderen richten führt zum Untergang ... Unser Fragen muss darauf gerichtet sein, welches das beste Handlungsziel, nicht, was allgemein üblich ist. ... Unabhängigkeit gewinnen! Das aber kann nur gelingen, wenn man sich nicht um das Schicksal kümmert ..."

Seneca als großer Vertreter der stoischen Philosophie war nicht nur der Erzieher des tyrannischen Kaisers Nero (der ihn später zum Selbstmord zwang), sondern auch nach Nero der zweitreichste Mann im ganzen römischen Reich. Die stoische Schule der Philosophie ist eine gute Quelle für Trainer, die die Grundhaltung „Ich bin ich" und das Thema Gelassenheit stärken wollen. Seneca ist auch eine echte Inspiration für mich, wenn es darum geht, die manchmal einsame Rolle eines Trainers in einer Workshop-Gruppe mit Selbstbewusstsein und Mut auszufüllen. Wenn die Luft dünner wird, ist die Versuchung groß, übliche – d.h. gewöhnliche – Wege zur Problemlösung zu gehen. Seneca stärkt uns hier dauerhaft den Rücken.

„Dann nämlich, wenn er sich nicht nur über grobe Anwürfe, sondern über kleine Sticheleien hinweggesetzt hat, ist unser Sinn rein ..."

Hier sind wir mittendrin in unserem Thema Umgang mit Kritik und unfairen Angriffen auf Workshop-Leiter. Seneca liefert gute Impulse für Trainer, sich nicht arrogant über Anfeindungen hinwegzusetzen („mir doch egal ..."), sondern sich innerlich unabhängig von persönlichen Angriffen zu machen. Er selbst hatte ja auch ständig darunter zu leiden.

„Vor allem Übermut und Selbstüberschätzung, ein hochfahrendes Wesen gegen die Mitmenschen, blinde und gedankenlose Eigenliebe, Getändel aus kindischen Anlässen, weiterhin Geschwätzigkeit und schmähender Hochmut, Müßiggang und Mangel an Tatkraft sind von Übel ..."

Hier steckt schon fast alles drin, was wir als Trainer und Moderatoren beachten müssen, wenn wir nicht in Schwierigkeiten geraten wollen.

„Dem Weisen kann nichts Unvermutetes zustoßen. Nicht alles geht ihm nach Wunsch, aber alles entspricht seinen Erwartungen. Bei seinen Planungen hat er nun zuallererst an die möglichen Hindernisse gedacht."

Hier liefert uns die Philosophie einen wertvollen Hinweis, wie wir mit Hindernissen umgehen können. Löse die Probleme, solange sie klein sind: Der gute Trainer wird die Hindernisse schon in der Planung des Workshops vorausdenken und Vorkehrungen treffen. Es geht jetzt nicht darum, pessimistisch auf den kommenden Workshop zu blicken, sondern einfach mehr als gewöhnliche Trainer in die Vorbereitung zu investieren.

Einstiegslektüre für Interessierte: Seneca: „Von der Seelenruhe"; „Moralische Briefe an Lucilius".

3.6.3 Meister Eckhart – wie ist meine Ambition zur Gruppe?

„Ich bin nichts. Ich weiß nichts. Ich will nichts."

Dies ist ein meisterhafter Grundsatz aus dem 13. Jahrhundert von einem der größten Köpfe seiner Zeit, Meister Eckhart (1260–1328), dem bedeutendsten Vertreter der deutschen Mystik. Erich Fromm war der Überzeugung, dass Eckhart den Unterschied zwischen der Existenzweise des Habens und Seins mit einer Eindringlichkeit und Klarheit beschrieben und analysiert hat, wie sie von niemandem je wieder erreicht worden ist.

Mir hilft dieser Grundsatz immer in besonders schwierigen Workshop-Situationen, mich auf das Wesentliche zu konzentrieren. Was heißt das konkret? Als Moderator sind wir selbst als Person unwichtig, gehen nicht davon aus, die Situation wirklich zu kennen und haben auch keine eigenen Interessen in der Situation.

„Niemals steht ein Unfriede in dir auf, der nicht aus dem Eigenwillen kommt, ob man's nun merke oder nicht."

Häufig sind es unsere eigenen Ambitionen, Glaubenssätze und unser Ego, die dem Workshop-Erfolg im Weg stehen.

„Die Leute brauchten nicht so viel nachzudenken, was sie tun sollen; sie sollten vielmehr bedenken, was sie wären."

Im Grunde genommen sind wir ständig mit uns selbst beschäftigt. Dies hat sogar neurobiologisch seine Bestätigung gefunden: Wie Manfred Spitzer feststellte, sind die Zellen in unserem Gehirn vor allem untereinander verbunden und nur eine Verbindung von zehn Millionen geht in das Gehirn hinein oder hinaus. Eine von zehn Millionen Fasern ist mit der Welt verbunden, die anderen verbinden das Gehirn mit sich selbst. Unser Arbeitsspeicher ist eigentlich die ganze Zeit schon vollgestopft, wenn wir neuen Input unvoreingenommen aufnehmen wollen.

Das Gewicht soll als Trainer also darauf liegen, gut zu sich und den Teilnehmern zu sein, und nicht darauf, wie viel oder was zu tun ist. Diese Ausstrahlung wird sich im Workshop spürbar verbreiten und es sind am Ende nicht mehr viele Kriseninterventionen nötig. Eine mühelose Leichtigkeit wird möglich.

„Man muss lernen, mitten im Wirken (innerlich) ungebunden zu sein."

Der Trainer und Moderator braucht also in der turbulentesten Workshop-Phase noch die innere Distanz zum Geschehen und bleibt auch ungebunden von den Themen, Interessenlagen und seinen eigenen Erfolgen. Dann entsteht ein „Fels-in-der-Brandung-Effekt", der auch schwierigste Trainings und Moderationen überstehen lässt.

Einstiegslektüre für Interessierte: Meister Eckhart: „Deutsche Predigten und Traktate".

3.6.4 Erich Fromm – vom Haben zum Sein im Umgang mit Workshop-Gruppen?

Eines der berühmtesten Werke des bekannten Psychologen und Gesellschaftsphilosophen Erich Fromm (1900–1980) heißt „Haben oder Sein". In diesem kleinen Taschenbuch finden Sie wunderbare Anregungen, einen besonderen Trainings- und Moderationsstil zu wagen.

Fromm stellt einem Gesprächspartner, der im Haben verhaftet ist, also an seinen Inhalten klebt, auf sein Ego und seinen Status fixiert ist, auf sein Wissen, seine Kenntnisse und Erfahrungen abhebt, den Gesprächspartner gegenüber, der im Sein wurzelt:

„... Im Gegensatz dazu steht die Haltung des Menschen, der nichts vorbereitet und sich nicht aufplustert, sondern spontan und produktiv reagiert. Ein solcher Mensch vergisst sich selbst, sein Wissen, seine Position; sein Ich steht ihm nicht im Wege; und aus genau diesem Grund kann er sich voll auf den anderen und dessen Ideen einstellen. Er gebiert neue Ideen, weil er nichts festzuhalten trachtet."

Was Erich Fromm hier als das zentrale Erfolgsgeheimnis für die psychoanalytische Therapie beschreibt, trifft meiner Meinung nach exakt auch für den Umgang mit Workshop-Gruppen zu. Trauen wir uns nicht, diese Seins-Haltung einzunehmen, wird die Atmosphäre im Seminar schwer, unlebendig und langweilig.

„Autorität, die im Sein gründet, basiert nicht auf der Fähigkeit, bestimmte gesellschaftliche Funktionen zu erfüllen, sondern gleichermaßen auf der Persönlichkeit eines Menschen, der ein hohes Maß an Selbstverwirklichung und Integration erreicht hat. Ein solcher Mensch strahlt Autorität aus, ohne drohen, bestechen oder Befehle erteilen zu müssen ..."

Auch „schwierige" Teilnehmer und Gruppen lassen sich von dieser Trainerautorität gerne führen und sind dann auch gar nicht mehr schwierig. Wir brauchen dann eine Gruppe nicht mehr autoritär zu steuern: *„Wenn Sie die folgende Einheit nicht verinnerlichen, werden Sie SAP als Software nie verstehen können"* (drohen); *„Welche Gruppe als Erste fertig ist, bekommt eine Flasche Sekt"* (bestechen) oder *„Wir üben das jetzt einfach mal durch, Sie werden sehen, es funktioniert"* (Befehle erteilen).

Während Wissen zu haben auf Besitz, auf ein „Mehr" an Wissen zielt, beinhaltet die Existenzweise des Seins ein tieferes Verstehen, das über bloßes Fakten- und Fachwissen hinausgeht.

„... Wissen in der Weise des Seins beginnt hingegen mit der Zerstörung von Täuschungen, mit der „Ent-täuschung". Wissen bedeutet, durch die Oberfläche zu den Wurzeln und damit zu den Ursachen vordringen, die Realität in ihrer Nacktheit „sehen..."

Es kommt also nicht darauf an, mit Bergen von Fachwissen im Rucksack vor die Gruppe zu treten und dieses möglichst effizient in die Köpfe zu bekommen. Natürlich brauchen wir für kritische Fragen der Teilnehmer eine solide Fachkompetenz in unserem Thema. Wichtiger ist es aber, grundlegende Zusammenhänge zu vermitteln und Täuschungen und unwahre Glaubenssätze bei den Teilnehmern infrage zu stellen. Wenn ein Trainer so arbeitet, spüren wir es als Teilnehmer sofort, ohne genau zu wissen, was jetzt konkret den Unterschied zu einem „normalen" Training macht. Dazu brauchen Sie aber viel Mut, Täuschungen auch aufzudecken und grundsätzliche Themen anzusprechen. Die Belohnung für diese Mühe ist, weniger „übliche" Schwierigkeiten mit Teilnehmern und Gruppen zu haben.

3.6.5 Anselm Grün – ein Mönch als Trainer?

Trainerhaltungen eines Mönchs

Zum Schluss ein Impuls aus heutiger Zeit: Sehr hilfreich für schwierige Gruppensituationen sind für mich die oft einfachen, aber gehaltvollen Gedanken des Benediktinermönchs Anselm Grün, der selbst viele Workshops und Gruppenvorträge leitet. Als Teilnehmer von Fortbildungen und über Einzelgespräche mit ihm habe ich gute Anregungen für den Umgang mit schwierigen Gruppen und Teilnehmern bekommen, die auch grundlegend präventiven Charakter haben.

Anselm Grün sieht drei zentrale Eigenschaften, die auch in der Führung von anspruchsvollen Gruppen eine solide Basis bilden:

- **Weisheit:** Weisheit heißt eben nicht, dass wir mehr wissen als andere. Das Wort „weise" stammt vom Wortstamm „schmecken" ab: Der Kontakt mit einem weisen Menschen hinterlässt einen guten Geschmack! Weise sind wir, wenn wir mit uns im Einklang stehen, ausgesöhnt sind mit unseren Stärken und Schattenseiten. Eine Prise Weisheit hilft der Gruppe oft über die Klippe oder gibt den Anstoß für eine gute Reflexion.
- **Reife:** Wenn wir reif sind, heißt das nicht, dass wir erwachsener oder älter als andere sind: Wir sind ein Segen für die anderen! Das Bild der reifen Frucht, die als Nahrung dienen kann, ist hier gemeint. Das ist das Gegenteil davon, auf die Gruppe Druck zu machen oder sie für die eigenen Interessen zu benutzen. Wir haben vielmehr Freude daran, unser Wissen und unsere Fähigkeiten für die anderen einzusetzen. Wir haben diese Thematik schon unter der Haltung „vom Ich zum Wir" und „Bescheidenheit statt Eitelkeit" angesprochen.
- **Nüchternheit:** Nüchternheit meint, dass wir die Dinge so sehen, wie sie wirklich sind. Der Realität schonungslos ins Gesicht zu sehen ohne Schuldvorwürfe, darum geht es. Meist sind wir jedoch in unseren Emotionen verstrickt und voller Projektionen. Manche haben eher eine rosa Brille auf, manche eher eine schwarze. Gefärbt sind beide! Gerne übertragen wir auch etwas, was wir bei uns nicht sehen – im Guten wie im Schlechten – auf die anderen. Es ist diese Nüchternheit, die in einer verfahrenen Workshop-Situation den Unterschied macht.

Hinzu kommen einige zentrale Aspekte, die den Umgang auch mit schwierigen Gruppen produktiv machen:

Die Wirkung unserer Sprache im Workshop

Wir führen eine Gruppe über die Sprache. Die Sprache verrät uns immer: Welches Menschenbild ich wirklich habe, wird immer über meine Art zu sprechen deutlich.

Als Moderator und Trainer lernen wir eine wärmende Sprache. Eine kalte, rational-businessbezogene Sprache und gerade die vorwurfsvolle Sprache sind genau das Gegenteil davon. Manche Dozenten lähmen unbewusst ihre Teilnehmer mit einer kalten, vorwurfsvollen Sprache. Rede immer positiv über die Teilnehmer und achte in jedem Kontakt auf deine Sprache.

Drei Kernsätze für Trainer und Moderatoren

Die folgenden drei Sätze sollten uns gegenüber der Gruppe jederzeit locker über die Zunge gehen:

- *„Da habe ich einen Fehler gemacht."*
  Ganz entspannt geben wir einen methodischen oder inhaltlichen Fehler auch vor der ganzen Gruppe zu, ohne uns in Selbstvorwürfen zu zerfleischen. Rechtschreibfehler in den Unterlagen? Eine unvollständige Übungsanleitung? Die falsche Übung ausgewählt? Eine Gruppendynamik falsch eingeschätzt? Kein Problem: Da haben wir eben einen Fehler gemacht. Erst wenn wir hier Vorbild sind, werden auch Teilnehmer entspannt von ihren Fehlern und Versäumnissen berichten und dann daran arbeiten wollen. Dann gehen wir schneller und konsequenter in die Korrektur und bieten eine Lösung an.

- *„Das weiß ich nicht."*
  Es entspannt uns sehr, wenn wir nicht der Erwartungshaltung hinterherlaufen, alles wissen zu müssen. Ich erlebe immer öfter in Workshops, dass nach meiner Aussage „Das weiß ich nicht" ein aufmerksamer Teilnehmer sofort mit seinem Smartphone das Thema im Internet recherchiert und innerhalb einer Minute die fehlende Antwort liefert. Was für eine Freude! Wir lernen gemeinsam. Über die Aussage, das weiß ich nicht, kann auch viel schneller die Weisheit der Gruppe angezapft werden oder vereinbart werden, die Information nach dem Workshop nachzuliefern. Das Nicht-Wissen sollte sich jedoch nicht allzu oft auf die essenziellen Basisthemen unseres Workshop-Themas beziehen, dann sind wir einfach nicht kompetent genug.

- *„Da brauche ich Ihre Hilfe."*
  Der Mensch ist ein soziales Wesen. Er will anderen Menschen instinktiv helfen, auch dem Moderator und Trainer. Lassen Sie sich also helfen! Wir machen natürlich trotzdem unseren Job und ruhen uns nicht auf Kosten der Gruppe aus. Die Flipcharts müssen auf die Terrasse geschoben werden? Die fehlende Kleingruppe muss in das Plenum zurückgeholt werden? Ein einzelner Teilnehmer braucht spezielle Unterstützung? Fragen Sie die Gruppe um Hilfe. Dadurch entsteht ein Gemeinschaftsgefühl, das auch in schwierigen Gruppendynamiken trägt.

3.7 Workshop-Probleme – spirituell erklärt

Selbst jahrtausendealte spirituelle Quellen bieten uns handfeste Tipps für den Umgang mit schwierigen Teilnehmern und Gruppen. In Indien habe ich die Bhagavadgita kennen gelernt, die als Bibel des Hinduismus seit über 2.000 Jahren eine stetige Haltungsinspiration bietet.

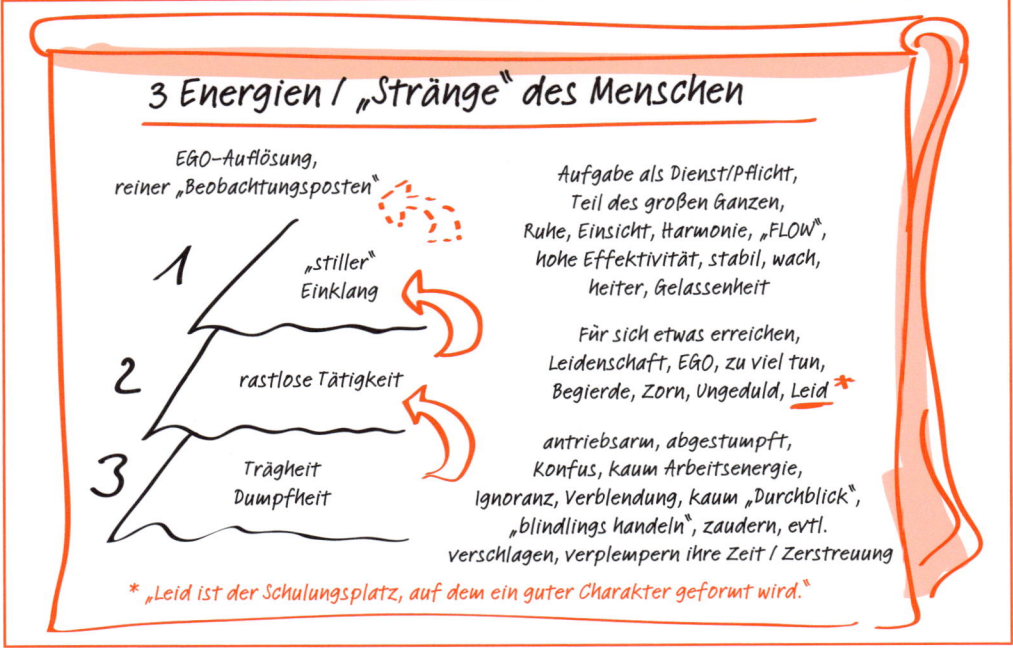

3 Energien / „Stränge" des Menschen

EGO–Auflösung, reiner „Beobachtungsposten"

1 / „stiller" Einklang

Aufgabe als Dienst/Pflicht, Teil des großen Ganzen, Ruhe, Einsicht, Harmonie, „FLOW", hohe Effektivität, stabil, wach, heiter, Gelassenheit

2 rastlose Tätigkeit

Für sich etwas erreichen, Leidenschaft, EGO, zu viel tun, Begierde, Zorn, Ungeduld, Leid *

3 Trägheit Dumpfheit

antriebsarm, abgestumpft, Konfus, kaum Arbeitsenergie, Ignoranz, Verblendung, kaum „Durchblick", „blindlings handeln", zaudern, evtl. verschlagen, verplempern ihre Zeit / Zerstreuung

* „Leid ist der Schulungsplatz, auf dem ein guter Charakter geformt wird."

Das Drei-Energien-Modell der Bhagavadgita

Das Drei-Energien-Modell aus der Bhagavadgita

Das Drei-Energien-Modell ist eigentlich kein einfaches Tool, sondern eine umfassende spirituelle Philosophie. Es ist ein Herzstück des indischen Hinduismus und Basis der Bhagavadgita. Daraus lässt sich ein einfaches (aber nicht simples) Haltungs-Tool für Workshops entwickeln.

Für den Umgang mit Teilnehmern ist die Unterteilung in drei Energiestränge sehr hilfreich:

- Trägheit/Dumpfheit: Der Mensch reagiert antriebsarm, zaudernd, konfus, es fehlt der „Durchblick", er ist abgestumpft, ignorant, stürmt blindlings drauflos, verplempert Zeit etc.
  In Workshops spürbar: Träge Arbeitsstimmung, alle wollen früh nachhause und Pausen verlängern, „Berieselungserwartung" an den Trainer, routiniertes „Absit-

zen" der Veranstaltung, geringe Lernbereitschaft und evtl. auch Lernfähigkeit, Verwirrung und Ratlosigkeit, wie man mit den Problemen fertigwerden soll.

- **Rastlose Tätigkeit:** Der Mensch ist voller Leidenschaften, rastlos aktiv, will für sich etwas erreichen, hat viele Wünsche und Begierden und will für sein Ego etwas schaffen, ist oft voller Zorn, Wut und Ungeduld, woran viele Formen des Leidens hängen u.Ä.

  In Workshops spürbar: Vollgestopfte Workshop-Agenda, wenig Geduld bei grundsätzlichen Reflexionen, hitzige Diskussionen mit Vorwürfen und Forderungen, Ungeduld bei längeren Wortbeiträgen und evtl. auch bei Erläuterungen des Trainers, Teilnehmer nutzen die Seminarzeit parallel für E-Mails, Aktenstudium und Telefonate, zu viele Themen bei zu geringen Ressourcen, hektische und nervöse Grundstimmung, hohe Erwartungshaltungen der anwesenden Führungskräfte, Teilnehmer unterbrechen sich häufig, Eigeninteressen stehen im Vordergrund (*„Was bringt mir das jetzt hier, ich kenne das schon …"*).

- **Stiller Einklang:** Der Mensch ist ruhig, einsichtig, befindet sich im Flow, ist getragen von heiterer Gelassenheit, Aufgaben werden als Dienst/Pflicht für andere gesehen, er arbeitet mit hoher Effektivität, ist emotional stabil etc.

  In Workshops spürbar (insgesamt eher selten anzutreffen): Die Gruppe hört entspannt zu und reflektiert alle Beiträge wertschätzend, ruhige „Flow-Stimmung" im Workshop, wache und teamorientierte Gruppe, einzelne Teilnehmer wollen und können sich selbst reflektieren, sehr spezielle Atmosphäre von Harmonie und Stimmigkeit.

Wir bewegen uns in den drei Energiesträngen

Die drei Energien können kurzfristig wechseln (stündlich, täglich), mittelfristig (eine Woche, zu einer Jahreszeit) oder langfristig (ganze Lebensabschnitte werden von einer der drei Energien dominiert). Im Workshop kann träge Dumpfheit z.B. nach der Mittagspause vorherrschen („Pizzakoma") oder rastlose Tätigkeit in der produktiven Phase des Vormittags und stiller Einklang am letzten Tag, wenn der Groschen fällt und echte Aha-Einsichten entstehen. Viele Menschen stehen jedoch auch ihr gesamtes Leben unter der Kraft einer dieser drei Energien. Wer mit Langzeitarbeitslosen Bewerbungstrainings gemacht hat, kennt sich mit Teilnehmern in der trägen Dumpfheit recht gut aus. Die überwiegende Mehrzahl der Westeuropäer bleibt in der Energie der trägen Dumpfheit bzw. rastlosen Tätigkeit verhaftet. Darauf sollten wir uns als Workshop-Leiter einstellen, um Schwierigkeiten zu vermeiden.

Die Teilnehmer dort abholen, wo sie stehen

Ein Trainer und Moderator kann mit den Teilnehmern erarbeiten, in welcher Energie sie gerade stehen und welche Energie zur Bearbeitung des Themas hilfreich wäre. Den Begriff „träge Dumpfheit" werden wir dabei so sicher nicht verwenden. Der Trainer und Moderator sollte den Teilnehmer mindestens in der nächsthöheren

QUELLEN FÜR DEN PROBLEMLÖSER

Workshop-Probleme – spirituell erklärt

Energiestufe ansprechen können, da hier meist der notwendige Entwicklungs-schritt liegt. Ein sehr dynamischer Trainer kann sich z.B. gut auf Teilnehmer in trä-ger Dumpfheit (das klingt härter, als es gemeint ist) spezialisieren. Ein sehr reflek-tierter, in sich ruhender Coach kann gut mit Business-Führungskräften umgehen, die voller Rastlosigkeit in ihren Positionen unterwegs sind.

Für jede Ebene ist auch der Workshop-Stil anders zu wählen:

- Teilnehmer in der Stufe 1 sollten wir aus der Trägheit herausführen können (viel arbeiten lassen, viele Hausaufgaben mitgeben, kleine Schritte zum Erfolg vereinba-ren etc.).
- Teilnehmer in der Stufe 2 dürfen wir zur stillen Reflexion bringen (sich nicht von deren Ungeduld und Hektik anstecken lassen, ruhige Stimme einsetzen, Tempo rausnehmen, längere Einzelreflexionen einbauen etc.).

Mit den drei Energien spielerisch arbeiten, um Workshop-Probleme zu vermeiden

- Wir spüren, dass die Gruppe nach einer anstrengenden Lerneinheit vorübergehend in die träge Dumpfheit gleiten möchte und nehmen das jetzt nicht krumm, sondern legen eine spontane Extra-Pause ein.
- Wir gehen einer Gruppe in der trägen Dumpfheit nicht auf den Leim, sondern ge-ben viele kleine Aktivierungen und Übungen hintereinander vor, bei denen sich keiner drücken kann.
- Wir ärgern uns nicht über Teilnehmer in der trägen Dumpfheit (*„Jetzt kommt der schon wieder mit seinem langatmigen Geschwätz, er will doch ohnehin nichts bei sich ver-ändern …"*), sondern akzeptieren diese Energie als gegeben. Es ist in Ordnung, wenn der Teilnehmer im Moment nicht auf die nächsthöhere Energiestufe kommen kann. Wir können ihn uns aber auch schon mental in dieser nächsthöheren Stufe vorstellen (sich selbst erfüllende Prophezeiung).
- Wir docken an eine Gruppe in der rastlosen Tätigkeit durch einen dynamisch-sport-lichen Trainingsantritt an (z.B. sofort in eine anspruchsvolle Thematik einsteigen, kurze Sätze, klare Statements, über den sofortigen, praktischen Nutzen für den ein-zelnen Teilnehmer argumentieren etc.). Dann nutzen wir die erste sich bietende Gelegenheit, eine ruhige Reflexion auf einer größeren Themenebene zu ermögli-chen (Trainer setzt sich mal hin, steigt auf der Haltungsebene ein, bietet eine per-sönliche Reflexionsübung zu zweit oder allein draußen an etc.).

Probieren Sie es aus: Es ist gar nicht schwer, diese drei Energien bei Einzelnen oder einer Gruppe zu erspüren. Es ist eine subtile Ebene, auf der Sie die Atmosphäre im Workshop gestalten können.

4 Haltung schlägt Tool – Grundhaltungen gegen Schwierigkeiten

4.1 (M)eine Trainingsphilosophie

Haben Sie sich als Trainer und Moderator eine eigene Philosophie für Workshops, Teilnehmer und die eigene Rolle aufgeschrieben? Tun Sie es in eigenen, möglichst knappen Worten. Sie können dann in kritischen Momenten in der Veranstaltung darauf zurückgreifen. Gleichzeitig hält dies die positive Sichtweise hoch, wenn es mal wirklich nervig wird. Hier als Anregung die Trainingsphilosophie, die ich mir über die Jahre zurechtgelegt habe.

Über Menschen

- Jeder Mensch hat das Zeug zum Lernen und Lehren.
- Der Sinn des Lebens ist Selbsterkenntnis.
- Es gibt nichts Schöneres, als Menschen zu dem zu befähigen, was in ihnen angelegt ist.

Über Trainer

- Als Trainer hast du immer die Gruppe, die du verdienst.
- Der gute Trainer lernt ebenso viel wie die Teilnehmer.
- Es gibt keine „geborenen" Trainer. Aber Talente.
- Trainer brauchen stabile, persönliche Erdung, sonst heben sie ab.
- Die Energie eines Trainers besteht zu 80 Prozent aus Mitgefühl, Humor und dem sinnvollen Setzen von Grenzen.

Über Trainings und Moderationen

- Die tieferen Probleme eines Teilnehmers oder einer Firma können nicht durch ein Training oder den Trainer gelöst werden.
- Der Trainer macht nur Angebote.
- Gib, was du kannst und willst. Aber nicht mehr.
- Werde ein Teil der Gruppe. Doch bewahre deine besondere Funktion als Trainer und Moderator.
- Jeder Mensch will Echtheit spüren.
- Wo herzhaft gelacht wird – geht das Lernen leicht.

Über (Trainings-)Kompetenzen

- Es gibt kein schlechtes Publikum, nur unpassende Trainingsdesigns und nicht passende Trainer.

- Training ist Handwerk. Wer es nicht gut beherrscht, lebt gefährlich und gefährdet andere.
- Wenn auch nur einer der erwarteten Teilnehmer das Training kompetenter geben kann als du, lass es sein.
- Wissen, Methodik und Mitmenschlichkeit sind das goldene Dreieck des Erfolgs.
- Teile dein gesamtes Wissen mit der Gruppe. Halte nichts zurück.
- Ehrliche Wissenslücken sind sympathisch.
- Perfektion erzeugt Aggression.

Und was sind Ihre persönlichen Überzeugungen? Finden Sie Ihren eigenen Stil – und schreiben Sie ihn auf.

4.2 Starke Haltungsbilder

Bilder sagen mehr als tausend Worte. Irgendwann haben wir festgestellt, dass Absolventen von Trainer- und Moderatorenausbildungen in einer kritischen Workshop-Situation eher ein besprochenes Bild zur Lösung aufrufen konnten, als eine bestimmte Interventionstechnik. Dieses starke Bild begleitet viele über Jahre und gibt Orientierung in vielen stressigen Gruppenkonstellationen. Aus dem Haltungsbild entsteht fast von allein der dann folgerichtige Satz oder die passende Aktion. Die diesem Bild zu Grunde liegende Haltung schlägt oft ein rein mechanisches Tool. Ich möchte daher einige meiner wichtigsten Haltungsbilder für Trainer und Moderatoren kurz vorstellen.

4.2.1 Auf der Welle reiten wie ein Surfer

Gehe an schwierige Gruppensituationen heran wie ein Wellensurfer. Mit scheinbarer Lässigkeit liegt der Wellenreiter auf seinem Brett und schwimmt im Wasser herum. Dabei beobachtet er genau den Horizont: Welche kleine heranrollende Erhebung wird sich zu einer passenden Welle entwickeln, auf die ich aufspringen kann? Wenn diese dann näher kommt, naht der entscheidende Moment. Nicht zu früh und nicht zu spät hüpft der Wellenreiter elegant auf sein Brett, kommt zum Stehen und schwingt sich in die richtige Position zur Welle unter ihm. Nun trägt ihn die Welle und in spektakulären Kurven gleitet er scheinbar ohne Kraftanstrengung mit der Energie der Welle voran.

Auf Workshops übertragen heißt das:

Die schwierige Workshop-Situation ist reine Energie, auf der ich surfen kann. Es gilt, in ruhigen Workshop-Phasen ständig das Verhalten und jede Äußerung der Teilnehmer genau zu beobachten. Entsteht daraus vielleicht schon bald eine interessante Gruppendynamik? Wie groß wird die Welle, wenn ich sie weiterlaufen lasse? Welche Energie steckt hinter der sich aufbauenden Situation?

Auch wenn wir noch scheinbar untätig das Geschehen in der Gruppe laufenlassen, überlegen wir uns bereits intensiv, wann und wie wir das Thema in der Gruppe aufmachen werden. Dann kommt der auslösende Moment, auf den wir uns mental bereits vorbereitet haben und wir steigen in das Thema mit den bereits zurechtgelegten ersten Sätzen oder Fragen ein. Plötzlich stehen wir auf dem Brett und nutzen das gruppendynamische Thema konsequent und mit voller Konzentration. Idealerweise nutzen wir die Welle für eine passende Reflexions- oder Lerneinheit mit der Gruppe. Die Aufmerksamkeit der Teilnehmer ist uns gewiss! Besonders schwierige Gruppen bestehen mitunter aus fünf oder zehn hohen Wellen hintereinander, auf die wir kurz nacheinander aufspringen. Die reguläre Workshop-Agenda können wir dann meist vergessen, getreu dem alten Grundsatz „Störungen haben Vorrang".

Wichtig ist es also, die Gruppendynamik nicht als Schwimmer im Meer zu erleben, der sich über heranrollende Wellen nur ärgert. Der Schwimmer kann sich daran verschlucken, er kann sich wegducken und abtauchen oder hilflos in den Wellen paddeln – aber nicht die Energie der Welle für seinen Sport nutzen. Wir dagegen surfen auf der Welle, bis sich die Energie verflüchtigt. Danach können wir wieder zum regulären Thema übergehen oder auf die nächste Welle springen. Wellensurfen macht Spaß – genieße und nutze also die Energie!

4.2.2 Wildwasser-Rafting – die Mannschaft im flachen Teil einstimmen ...

Bereite eine Gruppe auf turbulente Themen vor, wie ein Guide beim Wildwasser-Rafting. Vielleicht haben Sie auch schon einmal Wildwasser-Rafting im Urlaub gemacht? Das Prozedere ist auf allen Kontinenten ja fast immer das gleiche. Zunächst werden die Schwimmwesten angezogen und die Regeln erklärt. Ich selbst war als Teilnehmer in diesem „langweiligen" Teil oft eher unkonzentriert und zu Späßen aufgelegt, wurde aber immer freundlich und sehr bestimmt vom Guide auf die notwendigen Regeln für den kommenden Wildwasser-Teil hingewiesen.

Dann geht es los und in einem flachen Abschnitt testen wir als Guide die Gruppe, ob sie die Regeln verinnerlicht hat. Häufig müssen alle testweise aus dem Boot springen und wir haben Gelegenheit, die Dynamik und die Charaktere der Gruppe genauer einzuschätzen. Hier können wir Regel-Lücken auch noch unproblematisch nachschulen. Dann kommt der eigentlich spannende Wildwasser-Teil der Strecke. Hier geht alles sehr schnell, jeder Handgriff muss sitzen und wir haben keine Chance mehr, Tempo rauszunehmen oder Regeln nachzulernen. Das Boot kann kippen, einzelne Teilnehmer gehen über Bord – doch für jede kritische Situation ist klar, was jetzt zu tun ist. Zum Schluss sind wir wieder in einem flacheren Stück. Die Stimmung ist wieder entspannt, wir sind klitschnass, aber froh über das Erlebnis. Am liebsten gleich nochmal!

Auf Workshops übertragen heißt das:

Viele kritische Workshop-Konstellationen lassen sich bereits im Vorgespräch mit dem Kunden erahnen. Der schwierige Chef, die rivalisierenden Parteien in der Gruppe, alte Historien zwischen einzelnen Kontrahenten, aktuelle Reizthemen der Firma und „schwierige" Einzelcharaktere im Team ... vieles wird uns bei genauem Hinhören schon vorab gesagt, worauf wir uns vorbereiten können.

Gehen wir dann in den Workshop, empfiehlt es sich, nicht gleich mit kritischen Themen anzufangen (Wildwasser-Abschnitt), sondern zunächst genau die Spielregeln zu klären und kritische Themen vorerst nur abzustecken. Die Spielregeln lassen sich in der frühen Phase an harmloseren Themen antesten und nachschärfen. Wir nehmen also Tempo raus in der ersten Phase (Flachstück) und nutzen diese Zeit konsequent, um dann in Phase zwei (Wildwasser-Teil) Tempo zulegen zu können.

4.2.3 Vom Autofahren zum Jetfliegen – zwei Welten

Für weniger geübte Trainer und Moderatoren ist es sinnvoll, anfangs im Handling von schwierigen Workshop-Situationen nicht zu sehr zu improvisieren. Zunächst fahren wir solide auf der Straße, ohne Kunstflugübungen zu machen. Dazu gehört etwa der saubere Einstieg mit den bewährten Klärungen von Ablauf, Erwartungen, Spielregeln und den Rollen. Wenn Interventionen gemacht werden, folgen diese dem Lehrbuch ohne allzu große Experimente. Diese Phase des soliden Autofahrens kann im Trainer- und Moderatorenberuf durchaus mehrere Jahre dauern.

Auf Workshops übertragen heißt das:

Irgendwann spüren wir den Punkt, wo wir deutlich kreativer, flexibler, spontaner mit Workshop-Situationen umgehen wollen. Wir haben jetzt reichlich praktische Erfahrung gesammelt und fühlen uns sicher genug, um abzuheben zum „Fliegen". Nun verlassen wir vereinbarte Workshop-Agenden und vorgesehene Methoden, weil wir situativ spüren, dass etwas anderes zielführender ist. Häufig bewegen wir uns dann schon in der Stufe 4 des Lernens („unbewusste Kompetenz", siehe Kap. 1.3.4). Beim Fliegen gibt es keine feste Straße mehr zur Orientierung. Für die Teilnehmer ist es immer wieder verblüffend, mit welcher spielerischen Leichtigkeit ein „Flieger" durch die Moderation steuert, ohne eine Bruchlandung hinzulegen. Wenn wir genau hinschauen, sind aber immer noch die Gesetze der Physik – hier die Grundregeln der Gruppendynamik – voll wirksam und eingehalten.

In den Trainer- und Moderatorenausbildungen versuche ich fortgeschrittenen Teilnehmern die Lust auf das Fliegen zu vermitteln, da sie das solide Handwerkszeug meist schon gut beherrschen. Oft bekommen dann kreative Freigeister mit weniger Erfahrung auch Lust, gleich auf dieses höhere Niveau einzusteigen, weil es scheinbar ihrem freien Persönlichkeitstyp eher entspricht. Doch das geht meistens schief. Auch wenn es schwerfällt: Zuerst brauchen wir eine stabile Phase des Fahrens (üben, üben, üben ...), bevor wir freischaffende Künstler werden.

Wenn wir zu zweit eine schwierige Moderation bestreiten, sollten wir diese Frage unbedingt vorher zwischen den Moderatoren klären. Ich habe mich schon öfters in Tandems wiedergefunden, wo der eine solide fahren wollte (*„Wir halten uns an den besprochenen Ablauf!" „Wir gehen die Methode xy jetzt mit der Gruppe wie geplant durch!"*), und der andere lieber fliegen wollte (*„Hab Vertrauen, ich mach jetzt mal was Spontanes!" „Die Gruppe braucht jetzt etwas anderes, lass mich mal machen!"*). Die Verwirrung der Gruppe ist dann fast vorprogrammiert.

4.2.4 Wie isst man einen Elefanten? – in kleinen Stücken

Eine ganz einfache Weisheit – doch im Eifer des Gefechts ist sie manchmal schnell vergessen. Bei besonders kniffligen Workshops kommen oft komplexe Themen, Historien, Konflikte und persönliche Zwistigkeiten zusammen. Alles vermischt sich und je mehr wir nachfragen, desto mehr Facetten und Verbindungen zwischen den Themen lassen sich finden. Die zu lösende Aufgabe wird immer größer und gleicht bald einem Elefanten. Nun braucht es etwas Disziplin und eine klare Haltung: Wenn wir diesen Elefanten essen wollen, zerlegen wir ihn in sinnvolle Stücke und bilden eine klare Reihenfolge der Themen, die wir nacheinander auflösen. Erstaunlicherweise sind festgefahrene Workshop-Gruppen zu dieser Strukturierung selbst kaum noch in der Lage. Es bringt also wenig, diese Strukturierung allein der Gruppe zu überlassen. Hier dürfen wir als Moderatoren in Abstimmung mit der Gruppe auch einmal beherzt einen Vorschlag machen, der häufig genug dankbar aufgenommen wird.

Auf Workshops übertragen heißt das:

Nehmen Sie ein leeres Flipchart oder eine freie Pinnwand und strukturieren Sie die entscheidenden Themenfelder in schnellen und groben Zügen grafisch. 70 Prozent der Teilnehmer sind vorrangig auf den visuellen Sinneskanal ausgerichtet, nicht auf den auditiven. Zeichne also ein Bild, statt nur zu reden. Am besten skizzieren Sie die Themenfelder schon vorab – während Sie die Diskussion noch moderieren – für sich auf ein Blatt Papier. Dann gelingt die Strukturierung am Flipchart einfach besser.

4.2.5 Tief in das Trampolin springen – dann kommen wir höher raus

Es kann hilfreich sein, einer schwierigen Workshop-Situation nicht auszuweichen oder sie nur oberflächlich überstehen zu wollen, sondern der eigentlichen Ursache mit den Teilnehmern auf den Grund zu gehen. Auch wenn das Zeit und Nerven kostet, es ist oft die Mühe wert. Wenn wir tief an die Wurzel der Themen gehen, springen wir höher und weiter hinaus. Dies gilt jedoch auch für die Gründlichkeit, mit der wir uns in unser Fachgebiet stürzen und auch für die positive Wirkung von selbst erlebten und überstandenen Berufs- und Lebenskrisen, die einen Bezug zum Workshop-Thema haben. Wer hier nur flach springt und wenig Krisenerfahrung hat, kann den Teilnehmern auch nicht viel bieten.

Auf Workshops übertragen heißt das:

Gehen Sie im Workshop an die Themen, die wehtun. Die heißen Eisen ohne Furcht anzusprechen, zu bearbeiten und aufzulösen, ohne an Tabus vorbeizugehen, ist die Kunst des Trainers und Moderators. Eine scheinbare Konfliktsituation und Krise im Workshop kann im Nachhinein der tiefe Punkt gewesen sein, der den Kick zur Lösung einleitete. Gehe also durch die Workshop-Krise und habe keine Angst davor.

Dr. Peter Aschenbrenner: Stärkste Herausforderung und Profitipp

Was war Ihr persönlich größter Trainings-Flop?
Dies war ein Führungstraining für Manager der mittleren Ebene. Es sollten Führungs-grundlagen vermittelt werden, jedoch wollte ein Teilnehmer stattdessen eine Führungs-philosophie des Unternehmens erhalten (und eben keine Führungsgrundlagen). Er forderte mich immer wieder auf, die Führungsphilosophie des Unternehmens zu vermitteln (die jedoch nicht existierte – es ging ja auch um theoretische Grundlagen). Da auch noch der Personalentwicklungsleiter persönlich dabei war, nutzte die Führungs-kraft das Training, um ihren Unmut kundzutun.

Wie konnte es dazu kommen?
Leider hatte ich keine Möglichkeit, eine Abstimmung mit dem Personalentwicklungs-leiter durchzuführen, um zu erfahren, wie ich mit solchen „Fällen" umgehen darf/soll. Ebenso habe ich zu Beginn des Trainings den bereits bei der Erwartungsabfrage genann-ten Punkt (*„Ich will die Führungsphilosophie des Unternehmens kennen lernen"*) nicht hinterfragt bzw. geklärt nach dem Motto: *„Das ist nicht Bestandteil des Trainings – was machen wir jetzt damit?"*

Wie haben Sie die Kurve gekriegt?
Glücklicherweise habe ich die Sache nicht persönlich genommen und Ruhe bewahrt. Auch das dann angefangene Machtspiel habe ich nicht mitgespielt. Andere Teilnehmer haben zusätzlich Unterstützung geleistet, indem sie den Kollegen „beruhigt" haben.

Was ist Ihre tiefste Lernerfahrung daraus?
Sage den Teilnehmern offen und direkt, was im Training Inhalt ist und was nicht. Hole dir auch die Erlaubnis ein, „notfalls" Teilnehmern anzubieten, das Training zu verlassen. Nimm dir kurz Zeit, im Training die Situation wirklich zu klären.

Was machen Sie nie mehr?
Zu lange zu warten, bis solche Situationen geklärt werden. Raum für Machtspiele und Demonstrationen geben.

Der Profitipp: Mein persönlicher Lieblingshelfer in schwierigen Workshop-Situationen ist: Arbeite an deinen Glaubenssätzen und Werten, damit du in schwierigen Situationen tiefe Ruhe bewahren kannst.

Dr. Peter Aschenbrenner ist Trainer/Berater mit Expertenwissen in zielführender Kom-munikation und Mental-Training.

HALTUNG SCHLÄGT TOOL

Starke Haltungsbilder

4.3 Die 42 Mantras, die den Unterschied machen

Gerade wenn es eng wird im Workshop und unser „Quatschi" im Kopf aufgeregt plärrt, helfen kurze, griffige Lösungssätze. Wie Mantras können wir sie immer wiederkäuen, bis sie im Ernstfall sofort präsent sind. Hier einige meiner Lieblingsmantras für schwierige Workshop-Konstellationen.

4.3.1 Die 12 Lösungssätze für mich als Trainer und Moderator

1 Ich bin ich.

Gesundes *Selbstbewusstsein* (ich bin mir meiner *selbst bewusst*, ich bin eine reflektierte Persönlichkeit) und *Selbstvertrauen* (ich *vertraue* auf meine Talente, Erfahrungen und Kenntnisse) sind elementar für die manchmal einsame Arbeit eines Trainers mit Gruppen. Dazu gehört, dass ich mich nach außen so gebe und spreche, wie ich mich im Inneren fühle und denke. Bleiben Sie sich selbst treu und folgen Sie Ihrem eigenen Stil. Kopieren Sie keinen vermeintlich erfolgreicheren Trainerstil, der gar nicht zu Ihnen passt. Das haben Sie gar nicht nötig und es ist auch gar nicht erforderlich: Im Trainings- und Workshop-Geschäft kommen ganz unterschiedliche Stile zum Erfolg, also auch Ihrer.

Jeder Mensch will Echtheit spüren. Rhetorikshows und Fassaden sind nur Beruhigungstechniken für Anfänger. Schauspielerei (wir zeigen im Äußeren etwas, was wir im Inneren gar nicht empfinden) und kühle Fassaden eines Pokerspielers (wir zeigen im Äußeren nichts von dem, was in uns vorgeht) brauchen erfolgreiche Workshop-Leiter nicht.

Ich bin ich heißt aber nicht, dass wir stur und unflexibel werden. Nach mehreren anstrengenden und misslungenen Workshops kann dieser Grundsatz aber zur weisen Entscheidung führen, dass eine bestimmte Teilnehmergruppe oder ein gefordertes Trainingsdesign einfach nicht zu unserem Stil passt. Dann heißt es, entspannt loslassen und das Feld einem geeigneteren Kollegen überlassen.

2 Der Kern ist unangreifbar.

Wenn es einmal besonders hoch hergeht in einem Workshop und die Teilnehmer fast über uns herfallen, kommt das eigene Selbstvertrauen als Trainer und Moderator leicht unter die Räder. Dann hilft es mir immer, mich auf diesen bewährten Grundsatz zu besinnen. Der Kern einer Persönlichkeit ist – egal was passiert – nie und von niemandem angreifbar. Der Kern einer Person ist immer in Ordnung und durch niemanden zu erschüttern. Das ist die letzte Bastion, auf die wir uns immer besinnen können. Das gilt natürlich auch für jeden einzelnen Teilnehmer eines Workshops.

3 Ich bin Teil der Gruppe und in einer anderen Rolle.

Es ist ein wunderbares Gefühl zu spüren, dass wir als Trainer und Moderator Teil der Gruppe und ihres Fortschritts werden können. Das *Wir* macht vieles möglich zwischen der Gruppe und dem Workshop-Leiter. Wir bewegen uns auf Augenhöhe, lernen voneinander, lachen gemeinsam, tauschen Erfahrungen aus, entwickeln gemeinsam das Workshop-Konzept weiter, verwischen die Grenzen zwischen Lehrenden und Lernenden (siehe auch den Grundsatz *Ich lerne, indem ich lehre*) und haben einfach zusammen eine inspirierende Zeit. Diese spezielle *Wir*-Stimmung bildet erst das stabile Fundament, um besonders schwierige Themen und Dynamiken mit einer Gruppe zu meistern. Trauen Sie sich also vom Sockel herunter und verschmelzen Sie mit der Gruppe.

Gleichzeitig bleiben wir uns aber unserer speziellen Rolle als Workshop-Leiter immer bewusst. Nur aus dieser Distanz und Rollenklarheit heraus können wir souverän bei Problemen agieren. Die Kunst ist es, diese beiden Aspekte nicht „entweder oder", sondern „sowohl als auch" zu sehen.

4 Sage immer die Wahrheit, aber sage die Wahrheit nicht immer.

Natürlich können wir radikale Offenheit demonstrieren und unser Erleben 1:1 dem Teilnehmer zurückspiegeln. Bei kritischen Wahrnehmungen wird dies in den meisten Fällen aber eher destruktiv sein. Wir sollten also die spezifische Gruppen- und Teilnehmersituation berücksichtigen und nicht jede Wahrheit unmittelbar aussprechen. Aber *alles*, was wir sagen, sollte auch stimmen. *„Sie waren ein fantastisches Publikum!"* ist bei manchen Showstars schon hart an der Grenze zur Unwahrheit. Es ist eine Kunst, manche Details einer Wahrheit bewusst (*noch*) nicht zu sagen, weil es jetzt für niemanden hilfreich wäre. Gleichzeitig achten wir aber peinlich genau darauf, dass jeder Satz, den wir sagen, auch wirklich der Wahrheit entspricht. Mit dieser Einstellung durchschiffen wir auch schwierigste Workshop-Situationen.

5 Verbinde Tiefe nie mit Schwere, sondern mit Leichtigkeit.

Dies ist eine meiner Lieblingsgrundhaltungen für anspruchsvolle Workshop-Themen. Wirklich kritische Themen werden von vielen Moderatoren gerne mit einem ernsten, fast staatstragenden Gesicht und schwerer, konzentrierter Stimme diskutiert. Kann man machen, muss man nicht machen. Die Kunst ist es, selbst schwierigste Themen (Auflösung der Firma, Mobbing, Tod ...) noch mit einer Prise Leichtigkeit, Humor und Ironie anzugehen, ohne sich über das Thema oder einen Teilnehmer lustig zu machen. Wir bieten damit indirekt statt der lähmenden Problemtrance eine lösungsorientierte Plattform, die unnötige Schwere im Raum vertreibt und schwungvolles Arbeiten am Thema mit der notwendigen Distanz erst ermöglicht. Etwas Mut und Selbstvertrauen gehören allerdings dazu.

6   Die Situation ist dein Coach.

Wir alle haben blinde Flecken, an denen wir weiter wachsen können. Der Trainer- und Moderatorenberuf ist bestens geeignet, die eigene Persönlichkeit zu entwickeln. Der Trainerberuf ist also ein Turbo der eigenen Charakterbildung: Schwierige Trainings sind kostenloses Persönlichkeitstraining für uns.

Schwierige Grenzsituationen erleben wir im Umgang mit Gruppen regelmäßig. Wir können uns an diesen Momenten reflektieren. Die – schwierige – Situation ist also unser bester Coach. Mit dieser Sicht fällt es uns als Trainer und Moderator leichter, die positiven (Lern-)Seiten eines stressigen Workshops für uns zu sehen und Distanz zu wahren. Bei Schwierigkeiten dürfen wir also immer erst einmal fragen, welche Schwierigkeiten wir selbst noch haben, bevor wir auf vermeintlich schwierige Teilnehmer oder Kunden eingehen. Diese Grundhaltung ist besonders hilfreich nach dem schwierigen Workshop. Statt in die übliche Teilnehmerschelte zum eigenen Selbstschutz einzusteigen, fließt damit die Energie sofort in die eigene Verbesserungsarbeit.

7   Ich lerne, indem ich lehre.

Der Trainer- und Moderatorenberuf ist perfekt für Lernfreudige. Mit der richtigen Einstellung bleibt die persönliche Neugier auf die Teilnehmer und ihre Probleme präsent. Und genau diese brauchen wir, um in schwierigen Workshop-Diskussionen zu bestehen.

8   Ich liebe meine Teilnehmer.

Das ist jetzt nicht gleich körperlich gemeint. Aber im Ernst: Das ist vielleicht die wichtigste Grundhaltung für Moderatoren und Trainer, die von Schwierigkeiten in ihrer Veranstaltung verschont bleiben wollen (siehe Kap. 1.6). Der Hirnforscher Manfred Spitzer hat aus der Psychotherapieforschung bestätigt, was viele ahnten: Es kommt bei Trainern nicht auf die Technik an, sondern darauf, ob Teilnehmer und Lehrer als Menschen miteinander können. Mögen sich die beiden wirklich, passiert etwas im Workshop, wenn nicht, geschieht nichts (kein Lernen) oder Schwierigkeiten tauchen auf. Liebe ist die leise Basis für den Erfolg mit Gruppen (siehe Kap. 3.1).

Ob der Trainer tolle Techniken, didaktische Methoden und modernste Medien einsetzt, ist dabei weitgehend egal. Wir kennen das ja schon aus der Schule: Für manche Lehrer haben wir alles gemacht, weil wir sie einfach mochten. Von anderen nahmen wir nichts an, weil wir sie nicht ausstehen konnten. So einfach ist das. Wir sind als Trainer daher auch nicht für jeden Teilnehmerkreis geeignet. Manchmal entstehen Workshop-Probleme nur, weil wir immer noch nicht gemerkt haben, dass uns diese Zielgruppe menschlich einfach nicht liegt. Die Welt ist groß – suche dir passende Teilnehmer und lasse einen Kollegen an die für dich nicht passenden Teilnehmer heran.

9   Ich liebe mein Thema.

Trainer dürfen ihr Workshop-Thema innig lieben. Wer das Thema nicht wirklich mag, sollte es nicht lehren oder moderieren. Es fehlt dann die Grundvoraussetzung: emotionale Begeisterung. Der alte Spruch heißt zu Recht: *Du kannst nichts in anderen entfachen, was nicht in dir selbst brennt.* Die einfachste Prüfung lautet: Willst du wirklich dein ganzes Berufsleben mit anstrengenden, nervenden Erwachsenen in Workshops verbringen? Hast du ein Thema, das dir so wichtig ist, dass du es diesen Erwachsenen immer wieder aufs Neue erklären oder erzählen möchtest?

Es führt regelmäßig zu Schwierigkeiten, wenn Trainer Abläufe, Methoden oder Themen in ihrer Veranstaltung übernehmen müssen, die nicht die ihren sind. Im schlimmsten Fall wählen Trainer ihre Themen nach modischer Markttauglichkeit aus, ohne wirklich einen persönlichen Bezug zum Thema zu haben. Die fehlende Begeisterung bricht sich immer Bahn. Nutzen Sie daher bitte rigoros alle Freiheiten, das Workshop-Design sinnvoll auf Ihre Interessen und Lieblingsmethoden umzubauen – weniger Workshop-Probleme sind der Lohn für die Mühe.

10   Der Trainer macht nur Angebote.

Wir sind als Trainer für den Lernerfolg des Teilnehmers nicht verantwortlich. Trainer machen nur Angebote, möglichst gute natürlich. Die Verantwortung bleibt aber letztlich beim einzelnen Teilnehmer. Viele Seminarprobleme entstehen nur dadurch, dass wir uns als Trainer unnötig verkrampfen, weil wir uns zu viel Verantwortung aufhalsen und dadurch unsere Distanz und Lockerheit verlieren. Auch als Moderator machen wir nur Angebote, allerdings bleibt die Verantwortung für den Ablauf bei uns.

11   Da habe ich einen Fehler gemacht. Das weiß ich nicht.
Da brauche ich Ihre Hilfe.

Diese drei Sätze sollten wir uns, wie in Kapitel 3.6.5 bei Anselm Grün beschrieben, als Trainer und Moderatoren vor der Gruppe immer wieder erlauben. Zauberhaft einfach und vielfach einsetzbar! Viele Workshop-Probleme lassen sich damit schon vorab vermeiden.

Eine Übung wurde nicht von allen richtig verstanden? Es war einfach Ihr Fehler, es nicht langsam und oft genug erklärt zu haben. Kein Problem.

Sie wissen nicht, aus welchem Buch das Tool stammt, das Sie gerade vorgestellt haben? Dann sagen wir entspannt: *„Das weiß ich nicht, aber ich mache mich schlau, vielleicht kann ich es Ihnen noch während der Veranstaltung sagen oder wir können jetzt kurz mit unserem Smartphone im Internet recherchieren."* Kein Problem.

Sie schaffen es nicht, alle drei Pinnwände und Flipcharts gleichzeitig auf die Terrasse zu wuchten, wo der Workshop fortgesetzt werden soll? *„Darf ich Sie mal alle um Ihre Hilfe bitten? Würden ein paar starke Hände diese Flips und Pinnwände mit rausnehmen?"* Kein Problem.

12   Ich brauche den Auftrag nicht.

Wirklich gut und frei agieren wir als Trainer und Moderatoren in schwierigen Workshops letztlich nur, wenn wir nicht abhängig von einem Kunden und einem Auftrag sind. Wenn das nicht gelingt, fahren wir im entscheidenden Moment innerlich mit angezogener Handbremse, statt die wirksamste Intervention zu wählen. Wenn wir noch mit eigenen Interessen beschäftigt sind, können wir uns nicht voll auf die Situation einlassen. Häufig fragen sich auch die Teilnehmer insgeheim immer, was wohl die Eigeninteressen des Moderators und Trainers sind. Das lenkt aber nur vom eigentlichen Gruppenthema ab. Es gilt also, sich eine Auftragslage zu erarbeiten, die diese Unabhängigkeit auch beim wertvollsten Kunden noch ermöglicht.

4.3.2 Die 7 Lösungssätze für meine Gruppen

1   Teilnehmer sind Kunden.

Was wir von einem guten Kellner wünschen, können wir auch von einem Trainer und Moderator in einer Veranstaltung erwarten:
- einen freundlichen Auftritt zeigen, auch wenn viel los ist,
- unsere Wünsche und Erwartungen anerkennend aufnehmen,
- machbare Sonderwünsche anstandslos ermöglichen,
- schnell liefern und gut organisiert sein,
- für ein freundliches Seitengespräch offen sein,
- uns als Kunden wie Könige behandeln und öfter mal nachfragen, ob alles passt.

Eigentlich gar nicht zu viel verlangt. Wir dienen der Gruppe. Aber wie bei Kellnern eben auch, ist die besonders gute Bedienung selten, sonst wäre sie ja nichts Besonderes. Das Essen kann noch so gut sein, wenn der Service nicht stimmt, fangen die Gäste an zu murren. Manche Workshops sind nur deshalb in Schwierigkeiten gekommen, weil die Kundenorientierung nicht mehr spürbar war. Wie im Restaurant auch: Wir erwarten gar nicht, dass der Trainer alle Einzelwünsche anstandslos erfüllt (manche mögen's heiß, manche mögen's kalt ...). Es reicht vollkommen, dass wir uns ernsthaft bemühen und gute Kompromisse finden.

2   Die Weisheit liegt in der Gruppe.

Manche Trainer kämpfen sich in kritischen Workshops allein durch alle Probleme. Ihre Stärke ist bewundernswert. Dabei sind wir ohne die Gruppe gar nichts. Gegen sie anzukämpfen ist sinnlos. Wenn wir die Mehrheit der Gruppe verloren haben, können wir einpacken. Dabei ist es eigentlich ganz einfach: Die Lösung liegt in der Gruppe. Wir müssen gar nicht selbst als Moderator immer die richtige Problemlösung finden. Frag die Gruppe und höre auf die Gruppe. Gemeinsam mit der Gruppe lassen sich auch verfahrene Workshop-Situationen konstruktiv auflösen.

Die Hirnforschung hat es ja auch empirisch bestätigt: Der Mensch ist ein sozial-kooperierendes Wesen. Das kooperierende Verhalten ist nicht nur unsere höchste Kulturleistung, sondern ist schon biologisch in uns angelegt. Teilnehmer wollen dem Moderator helfen, weil das ihr inneres Belohnungssystem ankurbelt. Also lassen wir die Kraft laufen.

3   Die Gruppe kann sich selbst helfen.

Viele Workshop-Probleme werden von der Gruppe selbst gelöst, ohne dass dies der Trainer überhaupt mitbekommt. Ich bin selbst immer wieder erstaunt, dass bei mehrmoduligen Ausbildungen schwierige Dynamiken und sperrige Teilnehmer durch spontane Gespräche der Teilnehmer in Kleingruppenarbeiten, Kaffeepausen oder bei Telefonaten untereinander – ohne mein Wissen und Zutun – gelöst wurden. Eine Gruppe hat immer starke Selbstheilungskräfte. Mit jeder selbst überwundenen Krise wird die innere Stärke einer Gruppe größer. Haben Sie also auch mal ein wenig Geduld und Vertrauen, wenn es in der Gruppe zu Dynamiken kommt. Lassen Sie sich überraschen, Sie müssen auch nicht immer alles verstehen, was passiert. Aber fahren Sie Ihre Antennen hoch und sehen und hören Sie die schwachen Signale, um bei Bedarf mitzuhelfen.

4   Fehler der Teilnehmer sind Fehler des Trainers.

Das ist natürlich eine schmerzhafte Überzeichnung, die jedoch in eine gute Richtung weist. Fehler sind hier nicht im Sinne von Schuld und Sühne zu sehen, sondern sind einfach und pragmatisch das Zeichen, dass etwas ge-*fehlt* hat, das ich jetzt nachholen kann. Der Trainer hat lediglich etwas versäumt oder falsch gemacht. Also korrigieren wir es einfach. Die Teilnehmer liefern nicht das gewünschte Ergebnis aus einer Kleingruppenarbeit? Dann war unsere Anmoderation vielleicht doch nicht präzise genug. Die Teilnehmer tuscheln die ganze Zeit und spielen an ihrem Smartphone? Dann haben wir die Spielregeln des Workshops vielleicht nicht deutlich genug vermittelt.

5   Fehler des Trainers bleiben Fehler des Trainers.

Nichts ist peinlicher, als wenn wir subtil versuchen, eigene Fehler elegant dem Auftraggeber, dem Hotel oder den Teilnehmern unterzujubeln. Das haben wir nicht nötig – wir übernehmen die Verantwortung immer selbst.

6   Erfolge der Teilnehmer gehören den Teilnehmern.

Eigentlich eine einfache Sache: Wenn eine Übung gut gelingt, ein Teilnehmer für sich einen Erfolg erzielt oder der Workshop insgesamt eine gelungene Kraftanstrengung der Gruppe war, gehört der Erfolg allein den Teilnehmern.

7   Erfolge des Trainers sind gemeinsame Erfolge der Gruppe.

Hier ist Großzügigkeit angebracht: Auch wenn alle Teilnehmer gesehen haben, dass der Durchbruch der Gruppe maßgeblich auf das persönliche Einwirken des Trainers zurückzuführen ist, geben wir den Erfolg konsequent an die Gruppe zurück. Wir danken der Gruppe für ihren Beitrag zum Erfolg und lassen dies so stehen.

4.3.3 Die 8 Lösungssätze für meine Workshop-Methoden

1   Zielsetzung bestimmt Methode.

(Trainings- oder Moderations-)Methoden sind zunächst völlig unwichtig. Konzentrieren Sie sich bei der Planung eines Workshops immer zunächst auf die Zielsetzung: Was will der Auftraggeber wirklich? Was wollen die Teilnehmer am Ende erreichen? Erst wenn wir dies genau herausgearbeitet haben, überlegen wir uns, welche Methode *ziel-führend* ist. Vielleicht ist nach mehrstündiger Diskussion klar: alles, nur kein Workshop! Dann haben wir bereits alle potenziellen Fallen dieser Veranstaltung im Vorfeld vermieden. Wir wählen also auch keine Lieblingsmethoden aus („*Ein paar Outdoor-Übungen kommen immer gut!*" / „*Mit dem Tool xy begeistere ich jede Gruppe!*"), sondern wählen immer nur die einfachste Methode aus, die ohne Umwege das Ziel erreicht. Warum müssen wir immer erst stundenlang Papierbrücken bauen, mit verbundenen Augen durch den Wald stapfen und rohe Eier im Treppenhaus balancieren, bevor wir endlich auf die Knackpunkte unser anstehenden Reorganisation zu sprechen kommen?

2   Spannende Geschichten schlagen Medien und Methoden.

Aus der Hirnforschung wissen wir es längst: Der Trainer als Person ist das stärkste Medium für die Teilnehmer. Kann er mit Begeisterung auf Fragen antworten und spannende Geschichten über sein Thema erzählen, steigt die Motivation in der Gruppe. Medien, Materialien, ausgefallene Spielchen und Übungen sind eine nette Ergänzung, aber eigentlich nebensächlich für den Workshop-Erfolg. Aber Vorsicht – keine Märchenstunde: Die Geschichte darf nicht selbstverliebt, langatmig oder ohne klaren Bezug zum Lernthema erzählt werden. Aber je emotionaler sie ist, desto besser ist die Behaltensleistung. Und stimmen muss sie natürlich auch. Viele Trainings laufen nur deshalb schwierig, weil der Trainer zu stark auf Medien und Methoden gesetzt hat, ohne wirklich begeisternd und emotional über das Thema erzählen zu können. Also: Weniger ist viel mehr.

Ein guter Trainer wird also Geschichten erzählen. Wie Manfred Spitzer treffend beschreibt: Geschichten treiben uns um, nicht Fakten. Geschichten enthalten Fakten, aber diese Fakten verhalten sich zu den Geschichten wie das Skelett zum ganzen Menschen.

3 Das Einfachste ist immer das Schwierigste.

Hier gilt für Workshops genau der gleiche Grundsatz wie im Showbusiness. Die Kunst ist es, für die Lösung einer schwierigen Gruppensituation eine maximal einfache Intervention zu finden, statt komplizierte Tools oder Methoden zu wählen. Oft ist es z.B. eine „einfache" Diskussion oder eine schlichte Frage im Plenum, die besser funktioniert als ausgefeilte Medien, Gruppendesigns oder komplizierte Übungen. Erfahrene Moderatoren werden daher im Verlauf ihrer Profijahre oft immer schlichter – aber wirksamer – in ihrem Workshop-Design.

4 Voller Einsatz bringt Erfolg, halber Einsatz bringt gar keinen Erfolg.

Im Umgang mit schwierigen Gruppensituationen gilt es, zur Lösung vollen Einsatz zu bringen und nicht mit halbherzigen Lösungsversuchen zu operieren. Dies gilt jedoch auch für viele Trainer und Moderatoren, die sich nur oberflächlich mit den Train-the-Trainer-Techniken beschäftigen. Interessanterweise bringt ein halbherziger Einsatz in einer schwierigen Workshop-Situation nicht einmal teilweisen Erfolg, sondern schlichtweg gar keinen.

5 Disziplin ist die Grundlage von Freiheit.

Wir können uns in Workshops große Freiheiten erlauben. Wenn es ganz knifflig wurde mit Gruppen, war es oft eine kleinere oder größere Freiheit, die mir den Umschwung brachte, eine neue Diskussion öffnete. Auch im normalen Verlauf des Workshops erlaube ich mir durchaus viele Freiheiten. Den Ablauf ändern, auf neue Themen eingehen, sogar das weitere Vorgehen offen zur Diskussion stellen. Je freier wir in der Seminarsteuerung aber werden, desto wichtiger wird es, das Fundament nicht zu gefährden: die Disziplin. Das fängt schon bei den kleinen Dingen an. Pünktlichkeit, volle Präsenz auch in den Pausen, gründliche Vorbereitung, eine präzise und klare Sprache, fundierte Kenntnis des Themas etc. Disziplin und Freiheit sind also keine Gegensätze auf einem Kontinuum, sondern das eine ist die notwendige Basis des anderen. Wenn wir misslungene Workshops analysieren, wird oft sichtbar, dass es mehrere kleine Undiszipliniertheiten waren, die die Probleme einläuteten.

6 80 Prozent sind Perfektion.

Nicht nur Führungskräfte, sondern auch viele Trainer leiden unter dem inneren Antreiber „Sei perfekt!" (siehe Transaktionsanalyse in Kap. 3.4). Mich beeindruckt das Bild eines kunstvoll gestalteten Gartens eines Zen-buddhistischen Klosters. Die Gartengestaltung soll die Mönche auch daran erinnern, echte geistige Perfektion anzustreben. In einem Garten mit Kiesflächen steht oft ein großer Fels oder ein Stamm „störend" herum, um den dann kunstvoll in Kreisen herum geharkt werden muss. Wenn diese Störung nicht da wäre, könnten wir den Kiesgarten „perfekt" nennen und schön gerade Bahnen harken. Aber genau dann wäre der Garten eben nicht perfekt, sondern nur noch *steril*. Der Garten wirkt nur deshalb so harmonischperfekt, weil er eben formal nicht perfekt ist. Diese 80-Prozent-Balance beschreibt echte Perfektion, die wir auch als Trainer im Umgang mit Menschen brauchen. 100 Prozent sind eben nicht mehr perfekt, sondern oft nur Energie- und Ressourcenverschwendung. 60 Prozent sind aber auch nicht perfekt. Hier liegen etwa eine schlampige Vorbereitung, zu geringe Fachkompetenz oder andere Ursachen für Workshop-Probleme.

Was hilft uns das als Trainer? Dass wir im Umgang mit Gruppen eine Perfektion anstreben, die eine gute Balance von Fehlern bei Trainern und Teilnehmern zulässt, um eine perfekte, entspannte Lernatmosphäre zu schaffen. In dieser Stimmung treten schwierige Gruppensituationen in ein anderes Licht. Sie werden weniger bedeutsam. Sie gehören vielmehr zu einer perfekten Veranstaltung.

7   Gehe vom Müssen zum Dürfen.

Die niedrigste Energiestufe, die wir beim Menschen ansprechen können, ist die des *Müssens*. Das erinnert uns stark an die Kindheit, in der wir ins Bett gehen mussten und unser Zimmer aufräumen mussten. Bei erwachsenen Teilnehmern kommt dieser „Müssen-Tremolo" also wenig motivierend an (*„Wir müssen beim Feedback xy beachten ..."* / *„Sie müssen immer daran denken, dass ..."* / *„Sie müssen sich immer bemühen, diese Tools in Ihren Alltag zu übernehmen ..."*).

Schon etwas motivierender ist die Ebene des *Sollens* (*„Wir sollten beim Feedback beachten ..."*). Noch besser erreicht uns die Ebene des *Wollens*. Doch die Krönung bleibt die Stufe des *Dürfens*. Das ist es, wonach wir Erwachsene uns endlich sehnen! Verbinden Sie Ihr Thema also mit dieser höchsten Energieebene, die Sie bei Ihren Teilnehmern ansprechen können (*„Und wir dürfen uns ruhig erlauben, beim Feedback..."* / *„Sie dürfen jederzeit diese Tipps an Ihren PC im Büro kleben, damit Sie sie jederzeit präsent haben ..."*). Und wir dürfen im Workshop auch endlich mal so reden, wie uns der Schnabel gewachsen ist (Gossip-Sprache erlauben) und wir dürfen auch mal richtig Spaß haben und die Sonne genießen bei Gruppenübungen auf der Terrasse. Und wir dürfen die Agenda mitbestimmen.

8   Haltung schlägt Tool.

Häufig sind wir auf der Suche nach einfachen Rezepten und praktischen Tools zur Lösung von schwierigen Situationen. Dabei muss jedoch die Lösung immer der Größe des Problems angemessen sein. Es ist ein bequemer Wunsch, dass Tools die schnelle Lösung bringen könnten. Die richtige Grundhaltung sorgt immer für eine situativ richtige Wortwahl oder Aktion. Es ist also viel wichtiger, die eigene Haltung als Trainer und Moderator zu reflektieren und zu entwickeln, als nur oberflächlich eine Reihe von einfachen Tools oder Rezepten in den Handwerkskoffer aufzunehmen. Mit der richtig reflektierten Haltung braucht es am Ende nur wenige wirksame Tools.

4.3.4 Die 15 Lösungssätze für Probleme im Workshop

**1   Es gibt keine schwierigen Teilnehmer,
     nur Teilnehmer, mit denen du noch Schwierigkeiten hast.**

Solange wir uns noch über jemanden aufregen können, ist der Job nicht getan. Schwierige Teilnehmer gibt es eigentlich gar nicht. Sie spiegeln nur einen blinden, unreflektierten Anteil unserer eigenen Persönlichkeit wider. Spätestens wenn wir merken, dass wir uns wiederholt über das gleiche Muster von Teilnehmern aufregen, dürfen wir getrost davon ausgehen, dass genau dieses Muster bei uns im Verborgenen noch in irgendeiner Form schlummert.

**2   Es gibt kein schlechtes Publikum,
     nur unpassende Trainingsdesigns und nicht passende Trainer.**

Nach einem misslungenen Workshop gehen wir als Trainer gerne reflexartig in Analysen über die schwierigen Teilnehmer und die mindestens genauso problematische Firma über. Diese Grundhaltung hilft, die damit verbundene Energieverschwendung zu vermeiden und die Kraft auf die eigene Verbesserung zu lenken. Tatsächlich erleben sehr erfahrene Moderatoren viel seltener schwierige Teilnehmer in der gleichen Gruppe, die der Vorgänger noch im letzten Workshop so lebhaft beschrieben hat.

3   Ich muss nicht jeden Teilnehmer gewinnen.

Insgeheim folgen wir als Trainer und Moderatoren oft dem Wunsch, jeden zunächst kritischen Teilnehmer eines Workshops noch für uns zu gewinnen. Dadurch geben wir dem Teilnehmer, der mit hoher Wahrscheinlichkeit ohnehin nicht zu gewinnen ist, noch mehr Raum als nötig. Diese Aufmerksamkeit geht uns für die anderen Teilnehmer verloren. Viel sinnvoller ist die Grundhaltung, dass wir gar nicht jeden letzten Teilnehmer gewinnen müssen, sondern nur die kritische Mehrheit einer Gruppe für die Lösung brauchen.

**4   Hinter jedem schwierigen Verhalten steht eine positive Absicht,
     die sich im Moment nicht besser äußern kann.**

Eine typisch lösungsorientierte Sichtweise, die uns gerade bei besonders „nervenden" Teilnehmern und Gruppen helfen kann. Ein cholerischer Anfall eines Teilnehmers? Dahinter steht vielleicht die positive Absicht, die Gruppe aus der Gleichgültigkeit aufzurütteln, seine Meinung offensiv zu vertreten, aufgestaute Energie abzubauen oder für klare Positionen zu sorgen. Als Workshop-Leiter können wir unsere Aufmerksamkeit von den negativen Symptomen der Situation ablenken und direkt auf die positive Absicht der Teilnehmer eingehen. Das wirkt manchmal Wunder.

5 Löse die Probleme, solange sie klein sind.

Schwierigkeiten mit einer Gruppe oder einem einzelnen Teilnehmer beginnen immer ganz leise, fast unbemerkt. In dieser frühen Phase lassen sich die Probleme oft noch ohne starke Interventionen lösen. Wenn wir die Situation allerdings weiterlaufen lassen, müssen wir immer größere Probleme angehen. Wir dürfen also lernen, kritische Workshop-Verläufe schon im Frühstadium zu erahnen und passende Maßnahmen zu ergreifen. Das kann oft schon vor dem eigentlichen Workshop geschehen. Was in der Medizin gilt, kann dabei eine hilfreiche Richtschnur sein: Prävention ist besser als heilen.

6 Tempo runter in Phase 1, Tempo rauf in Phase 2.

Viele schwierige Workshops beginnen schwungvoll-dynamisch und werden dann im weiteren Verlauf eher zäh und unproduktiv, wenn die eigentlichen Probleme auftauchen. Sind kritische Themen zu erwarten, ist es aber oft besser, genau andersherum vorzugehen: Wir dürfen das Tempo in der Startphase des Workshops bewusst drosseln und mehr Zeit für die Grundlagen investieren. Rollenklärungen, Erwartungen, Spielregeln und eine gründliche Situationsanalyse brauchen oft mehr Zeit, als vom Auftraggeber und der Gruppe zunächst zugestanden. Sind hier zum Start die Fundamente für einen ehrlichen und konstruktiven Workshop gelegt, kann es nun in der zweiten Phase deutlich schneller gehen. Wir können meist ohne Probleme das Tempo deutlich erhöhen und gründlicher in die kritischen Themen einsteigen.

7 Wenn etwas nicht funktioniert, mach etwas anderes.

Haben Sie immer einen Plan B? Motivation entsteht aus einer eigenen Entscheidung. Dazu sind aber mindestens zwei Alternativen erforderlich. Wenn wir dies berücksichtigen wollen, brauchen wir für die Teilnehmer verschiedene Methoden, die zum Ziel führen. Flexibilität ist daher eine der wichtigsten Voraussetzungen für gelungene Workshops. Je größer die Teilnehmerzahl ist, desto präziser müssen wir aber beim Thema Flexibilität arbeiten. Großveranstaltungen laufen bei zu viel Flexibilität schnell aus dem Ruder und dann haben wir ganz andere Probleme geschaffen. Stellen Sie in einem Workshop öfters zwei Übungen oder Themen kurz vor und dann zur Wahl. Eine Gruppe ist meist erstaunlich fix in der Entscheidung. Wenn einmal etwas nicht funktioniert im Seminar, klammern Sie sich nicht an das geplante Vorgehen, sondern machen Sie einfach etwas anderes.

8 Für jede Schwierigkeit gibt es ein passendes Verhalten.

Egal welche Schwierigkeit im Workshop auch auftritt: Wir schauen, wie *wir* als Trainer und Moderatoren *unser* Verhalten an diese Situation anpassen. Für jedes Teilnehmerverhalten gibt es ein passendes Trainerverhalten. Wir stellen uns auf die Teilnehmer ein und halten uns nicht damit auf, uns insgeheim ein anderes Verhalten in der Gruppe zu wünschen. Loving what is! Wenn es noch Workshop-Probleme gibt, mit denen wir nicht umgehen können, fehlt also noch etwas in unserem Verhaltensrepertoire – nicht bei den Teilnehmern.

9 Wo viel Mist ist, kann viel Kompost entstehen.

Energien können wir transformieren. Die niedrigste und schwierigste Energiestufe bei Gruppen ist die Gleichgültigkeit. Weit besser ist es, am Anfang eine hitzige oder konfliktreiche Energie zu spüren. Da ist viel Feuer in der Luft, die wir in positive Lösungsenergien wandeln können. Nur wo viel Mist ist, kann auch viel Kompost entstehen! Es ist viel anstrengender, Energie in der Gruppe erst schaffen zu müssen, als destruktive Energien in konstruktive Energie zu wandeln. Wir freuen uns also durchaus über schwierige Energien.

10 Bei Disputen gewinnt immer der Optimist.

Ganz im Sinne von Hermann Hesse heißt das, dass wir gerade bei Problemtrancen, destruktiven Schulddiskussionen und Schlammschlachten in der Gruppe eisern das Licht am Ende des Tunnels im Blick behalten. Notfalls sind wir die Einzigen im Raum, die unentwegt an eine Lösung glauben und dies auch sagen. Selbst wenn wir sie im Moment auch nicht konkret sehen. Bei Workshop-Problemen kann diese positive Haltung ausschlaggebender sein als jede Methode oder geschliffene Rhetorik: *„Jetzt würde hier zwar jeder am liebsten schreiend rauslaufen, aber ich glaube, Sie haben noch gar nicht alle Lösungswege erfasst."* / *„Wir können auch die nächsten zwei Stunden noch versuchen, den Halm quer zum Tor hineinzutragen. Versuchen wir es doch mal längs, diesen Weg wird es doch auch hier geben!"* / *„Der eine sieht Probleme dicht an dicht, der andere Zwischenräume und das Licht. Welches Fünkchen Hoffnung sehen Sie hier eigentlich noch?"*

11 Keine öffentliche Aussage ist ein Problem.

Manchmal tun wir uns schwer mit hitzigen Wortgefechten, unbedachten Äußerungen von einzelnen Teilnehmern und offener Kritik an uns als Moderator. Wir kommen dann schnell aus unserer Qualität, weil wir uns an einer einzelnen Aussage zu lange aufhängen. Hier ist es hilfreich, daran zu denken, dass jede – noch so kritische – Aussage lediglich eine interessante Ansammlung von Schwingungen und Schallwellen im Raum ist, die unser Ohr erreicht. Was wir daraus machen, ist allein unsere Sache. Wir können es persönlich nehmen und sind dann damit sehr beschäftigt. Wir können uns jedoch auch auf die Haltung konzentrieren, dass letztlich keine – wirklich keine – öffentliche Aussage in einem Workshop ein Problem darstellt. So bleiben wir entspannt und können vielleicht sogar noch Humor und Selbstironie einsetzen, wo andere anfangen blockiert zu werden.

12 Katastrophen werden ohnehin gedacht.

Dieser alte therapeutische Grundsatz aus dem provokativen Coaching hilft uns auch bei sehr schwierigen Workshop-Situationen weiter. Von den Betroffenen werden die schlimmsten Katastrophen ohnehin meist schon stillschweigend vorausgedacht, ohne je offen vor der Gruppe angesprochen zu werden. Dies können wir als Moderatoren nutzen, indem wir die gedachte Katastrophe mit entspannter Selbstverständlichkeit als Option ins Gespräch bringen und dann schauen, wie die Gruppe diesen Impuls aufnimmt: *„Wenn es ganz dumm läuft, wird Ihre Firma ja noch in Konkurs gehen oder von einem Wettbewerber geschluckt werden können, oder?"* Es ist erstaunlich, wie oft diese Interventionen im Workshop den Stein zur wirklichen Lösung ins Rollen gebracht haben. Probieren Sie es aus!

13 Alles Schlechte ist kurzfristig süß und langfristig bitter. Alles Gute ist kurzfristig bitter und langfristig süß.

Wie oft muss ich bei Workshops an diesen Grundsatz denken! Das gilt ja nicht nur für unsere Lebensführung (ja, wir sollten als Trainer den Schweinehund überwinden und nach dem Workshop etwas Sport treiben, statt an der Bar zu hängen), sondern auch für den Umgang mit schwierigen Workshop-Situationen. Es ist immer bequem, eine unangenehme Strömung im Workshop erst einmal laufen zu lassen, einen dominanten Teilnehmer nicht in die Schranken zu weisen oder ein kritisches Feedback zu unterdrücken. Langfristig wird es dann aber fast immer bitter. Umgekehrt zahlt sich der Mut zur frühen Klärung fast immer langfristig aus.

14 Schwierige Menschen haben Schwierigkeiten.

Wenn wir es mit richtig nervigem Teilnehmerverhalten zu tun haben, kann uns diese einfache, aber weit reichende Sichtweise sehr helfen. Menschen, die im Umgang mit *anderen* schwierig sind, haben fast immer größere *eigene* Schwierigkeiten. Was bringt uns diese Sichtweise? Mir hilft sie, eine größere Portion Geduld und Mitgefühl aufzubringen, obwohl mich das Verhalten des schwierigen Teilnehmers natürlich weiterhin belastet. Es ist ja zunächst nur eine entlastende Hypothese, die sich erst noch im weiteren Verlauf der Zusammenarbeit bestätigen muss. Es lenkt meine Aufmerksamkeit aber schon früh weg vom Problemverhalten hin zur Neugier, den Menschen mit seiner persönlichen Lebenslage kennen zu lernen. In der Pause oder beim Mittagessen habe ich vielleicht die Chance, mit ihm ins Gespräch zu kommen. Ich bin immer wieder erstaunt, mit welcher Offenheit die vermeintlich schwierigen Teilnehmer von ihren echten eigenen Schwierigkeiten berichten. Danach ist alles anders – für beide.

15 Jeder Workshop verläuft suboptimal.

Ich sage gerne zu Recht, dass bei mir jeder Workshop-Tag aus hundert Fehlern besteht. Wenn wir die Veranstaltung komplett auf Video aufnehmen würden, könnten wir jede Menge kleiner Unstimmigkeiten, methodische Mängel und Versäumnisse entdecken. Jeder Workshop verläuft eben suboptimal. Das Gesamtfazit fällt für mich aber trotzdem meist versöhnlich aus, trotz all der kleinen handwerklichen Fehler. Diese Grundhaltung hilft uns, den Druck, den wir uns selber machen, herauszunehmen. Viele (kleinere) Workshop-Schwierigkeiten fallen also gar nicht ins Gewicht. Wir brauchen uns nicht über Gebühr damit zu beschäftigen. Wir würden uns nur selbst verunsichern und sind dann nicht mehr souverän aufgestellt, wenn die Big Points – die wenigen, Erfolg entscheidenden kritischen Workshop-Situationen – kommen.

5 Probleme lösen – Schritt für Schritt

Phase 1: Vor der Auftragsklärung

Vorbeugen ist immer besser als heilen. Die Phasen vor dem ersten Kundenkontakt können schon viele Workshop-Probleme vermeiden helfen.

Löse Probleme, solange sie klein sind.

Bauchgefühl zulassen

„Ich hatte von Anfang an so ein komisches Gefühl bei der Sache ..." Das haben wir ja alle schon einmal erlebt. Wenn wir uns nur öfter auf unser Bauchgefühl verlassen würden. Leider ist diese Stimme so leise und unpräzise, wenn sie nicht trainiert ist. Viele Workshop-Probleme keimen schon lange vor der Konzeption. Lehnen Sie sich ruhig in Ihrem Büro zurück, atmen Sie tief durch und schließen Sie auch noch die Augen, wenn es sein muss: Welche Assoziationen kommen Ihnen nach dem ersten Eindruck der Anfrage? Welches Bild entsteht? Welche Fragen schießen Ihnen durch den Kopf? Welche „unwichtigen" Details sind Ihnen aufgefallen? Sprechen Sie auch mit Kollegen und Unbeteiligten darüber. Deren spontane Kommentare sind oft Gold wert. Schreiben Sie diese Assoziationen und Fragen auf. Manchmal ist das die entscheidende Frage, die in der Auftragsklärung den Unterschied macht.

Falls Ihr Bauchgefühl schon allergische Abwehrreaktionen zeigt: Jetzt aktivieren wir unsere Grundhaltung: „Ich brauche den Auftrag nicht." Selbst wenn der Kühlschrank leer ist und die Anfrage von Porsche kommt.

Gründlich recherchieren

Maximieren Sie Ihre Vorinformationen aus allen auftraggeber-fremden Quellen über den geplanten Workshop. Sind Sie selbstständig, durchforsten Sie das Internet, lesen Sie Geschäftsberichte, lassen Sie sich Broschüren schicken und fragen Sie Kollegen und Freunde. Fragen Sie die beteiligten „Randpersonen" nach ihrer Stimmung oder Einschätzung. Eine Sekretärin sagt manchmal spontan mehr Wahrheit als ein rhetorisch getrimmter Chef. Warten wir am Empfang des Auftraggebers auf das erste Gespräch? Schauen Sie sich um, ob es noch hilfreiche Informationen gibt. Kürzlich war es eine achtlos abgelegte Mitarbeiterzeitschrift, in der eher beiläufig das anstehende Kostensenkungsprogramm verteidigt wurde. Davon war mir gegenüber bisher nie die Rede – diese kleine Information drehte das anschließende Gespräch in eine ganz neue, wahre Richtung.

Akquisephase – ist der Einkäufer der Auftragsklärer?

Bei größeren Unternehmen ist die Einkaufsabteilung mittlerweile sehr einflussreich geworden und bestimmt auch die früher eher vernachlässigten Positionen Trainings und Moderationen. Das bringt mitunter bizarre Gespräche, wenn z.B. ein Einkäufer vor unserem ersten Gespräch mit der Fachabteilung schon den Konzeptionsaufwand durchverhandeln will. Aufpassen müssen wir, wenn unsere Gesprächspartner gar nicht die wichtigsten Informationen zum geplanten Workshop haben. Dazu kann auch eine ausführende Personalabteilung gehören, wenn sie die Veranstaltung für einen Auftraggeber im Hintergrund eher organisatorisch abwickelt. Lassen Sie sich nicht auf Fixierungen ein, die Sie nach der Auftragsklärung mit den Fachabteilungen bereuen. Schwierigkeiten in Workshops liegen manchmal nur darin begründet, dass wir an frühere Rahmenfestlegungen gebunden sind, die einfach keinen Sinn mehr machen.

Phase 2: In der Auftragsklärung

Wenn es im Workshop-Business eine Disziplin wie Dreisprung gäbe, würde der wohl „Auftragsklärung – Veranstaltungsvorbereitung – Workshop-Durchführung" heißen. In diesen drei Schritten sichern wir meist schon 90 Prozent des Projekterfolgs ab. Die Auftragsklärung ist also neben der reinen Durchführungsqualität und Vorbereitung der dritte, „leise" – d.h. für die Teilnehmer nicht sichtbare – Garant für den Workshop-Erfolg. Welche Schwierigkeiten können in dieser Phase auftreten?

Aura-Druck wahrnehmen

Wir haben unseren Kleinwagen auf den Besucherparkplatz gestellt, betreten einen Glas-Marmorpalast und rauschen in die siebte Etage. Unser erster Eindruck: Die Technikausstattung des Besprechungsraums kostet wohl mehr als unser Auto. Ein schneidig-eloquenter Auftraggeber mit perfekt sitzendem Anzug begrüßt uns lässig ... Das ist Aura-Druck! Bis dahin waren wir noch recht klar im Kopf, aber jetzt stellen wir naheliegende Fragen nicht mehr und wirken für Außenstehende fast etwas ehrfürchtig und devot (das sehen wir selbst natürlich ganz anders). Bei Aura-Druck reicht es oft völlig aus, ihn überhaupt wahrzunehmen, das eigene Selbstbewusstsein sanft zu wecken und sich über die schöne Umgebung einfach nur zu freuen. Zur Distanzierung reicht das bereits und wir sind wieder in unserem natürlichen Element.

Akquise und Auftragsklärung vermischen sich im Gespräch

Nicht immer trennen externe Trainer das Auftragsklärungsgespräch vom Akquiseprozess. Solange der Trainer den Auftrag noch nicht sicher hat, wird er sich im Gespräch möglicherweise zu sehr an den Wünschen des Auftraggebers orientieren und ihm im schlimmsten Fall alles versprechen, was er hören will. Hier hilft uns die Grundhaltung: „Ich brauche den Auftrag nicht."

Es kann auch helfen, das Akquisegespräch bewusst und deutlich von der inhaltlichen Auftragsklärung zu trennen. Beides kann zwar im gleichen Termin stattfinden, aber zwischen den beiden Teilen wird eine klare Trennung erkennbar. Der Akquiseteil enthält die gegenseitige Vorstellung, die Kompetenzklärung des Trainers und seine methodische Arbeitsweise. Danach kann grundsätzlich entschieden werden, ob beide Seiten an diesem Projekt arbeiten wollen. Nach dieser Klärung ist der Kopf des Trainers dann frei, in der inhaltlichen Auftragsklärung auch kritische Rückmeldungen zur gewünschten Methodik einzubauen.

Die Auftragsklärungen sind zu kurz oder bleiben unklar

„Wir haben uns ja verstanden, es muss ein Ruck durch die Mannschaft gehen." / „Also wir sollten wirklich mehr Qualitätsdenke in die Köpfe bringen." / „Die Teamleiter sollen konsequenter führen lernen." Klingt alles ganz plausibel, aber der konkrete Ansatzpunkt bleibt vage. Schön bequem ist, dass wir da fast alle Standardthemen unterbringen würden. Schlecht ist, dass hier auch alle Themen am eigentlichen Bedarf vorbeigehen können.

Lösung: Wir fragen so gut und lange nach, bis wirklich Klarheit besteht. Die Verantwortung dafür liegt allein bei uns und wir dürfen uns dabei auch nicht unter Zeitdruck setzen lassen. Wir baden es ja als Moderator meist auch allein aus, wenn der Workshop an den tatsächlichen Zielen vorbeigeht. Greifen Sie ruhig zum letzten Mittel, wenn Sie das Gefühl haben, der Auftrag bleibt diffus: Geben Sie das Mandat zurück. Manche Kunden wachen erst jetzt auf und nehmen sich plötzlich die nötige Zeit für präzisierende Gespräche.

Wir können ruhig etwas schwer von Begriff wirken dabei, Hauptsache die wirklichen und präziseren Ziele kommen zum Vorschein (*„Ich glaube, ich habe das immer noch nicht ganz verstanden; warum sollen die Teamleiter konsequenter führen?"*). Schreiben Sie viel mit und lesen Sie die Ziele zusammenfassend Ihren Auftraggebern immer wieder vor. So lange, bis wirklich Einigkeit besteht. Bestehen Sie bei Zeitdruck auf ein zweites, drittes, viertes ... (vielleicht telefonisches) Gespräch und schicken Sie die Zusammenfassung der vorherigen Runde als Diskussionsbasis dafür vorher zu. Grundsatz: Je mehr Teilnehmer, desto mehr Runden. Bei einer Großveranstaltung mit 200 Führungskräften waren das bei mir auch schon mal sechs Runden, jede davon war hilfreich. Respektieren Sie aber die Hierarchie auf der Kundenseite: Kein Vorstandsvorsitzender mag es, wenn er durch alle Runden der Auftragsklärung laufen muss.

Damit Ihren Kunden nicht die Geduld ausgeht, bringen Sie immer wieder den Grundsatz „Zielsetzung bestimmt Methode" ins Spiel. Reduzieren Sie die gemeinsame Diskussion auf die konkreten Ziele der Veranstaltung. Nichts ist wichtiger. Reden Sie lieber weniger über die einzusetzenden Methoden. Das klingt dann so: *„Lassen Sie uns heute die Ziele der Veranstaltung präzisieren. Mein Job als Moderator ist es, danach zielführende Methoden auszuwählen. Die schicke ich Ihnen zu, dann können wir da nochmal drüberschauen."*

Typische Fragen zur Präzisierung in der Auftragsklärung sind:
- *„Was heißt für Sie ‚konsequenter führen' genau?"*
- *„Was wird nach der Veranstaltung konkret anders sein?"* (Beispiele erfragen)
- *„Was soll in der Veranstaltung nicht passieren?"*
- *„Was sind die Muss-Ziele, die unbedingt erreicht werden sollen und was sind die Kann-Ziele?"*
- *„Woran messen wir den Erfolg direkt nach der Veranstaltung und drei Monate später?"*

Nehmen Sie auch in Kauf, dass in etwa zehn Prozent der Fälle von Ihrem ursprünglichen Auftrag nichts mehr übrig bleibt, wenn Sie eine gründliche Ziel- und Auftragsklärung machen. Allen Beteiligten wird dann vielleicht erst richtig bewusst, dass eine andere (interne) Maßnahme viel zielführender ist. Wenn wir den Grundsatz beherzigen, „Ich brauche den Auftrag nicht", sehen wir es auch positiv, wenn wir selbst als Trainer oder Moderator gar nicht mehr zum Zug kommen. Nun haben Sie wirklich dankbare Kunden gewonnen, die Sie gerne wieder anrufen oder empfehlen werden. Wir haben schon Kunden gehabt, die auch nach mehreren Versuchen nie ein Training oder einen Workshop mit uns gemacht haben, weil es nach gemeinsamer Diskussion einfach nicht zielführend gewesen wäre. Der gleiche Kunde ist nach dieser Erfahrung dazu übergegangen, keine Veranstaltungen mehr buchen zu wollen, sondern zunächst nur bezahlte Auftragsklärungsgespräche. Das war nur konsequent.

Die Ansprechpartner sind nicht die inhaltlichen Gestalter und Entscheider

Das ist eine häufige Ursache für spätere Workshop-Krisen. Wie schon zuvor beim Thema Einkauf versus Fachabteilung beschrieben, kann es vorkommen, dass wir mit den falschen Personen zusammensitzen. Die Auftragsklärung wurde an zum Teil unwissende oder nicht entscheidungsbefugte Kollegen delegiert. Manche Mitarbeiter oder auch Personalentwickler betreuen zwar die Veranstaltung, wissen aber nicht wirklich, was die Ziele und auch persönlichen Interessen der Topentscheider für den geplanten Workshop sind. Gemeinsames Rätselraten in der Auftragsklärung ist die Folge. Fast alle Veranstaltungen laufen eine Klasse besser, wenn wir direkten Kontakt zu den wirklichen Entscheidern bekommen. Sprechen Sie dieses sensible Thema unbedingt an und drängen Sie auf entsprechende Zusatztermine oder zumindest Telefonate.

Die gesamte Auftragsklärung soll nur in Meetings stattfinden

Das kann funktionieren, ist aber manchmal genau der Auslöser für das (künftige) Problem. Wenn wir ein ungutes oder unklares Gefühl in der Auftragsklärung haben, hilft eines fast immer: Führe Einzelgespräche! Wir erarbeiten mit dem Auftraggeber eine kompakte Liste an möglichst breit angelegten Gesprächspartnern aus dem Kreis der künftigen Teilnehmer und von außenstehenden Nicht-Teilnehmern (nicht vergessen!). Oft reichen schon kurze Einzelinterviews von 30 Minuten oder auch telefonische Interviews. Der Zusatzaufwand sollte so knapp sein, dass diese Intervention nicht gleich am Kostenargument scheitert.

Zentrale Auftraggeber wechseln während des Projekts

Manchmal kommt ein Workshop-Konzept nur deshalb in Turbulenzen, weil wir uns als Trainer und Moderatoren nicht schnell genug auf die neuen Auftraggeber einstellen. In manchen Firmen ist das Personalkarussell schon so turbulent, dass ein großer Teil des Projektaufwandes auf das immer wieder neue Briefing der Ansprechpartner entfällt. Wird etwa ein Führungsworkshop noch mit einem Vorgänger konzipiert, aber die Durchführung fällt schon in die Zeit des Nachfolgers, fangen wir am besten noch einmal mit der Auftragsklärung von vorne an. Auch wenn manche neuen Auftraggeber aus falscher Rücksicht (*„Ja, wir machen das erst mal mit dem Konzept, so wie Sie es mit meinem Vorgänger besprochen haben, Sie haben mein volles Vertrauen"*) oder Bequemlichkeit und anderen Prioritäten darin nicht unbedingt einsteigen wollen (*„Ich muss mich jetzt erst einmal in andere Themen einarbeiten, schicken Sie mir Ihr Konzept aber ruhig mal zu"*). Motivation entsteht aus einer eigenen Entscheidung: Lassen Sie den neuen Auftraggeber in der Konzeption eine eigene Entscheidung treffen. Nur dann wird er voll hinter dem Konzept stehen, wenn Probleme im Workshop auftauchen.

„Gemeinsam sind wir blöd" – Mehr vom Gleichen und kollektive blinde Flecken

„Es könnte auch ganz anders sein." Dieser bekannte Haltungssatz, den ich von systemischen Aufstellern zum Schluss einer wirklich gelungenen Familienaufstellung häufig gehört habe, enthält bereits den Kern der Botschaft. Fritz B. Simon hat ein lesenswertes Buch mit gleichem Titel über Organisationen mit kollektiv-rituellen Verhaltensweisen geschrieben. Wir sollten immer davon ausgehen, dass die tatsächliche Situation der Gruppe ganz anders aussieht, als das, was wir vorher mit dem Auftraggeber eingeschätzt haben. Wir sitzen mit dem Kunden zusammen, wir sind auch schnell einig über die Situation, bestätigen unsere gemeinsame Sichtweise und sagen, *„Ja, so machen wir es"*. Dabei merken wir gar nicht, dass wir uns gemeinsam auf den Holzweg begeben.

Der Auftraggeber ist nicht Teil der Lösung, sondern Teil des Problems

Häufig merken wir schon in der Auftragsklärung, dass unser Kunde – z.B. eine Führungskraft oder die Geschäftsleitung – wohl selbst auch ein Teil des Problems ist. Auftreten, Sichtweise oder bisherige Aktionen wirken auf uns eher als eine mögliche *Ursache* des ganzen Themas. Aber das soll durch den Workshop natürlich nicht behandelt werden.

Ein Beispiel: Bei einer großen Reorganisation trat die Geschäftsleitung immer sehr bestimmend auf und informierte kurz und knapp mit PowerPoint-Präsentationen ohne Raum für offene Diskussionen. In einer Workshop-Reihe sollten dann die betroffenen Führungskräfte und Mitarbeiter das nötige Bewusstsein für die neue Arbeitsweise und Aufbaustruktur vermittelt bekommen. So weit war der Auftrag klar besprochen. Im Workshop selbst kamen wir aber kaum dazu, weil sich alle Teilnehmer vorrangig mit dem Informationsstil der Geschäftsleitung beschäftigten.

Infizierte Aufträge, Hidden Agendas

Wenn Auftraggeber verdeckte Eigeninteressen haben oder mit dem Workshop eine zweite, geheime Zielsetzung verfolgt werden soll, dann sprechen wir von „infizierten Aufträgen" und „Hidden Agendas". Das kommt viel häufiger vor, als manche glauben, und es sind auch nicht immer destruktive Absichten. *„Jetzt gönnen wir uns mal was Gutes nach einem harten Arbeitsjahr und verbraten noch ein paar Restbudgets ..."* – das kann zwar einen etwas sinnentleerten und damit schwierigen Workshop ergeben, aber eigentlich ist das ja gut gemeint. Hier schlagen wir dann lieber einen Wellness-Ausflug ohne Trainer vor. Infizierte Aufträge und Hidden Agendas nehmen wir zunächst als normales Phänomen hin, ohne gleich sauer oder misstrauisch zu werden. Einfach entspannt drüber reden. Wir erarbeiten Hidden Agendas z.B. mit dem Tool des Auftragskarussells an einem Flipchart oder befragen alle Beteiligten nach den eigenen (und denen der anderen) persönlichen Interessen an der Veranstaltung. Gerade hier sind vertrauliche Einzelinterviews sehr hilfreich.

Konzeptionell unterschiedliche Auffassungen zwischen Trainer und Kunde

Manche Auftraggeber konzentrieren sich bei Workshop-Konzeptionen nicht auf das „Was „(„*Was soll erreicht werden?*"), also die Ziele. Sie haben aber sehr klare Vorstellungen über das „Wie". Das kann leicht zu Gerangel und Methodendiskussionen mit dem beauftragten Trainer und Moderator führen. Manchmal wird dann vom Auftraggeber mit Macht oder guten Worten eine „todsichere" Lieblingsmethode durchgedrückt, die in der Veranstaltung – wie vermutet – gar nicht zündet. Der Schaden wird aber dem Trainer und Moderator angelastet, er hat sich ja darauf eingelassen. Es kann in einem solchen Fall gut sein, den Auftraggeber deutlich darauf hinzuweisen, dass Sie als Trainer und Moderator hier im Gespräch nur das „Was" (die Ziele der Veranstaltung) aufnehmen und Sie die „Wie"-Überlegungen (Methoden) im Nachgang des Gesprächs entwickeln. .

Die Auftragsklärung ist durch den ersten Workshop überholt

Dann gibt es wirklich nur eines: Alle bisherigen Planungen über den Haufen werfen und auf der Basis der echten Erfahrungen neu aufsetzen. Meist führt ein Festhalten an alten Planungen nur zu Folgeproblemen in den nächsten Workshops. Bei sehr komplexen und kritischen Vorhaben sind daher kompakte Kick-off-Workshops so ratsam. Hier können wir die tatsächliche Stimmungslage und Erwartungshaltung der Teilnehmer erarbeiten. Daraus ergibt sich ein viel stimmigeres finales Workshop- oder Trainingskonzept.

Abschließend noch als Zusammenfassung unsere Zwölfer-Liste für problemvermeidende Auftragsklärungen:

12 generelle Tipps für Auftragsklärungen

1. Investiere viel Zeit in die Auftragsklärung – es lohnt sich!
2. Frage immer den Kunden, statt Hypothesen zu folgen – lieber einmal zu viel als zu wenig.
3. Schreibe viel mit. Auch bei Telefonaten.
4. Schaffe eine lockere, doch konzentrierte Atmosphäre in der Auftragsklärung.
5. Detaillierte Fragen klären auf und sichern den Auftrag („Sie stellen die richtigen Fragen, dann sind Sie auch der richtige Trainer/Moderator …").
6. Verkaufe keinen Bauchladen („Ja, ja, das mache ich auch …"), sondern individuelle Lösungen in deinem engen Kompetenzbereich.
7. Wir müssen nichts verkaufen – wenn sich eine Anfrage als wenig sinnvoll erweist, lehnen wir lieber ab. Das festigt unseren Ruf und verhindert misslungene Veranstaltungen.
8. Nicht zu viele Themen und Fragestellungen in das Training drücken lassen – reduziere den Inhalt auf das Machbare.
9. Kläre immer die optimale Teilnehmerzahl – falls zu hoch, interveniere.
10. Traue deinem Bauchgefühl – sprich Unklarheiten und Widersprüche deutlich an.
11. Schäle immer die angrenzenden Coaching- und Beratungsthemen heraus (auch wenn du sie selbst nicht abarbeitest).
12. Kläre und gestalte immer den organisatorischen Rahmen und das Begleitprogramm – sie müssen zum Stil der Veranstaltung passen.

Phase 3: In der Konzeption des Workshops

In der eigentlichen Konzeptionsphase haben wir viele Chancen, potenzielle Risiken und Probleme für unsere Veranstaltung auszuschalten. Da die Konzeptionen von Trainings und Moderationen sehr unterschiedlich sind, hier einige grundlegende Empfehlungen, um Schwierigkeiten zu umgehen:

Die Freiwilligkeit schon vorab klären

Es ist recht anstrengend, in der Startphase mit unfreiwillig „geschickten" Teilnehmern arbeiten zu müssen. Besser klären wir diesen Punkt bereits vor dem Workshop ab. Der Auftraggeber kann hierzu ein klärendes Vorgespräch führen oder Ausnahmen und Bedingungen festlegen. Manchmal ist es auch schon ausreichend, dass der Veranstalter einfach klar sagt, *warum* bei diesem Workshop die Teilnahme verpflichtend ist. Der Unmut darüber gehört dem Auftraggeber, nicht dem Trainer und Moderator zu Beginn der Veranstaltung.

Die „verborgenen" Beteiligten aus der Deckung holen

Führen Sie möglichst viele Vorgespräche mit Teilnehmern und den in der Auftragsklärung erwähnten Stakeholdern. Gerade die Personen, die erst in der Deckung bleiben, bestimmen später gerne das Geschehen im Workshop. Sprechen Sie mit ihnen die Konzeption und ihre Erwartungen schon vorher ab, auch wenn Ihr Auftraggeber das für weniger wichtig hält.

Nur Workshop-Designs und Tools aus eigener Feder und Überzeugung nutzen

Workshop-Tools sind wie eine klare, durchsichtige Glaskugel: Sie nehmen komplett die Farbe des Hintergrundes an, vor dem sie liegen. Ein Tool wirkt beim einen Trainer völlig fad und sinnlos, beim zweiten Trainer erstrahlt es dagegen in satten Farben. Das Tool selber ist daran nicht schuld: Kommen die Methoden nicht von mir, wirken sie manchmal einfach nicht überzeugend. Viele gescheiterte Workshops setzten auf Übungen und Modelle, die bei anderen Trainern und Moderatoren Begeisterung auslösten. Übernehmen Sie in der Konzeptionsphase nicht einfach aus Druck, Gedankenlosigkeit oder Faulheit von anderen oder aus Büchern gut klingende Methoden. Nur wenn Tools von Ihnen verinnerlicht sind, entfalten sie ihre Wirkung.

Bestimmen Sie das „Drumherum" stark mit

Zur erfolgreichen Veranstaltung gehören auch die gesamten Rahmenbedingungen in der Organisation zur Zeit Ihrer Veranstaltung (Krise? Messe? Branchensaison? Fußball-WM?), die Anfahrt, die Einladungsschreiben, die anwesenden Gäste etc. Erfragen und gestalten Sie in Ihrem eigenen Interesse diese Rahmenbedingungen aktiv. Wir sollten auch für jede wichtige Region einige Seminarhäuser und Hotels parat haben. Falls wir merken, dass sich unser Auftraggeber hier schwertut oder dafür kein Händchen hat – wir helfen gerne.

Plan B erarbeiten

Die bekannte Szenario-Technik ist brillant, hat aber den Nachteil, dass ein Teil meiner Arbeit garantiert für die Mülltonne war. Welches Szenario eintritt, wissen wir eben nicht. Wir waren aber auf drei verschiedene Situationen bis ins Detail vorbereitet. Je größer und anspruchsvoller eine Veranstaltung ist, desto eher spielen wir

Eventualitäten schon in der Konzeption durch. Unsere Wenn-dann-Konzeptionen vermeiden viele Workshop-Schwierigkeiten. Bei vielen Veranstaltungen planen wir mindestens für die doppelte Durchführungszeit Übungen und Reflexionen ein. Es ist immer wieder eine Überraschung, was dann wirklich gebraucht wird. Machen Sie sich die Mühe – es ist ein so entspannendes Gefühl, bei aufkommenden Problemen mitten im Workshop ein unpassendes Tool einfach durch ein anderes ersetzen zu können.

Dem Auftraggeber klare Hausaufgaben geben

Jeder macht seinen Teil und am Ende ist es ein gemeinsamer Erfolg für Trainer und Auftraggeber. Teilen Sie sich die Arbeit in der Konzeptionsphase sauber auf und machen Sie nicht alles alleine. Viele Dinge gehören vom Auftraggeber geklärt und er kann sie oft auch mit weniger Aufwand erledigen. Nennen Sie Ihre Wünsche dazu klar und deutlich. Kontrollieren Sie den Auftraggeber auch, ob er seine Hausaufgaben der Vorbereitung erledigt hat. Lassen Sie sich z.B. immer in alle Mails an die späteren Teilnehmer in cc setzen, so verfolgen Sie die Vorbereitung Ihres Auftraggebers und können noch eingreifen.

Auf die Zielsetzung konzentrieren

Sammeln Sie nicht schöne Tools und Übungen für Ihre Veranstaltung, getreu dem Motto: *„Ja, das ist immer wieder eine tolle Sache!"* Zielsetzung bestimmt Methode. Konzentrieren Sie sich in der Konzeption voll auf die Ziele des Veranstaltungsabschnitts und erarbeiten Sie daraus die passenden Methoden, die dann automatisch maximal zielführend sind. Der rote Faden der Veranstaltung bleibt so erhalten.

Ein Pilot hilft immer

Manche Workshop-Konzepte werden für mehrere Gruppen konzipiert oder haben mehrere Module. Sind schwierige Situationen zu befürchten, macht ein vorgeschalteter Pilot als Tester sehr viel Sinn. Die Zeit zwischen dem vorgeschalteten Pilot-Workshop und der zweiten Durchführung wird hier also von vorneherein als Planungsmittel für die Überarbeitung der Konzeption genutzt. Entweder ist die erste Gruppe in all ihren Modulen die Pilotgruppe, oder nur eine erste Durchführung des jeweiligen Moduls ist als Pilot geplant. Beeinflussen Sie die Zusammensetzung Ihres Testpiloten stark. Wählen Sie auch eine kleinere, einfachere Gruppengröße. Sagen Sie der anwesenden Gruppe ganz offen, dass sie die Pilotgruppe ist. Diese ersten Teilnehmer sind besonders wichtig als Feedbackquelle und dürfen auch alle Methoden kritisch hinterfragen. Behandeln Sie sie wie Kollegen und Workshop-Experten.

Ist der Pilot gelaufen, haben wir die längere Zeit der Unterbrechung bis zur nächsten Durchführung ganz auf unserer Seite. Die Version 2.0 wird einfach eine Klasse ausgereifter.

Peter Flume: Stärkste Herausforderung und Profitipp

Was war Ihr persönlich größter Trainings-Flop?
Gemeinsam mit meinen Schauspielern habe ich vor einigen Jahren für ein Krankenhaus ein Unternehmenstheater zur Verbesserung der internen und externen Kommunikation vorbereitet. Am Montag fand die Generalprobe in München statt, am Dienstag sollte die erste Aufführung sein, am Mittwoch die zweite. Erwartet wurden jeweils rund 300 Teilnehmer. Als wir am Montag gegen 16.00 Uhr mit der Probe fertig waren und unsere Mobiltelefone einschalteten, waren bereits panische Nachrichten des Auftraggebers auf der Box: Wo bleiben Sie denn, der Saal ist voll! Die Einzigen, die fehlen sind Sie!

Wie konnte es dazu kommen?
Die Projektgruppe des Krankenhauses und die externen Berater hatten in einer Projektsitzung beschlossen, dass es sinnvoller wäre, die Veranstaltungen auf Wochenbeginn, also Montag/Dienstag zu verlegen. Leider haben sie vergessen, uns davon zu informieren.

Wie haben Sie die Kurve gekriegt?
An diesem Abend gar nicht. Der Auftraggeber vor Ort hat spontan zum Dialog der Teilnehmer übergeleitet und anschließend den geplanten geselligen Teil vorgezogen. Nach unserer Ankunft vor Ort haben wir dann gemeinsam beschlossen, den Dienstag wie geplant durchzuführen und am Mittwoch mit einer verkleinerten Teilnehmergruppe den Montag nachzuholen. Die vollständige Montagsgruppe ließ sich leider aufgrund der Dienstpläne nicht mehr aktivieren.

Was ist Ihre tiefste Lernerfahrung daraus?
Man kann noch so gut planen, aber es läuft doch etwas anders als gedacht. Doch egal wie es läuft, es lässt sich immer ein Weg finden, aus der Situation noch etwas zu machen.

Was machen Sie nie mehr?
Darauf vertrauen, dass Verabredungen, die ein halbes Jahr zuvor getroffen wurden, noch immer aktuell sind. Die Überprüfung der Absprache muss obligatorisch sein.

Der Profitipp: Mein persönlicher Lieblingshelfer in schwierigen Workshop-Situationen ist: Wie im Improvisationstheater handeln: „Ja, genau" zur Situation sagen und dann mit dem arbeiten, was vorhanden ist.

Peter Flume ist Rhetorik- und Kommunikationstrainer aus Nürtingen. Er bietet unter dem Namen RhetoFlu neben Trainings auch die Begleitung von Change-Prozessen mit Unternehmenstheater an.

Phase 4: In der Startphase der Veranstaltung

Kommen Sie (noch) früher

Je schwieriger der Workshop, desto früher sind wir da. Manchmal sind drei bis vier Stunden Vorlauf noch zu knapp, um mit dem Hotel alle Details zu prüfen, den Raum perfekt vorzubereiten, mental zur Ruhe zu kommen und mit dem Auftraggeber eine kleine Generalprobe der Dramaturgie durchzuspielen. Helmut Kohl als Veranstaltungsprofi wusste genau, warum er bereits am Vorabend eines Parteitages den Raum und den Ablauf so genau durchging.

Sichern Sie sich Ihren Lieblingsplatz

Wenn es turbulent wird, ist es zu spät, sich den stabilsten Platz zu suchen. Wählen Sie gleich zu Beginn den für Sie optimalen Sitzplatz aus, vielleicht sogar gleich mehrere. Belegen Sie ihn mit „Handtüchern". Ihr Schreibblock und Ihr Namensschild demonstrieren den eintreffenden Teilnehmern eindeutig: *„Hier möchte ich sitzen!"* Verteidigen Sie diesen optimalen Platz freundlich, aber bestimmt, sollte er von einem Teilnehmer belegt werden.

Der erste Eindruck – in Sekunden gewinnen oder verlieren

„You never get a second chance for a first impression."

Sie alle kennen folgende Situation: Sie sind auf einer Party eingeladen und betreten einen Raum mit vielen fremden Leuten. Nach nur wenigen Augenblicken sind Ihnen bestimmte Personen sympathisch und andere bemerken Sie erst gar nicht richtig.

Auch im größten Trubel ist unsere Beurteilungsmaschinerie immer aktiv. In dem Augenblick, in dem Sie die Partygäste zum ersten Mal sehen, sind 100 Milliarden Nervenzellen aktiv. Schon ein einziges Signal, wie zum Beispiel ein spitzes Kichern, ein unsicherer Blickkontakt, eine arrogante Macho-Pose, drängen uns dazu, die betreffende Person danach zu beurteilen.

Der viel zitierte erste Eindruck entsteht übrigens zwischen sagenhaften 150 Millisekunden und 90 Sekunden. Und dieser erste Eindruck ist entscheidend. Denn wer als sympathisch eingestuft wird, dem wird gleichzeitig Kompetenz zugeschrieben. Wer im ersten Moment unsympathisch wirkt, dem wird nicht selten Inkompetenz unterstellt und er muss viele Argumente liefern, um sein Können zu beweisen.

Auch wenn es niemand gern zugibt, wir beurteilen andere Menschen zuerst nach dem Aussehen, dann nach ihrer Ausstrahlung und Haltung. Worte spielen in den ersten Sekunden eine untergeordnete Rolle.

Was heißt das jetzt für uns Trainer und Moderatoren? Planen Sie die Wirkung des ersten Eindrucks bewusst ein. Viele spätere Angriffe und Animositäten lassen sich durch diesen Vorschusskredit leicht vorbeugend verhindern. *„Ich mochte den Typ von Anfang an nicht…",* hören wir oft, wenn der Workshop eskaliert ist.

Seien Sie mit Ihren Vorbereitungen so früh fertig, das Sie beim ersten Kontakt mit jedem Teilnehmer wirklich hundertprozentig präsent sind, Ihr bestes Lächeln zeigen können und mit einem gewinnenden Händedruck überzeugen. Es gibt fast immer die Möglichkeit, eine persönliche Frage zu stellen (Nähe erzeugen) oder Humor zu zeigen (ein sicheres Zeichen von hochenergetischen Menschen). Wenige Sätze entspannten Small Talks signalisieren dem Teilnehmer bereits – alles o.k., das wird eine runde Sache, du kannst dich fallen lassen, der Trainer ist in Ordnung.

Vielleicht ist dies auch der Grund, warum viele Trainer und Moderatoren so viel Wert auf Sport und einen attraktiven Körper und eine gepflegte Frisur legen. Auch die Kleidung wird nicht dem Zufall überlassen und ist dem Niveau der Teilnehmer jeweils angemessen. Das Investment lohnt sich genau für diesen ersten Augenblick.

Planen Sie Ihren ersten Schritt minutiös

Ein Training hat die Dramaturgie einer guten Oper: Nach einem fulminanten Start (die Ouvertüre) darf die Mitte ein paar Längen haben. Hauptsache der Schluss ist wieder stark! Planen Sie also Ihren Einstieg minutiös durch und lassen Sie sich von nichts dabei ablenken. Der Start muss sitzen, sonst werden die Löwen auf ihren Plätzen schnell nervös und nehmen die Fährte nach Frischfleisch auf. Beginnen Sie z.B. mit einem kraftvollen Eingangsstatement.

Humor von Anfang an

Eigentlich gibt es heute gar nichts zu lachen bei Ihrem schweren Workshop-Thema „Stressmanagement für Überlastete" oder „Wie kommen wir durch die Krise"? Weit gefehlt! Wir haben immer etwas zu lachen und zwar von Anfang an. Überlegen Sie sich einen atmosphärischen und humorvollen Eisbrecher, der sofort die Stimmung in Richtung zu etwas Besonderem dreht. Das muss kein toller Witz sein. Verulken Sie lieber sich selbst, eine kleine Situation am Morgen, das Thema oder auch die Gruppe. An diesem Einstieg orientiert sich sofort die ganze Gruppe und der weitere Verlauf der Veranstaltung.

Löse die Probleme, bevor sie entstehen: Spielregeln im Workshop

Spielregeln sind ein unverzichtbares Instrument für erwartbar schwierige Workshops. Diese praktische Lebensversicherung für Trainer und Moderatoren wird leider gerne ausgelassen, was sich später rächen wird, wenn es leider zu spät ist. Welche typischen Spielregeln lassen sich am Anfang eines Workshops klären?

Hier eine Liste typischer Spielregeln für Workshops, die häufig am Flipchart über die gesamte Dauer der Veranstaltung präsent gehalten werden:

Typische Spielregeln für Workshops

- Seien Sie Ihr eigener Chairman.
- Respekt vor den anderen.
- Seien Sie authentisch in Ihrem Auftreten.
- Überlegen Sie vorher, was Sie sagen und tun.
- Störungen haben Vorrang – bitte gleich ansprechen.
- Pünktlichkeit bei Pausen und Gruppenarbeiten.
- Mobiltelefone bitte aus.
- Schweigen bedeutet Zustimmung.
- Jeder ist für seinen Lernerfolg selbst verantwortlich.
- Jeder spricht für sich.
- Andere ausreden lassen.
- Beachtung der Feedback-Regeln (sofern erläutert).
- Alles bleibt hier im Raum – Vertraulichkeit (gilt auch für den Moderator).
- Jeder geht so weit er mag – Freiwilligkeit gilt für jede Aktion.
- Erst ausprobieren, dann bewerten – mitmachen und sich aktiv einbringen.

Wählen Sie aus diesen Beispielen die für den einzelnen Workshop passenden Spielregeln aus oder entwickeln Sie weitere je nach Situation. Stellen Sie sie vor der Gruppe zum Beginn des Workshops kurz vor und holen Sie sich von jedem (!) Teilnehmer die Zustimmung ab. Auch wenn dies eine Minute kostet, gönnen Sie sich diese Zeit. Es reicht bei potenziell kniffligen Workshops nicht, pauschal in die Runde zu fragen: *„Ist das o.k. so für alle?"* Schauen Sie jedem Teilnehmer kurz in die Augen, machen Sie mit einer ausgestreckten Handgeste demonstrativ die Runde und holen Sie sich zumindest ein schnelles Kopfnicken von jedem ab. Das ist unsere Lebensversicherung, wenn es später mal eng wird – das können wir in der Sturmphase nicht mehr nachholen.

Je mehr Gruppendynamik zu erwarten ist, desto gründlicher klären wir die Spielregeln.

In besonders anspruchsvollen Fällen nehmen wir uns sogar die Zeit, die passenden Spielregeln komplett neu mit der Gruppe zu erarbeiten und dann zu beschließen. Die aktive Einforderung der Spielregeln in der Sturmphase finden Sie in der Phase 7 „Der ersten Welle begegnen".

Freiwilligkeit herstellen – auch, wo scheinbar keine ist

„Jeder erwachsene Mensch kann entscheiden, wo er heute für die Organisation am effektivsten ist. Motivation entsteht immer erst aus einer eigenen Entscheidung."
Holger Sobanski

„Da, wo du bist, willst du sein. Alles andere war dir in deinen Vorstellungen bisher zu teuer.“
Jens Corssen

Ich erinnere mich noch sehr lebhaft an einen Changemanagement-Lehrgang für die Chefs einer internationalen Möbelhauskette. Alle Chefs der Möbelhäuser wurden in Gruppen eingeteilt und mussten die mehrmodulige Ausbildung als Pflichtveranstaltung besuchen. In jeder Gruppe tauchte im ersten Modul mindestens ein Teilnehmer auf, der lieber dringende Aufgaben in seinem Haus gemacht hätte, als hier in diesem Workshop zu sitzen. Dafür habe ich vollstes Verständnis!

Meine Grundregel: Stelle immer Freiwilligkeit her, auch wenn diese formal scheinbar nicht besteht. Ganz ohne sauer zu sein, bitte ich zum Start jeden Teilnehmer, für sich zu entscheiden, wo er heute für seine Organisation am wirksamsten ist. Das muss nicht in unserem Workshop sein.

Die Möbelhauschefs habe ich geradezu aufgefordert, sich genau zu überlegen, ob die Teilnahme hier wirklich für sie sinnvoll ist. *„Es ist für mich auch gar nicht tragisch, wenn alle abreisen oder wenn nur ein einzelner Kollege bleibt. Dann machen wir eben ein Einzeltraining.“* Meistens fragt dann ein schwankender Teilnehmer, wie ich mit der formalen Pflichtteilnahme umgehe. Das Verlassen des Workshops ist für mich eine gute Entscheidung und wird dann auch dem Auftraggeber gegenüber von mir positiv vertreten. Allerdings kann jeder erwachsene Mensch auch mit den Konsequenzen seiner Entscheidung leben: Den Grund der Abreise wird der Teilnehmer seinem Vorgesetzten oder der Personalabteilung auch noch einmal selbst auseinandersetzen müssen. Und wir tricksen natürlich nicht bei der Anwesenheitsliste, sondern stehen ehrlich dazu. Tatsächlich sind dann mehrere Möbelhauschefs entspannt abgereist. Viele haben sich aber dafür entschieden, zu bleiben und haben dann auch sehr konstruktiv mitgemacht.

Psychologen wissen es ja ohnehin: Echte Motivation entsteht eben nur, wenn ich eine wirkliche Wahl – eine Ent-Scheidung – treffen kann. Also lassen Sie die Teilnehmer eine erwachsene Entscheidung treffen und holen Sie sie aus ihrer Ohn-Macht heraus in die Voll-Macht. So sichern Sie sich eine konstruktive Atmosphäre für die gesamte Veranstaltung.

Vertraulichkeit besonders sichern

Neben der Freiwilligkeit gehört auch der Vertraulichkeit besondere Beachtung. Dass nichts aus dem Raum an Unbeteiligte dringt, ist natürlich eine der typischen Spielregeln eines Workshops. In der Praxis werden wir es aber leider kaum kontrollieren können. In vielen Workshops warten die Teilnehmer förmlich darauf, dass der Moderator die besondere Vertraulichkeitslage zwischen den Beteiligten präzise klärt. Dies gilt besonders für Teamentwicklungen und Prozessmoderationen, bei denen viele Hierarchieebenen und Bereiche beteiligt sind. Am besten haben wir dieses Thema routinemäßig in der Auftragsklärung abgeklopft. Falls nicht, haben wir nun die letzte Chance, es nachzuholen. Nehmen Sie sich ausreichend Zeit dafür. Erst dadurch lösen manche Teilnehmer ihre innere Handbremse und sind bereit, sich auf die Veranstaltung einzulassen.

Ehren Sie die Bosse und Gäste

In Workshops sind ja häufig nicht nur die „normalen" Teilnehmer, sondern auch die Vorgesetzten, Auftraggeber oder Gäste aus der Geschäftsleitung vertreten. Gerade die Vorgesetzten lassen einen Moderator und Trainer gerne mit einem „Vertrauensvorschuss" antreten, setzen sich demonstrativ in die Mitte der Teilnehmer und zeigen: *Ich bin einer von euch.*" Sie wollen dann höchstens ein kurzes Grußwort geben (*„Schön, dass Sie alle da sind, ich will jetzt gar nicht viel unserer wertvollen Workshop-Zeit verlieren, Herr Tuwas als unser Moderator übernimmt am besten gleich – legen Sie los, ich bin gespannt, was Sie so mit uns vorhaben, uns allen viel Erfolg!"*). Wenn jetzt etwas unrund läuft, kann der Vorgesetzte beliebig zuschauen, überrascht eingreifen und immer für die Gruppe sprechen (*„Herr Tuwas, ich glaube, das kommt jetzt nicht so gut an bei meinen Leuten. Wir sollten das Thema jetzt wirklich wechseln …"*). Der Depp ist auf jeden Fall schnell der Moderator und Trainer.

Sorgen Sie also selbst dafür, dass die Vorgesetzten und Gäste in der Startphase einen großen Raum einnehmen. Nehmen Sie sie vor der Veranstaltung nochmal kurz zur Seite und besprechen Sie Ihren Auftritt. Seien Sie sich auch nie sicher, dass vorherige Absprachen eingehalten werden. Oft wird weniger verbindlich vorbereitet, als zuvor besprochen: *„Hatten wir das wirklich so besprochen, dass ich eine Einstiegspräsentation zur aktuellen Lage gebe? Ich dachte, ich sage ein paar Sätze dazu und übergebe dann direkt an Sie."*

Sollte Ihnen so etwas passieren, improvisieren Sie ein längeres Interview mit den Vorgesetzten und Gästen. Stellen Sie genau und direkt die kritischen Fragen, die den Teilnehmern im Kopf herumgehen:

„Herr Dr. Müller, das ist ja jetzt schon der dritte Klärungsversuch Ihres Bereichs zu diesem Thema in einem Jahr. Wie wollen Sie denn diesen Workshop gestalten, damit es diesmal klappt?" / *„Herr Dr. Lüdenscheid, wie gehen Sie denn vor, wenn wir hier nicht genug neue Ideen produzieren?"* / *„Herr Geheimrat Sagnix, mal ganz ehrlich – gibt es schon Planungen über diesen Workshop hinaus?"*

Die Teilnehmer werden sehr interessiert zuhören. Sie als Moderator und Trainer haben schon durch die Qualität Ihrer Fragen gewonnen und werden später jederzeit den anwesenden Hierarchen zur Problemlösung einsetzen können.

Die Egos von Vorgesetzten und hochrangigen Gästen sind über Jahre in führenden Positionen normalerweise gut gepflegt und selten reflektiert. Auch wenn dies niemand gerne zugeben kann und will. Diese blinden Flecken sollten wir nicht übersehen in der Startphase. Auch wenn der Hierarch scheinbar gönnerhaft suggeriert, *„Ich bin wie jeder andere hier"*, gehen Sie lieber davon aus, dass er innerlich anders denkt.

Geben Sie den Hierarchen ungefragt extra Raum für ihre Darstellung und ehren Sie ihre Anwesenheit explizit. Ein hungriges Ego bekommt dann gleich zu Beginn sein Futter als Vorratspackung und braucht es nicht später destruktiv-unbewusst in einer schwierigeren Workshop-Phase auf Ihre Kosten zu nähren. Im Gegenteil, ein satt-zufriedenes Ego stellt sich später, wenn es eng wird, viel eher in den Dienst Ihrer Sache.

Klären Sie die Stimmung gleich zu Beginn

Machen Sie den Deckel gleich in der Startphase der Veranstaltung auf, damit sich nicht eventuell vorhandener Druck wie in einem Schnellkochtopf immer weiter aufbaut. Gerade bei aufgestauter Wut gilt: Dampf ablassen gleich zu Beginn erlauben! Diese Wutwelle wird sich dann schon nach einer recht kurzen Zeit – meistens schon nach zehn bis 20 Minuten – legen. Erst dann gehen wir zum geplanten Thema über.

Dazu reicht manchmal ein Zeitfenster von ein paar Minuten (*„Wie geht's? Gibt es etwas, was ich wissen sollte, bevor wir loslegen?"*) bis zu einer Stunde, die so gar nicht eingeplant war. Hauptsache, alle kommen zu Wort, insbesondere diejenigen, die sich auf eine zunächst beobachtende Rolle eingerichtet hatten.

Einfache Mittel sind:
- Ein vorgemaltes Blitzlicht-Flip, auf dem zu kritischen Fragen Abstimmungsbalken eingetragen sind (*„Ihre Stimmung zum Thema von ‚das wird wieder nichts' bis ‚bin fest überzeugt, das wird klappen'"* usw.). Jeder Teilnehmer markiert vor der Gruppe mit einem Edding seine Position zu jeder Frage. Lassen Sie die Teilnehmer ihre Markierungen noch am Platz gedanklich fixieren und lassen Sie dann alle gleichzeitig nach vorne kommen und sich am Flip tummeln. Diese Nähe ist gewollter Nebeneffekt. Nur in besonders kritischen Ausnahmefällen brauchen wir eine vertrauliche, einzelne „Urnenabstimmung" mit umgedrehtem Flipchart.
- Nutzen Sie den eventuell leeren Raum für Aufstellungen: *„Darf ich Sie alle einmal bitten, kurz aufzustehen? (kurz warten, bis alle stehen). Danke! Nutzen wir doch einmal diesen großen Seminarraum hier. Stellen wir uns hier eine imaginäre Linie vor. Wer würde eher an dem Ende stehen ‚Ja, ich bin fit und munter und freue mich riesig auf das Thema heute' und wer würde eher am entgegengesetzten Ende stehen ‚Ich würde heute am liebsten etwas anderes machen, bin auch nicht fit und munter'? Finden Sie im Austausch mit Ihren Kollegen einmal Ihren Platz irgendwo auf dieser gedachten Linie."* Stellen Sie durchaus vier bis fünf solcher Fragen, die aus der Reserve locken. Lassen Sie zum Schluss auch noch die Teilnehmer Aufstellungsfragen stellen.
- Kombinieren Sie die Vorstellungsrunde jedes Einzelnen mit zwei bis drei präzisen Fragen (wörtlich am Flipchart bereithalten!), die auf die Stimmung und die Haltung zum Workshop zielen.

Fassen Sie dann die aufgenommene Stimmung kurz zusammen und erklären Sie, wie Sie jetzt in Ihrem Workshop-Konzept darauf reagieren. Verwerfen Sie lieber erkennbar größere, jetzt unpassend gewordene Vorgehensweisen, statt einfach am geplanten Ablauf festzuhalten (*„Ja, vielen Dank, da ist ja richtig Druck in Ihrer Runde, wir kommen jetzt wieder zum geplanten Ablauf für heute"*).

Gehen Sie auf Distanz zu sich und Ihrem Konzept

Die Teilnehmer erwarten meistens, dass ein Trainer und Moderator sich und sein Konzept positiv verkaufen muss. Wenn es nicht passt, erwarten die Teilnehmer Rechtfertigung und Verteidigung. Die Teilnehmer sitzen ja ohnehin wie Opernkritiker in der ersten Reihe und bilden sich dann ihr eigenes (kritisches) Urteil.

Probieren Sie einmal das Gegenteil: Gehen Sie selbst von Anfang an in eine scheinbar kritische Distanz zu sich, zum eigenen Workshop-Thema, dem gewählten Workshop-Ansatz und zum Auftraggeber. Das klingt dann vielleicht so: *„Ich war erst skeptisch, ob ein Workshop mit der ganzen Projektgruppe überhaupt Sinn macht. Da kann sich jeder ja nur einbringen, wenn die Kleingruppenarbeiten wirklich intensiv sind. Aber das werden wir ja heute Abend wissen."* / *„Ich bin eigentlich gar kein Experte für das Thema Projektmanagement und wollte daher Ihrem Chef eher einen Fachkollegen empfehlen. Ich kann nur moderierend unterstützen und freche Fragen stellen."* / *„Wir haben bei solch einem Thema eher zwei verschiedene Basisansätze, wie wir den Workshop aufziehen. Die hier nicht gewählte Variante B hat den Vorteil … Schauen wir mal, ob die Vorteile für A hier heute wirklich zum Tragen kommen."* Nun werden eher die Teilnehmer die Gegenrolle einnehmen!

Die Belohnung für diese entspannte Selbstkritik ist groß: Die Teilnehmer lassen sich stärker experimentell auf die Methoden ein, sie verlieren die Scheu, methodisch kritische Anmerkungen zu machen und erkennen die entspannte Souveränität des Trainers und Moderators an. Sie können dann auch leichter in die Metaebene wechseln und den gesamten Workshop widerspiegeln, wenn eine kritische Stimmung aufkommt.

Einwände schon entkräften, bevor sie kommen

Sammeln Sie bereits im Vorfeld alle nur denkbaren Einwände gegen Ihr Thema und sortieren Sie die wichtigsten heraus. Finden Sie nun die besten Argumente für jeden der Einwände. Nutzen Sie die einfache Prolepse-Technik der alten Griechen (siehe Kap. 8.8).

Noch wirkungsvoller ist es, die kritischsten Einwände – besonders solche, die sich die Teilnehmer gar nicht gleich zu sagen trauen – an einem Flipchart zu visualisieren. Wir verwenden dazu gerne Sprechblasen, in die jeweils ein Einwand geschrieben wird, und damit eröffnen wir den Workshop. Die Überschrift des Flipcharts heißt bewusst, *„Berechtigte Einwände gegen …"*, um zu zeigen, dass wir die Einwände wirklich nachvollziehen können. Nachdem wir alle durchgegangen sind, fragen wir die Gruppe, welchen der Einwände sie bei ihren Kollegen (noch nicht bei sich selbst!) besonders oft hört.

Sie können auch jederzeit die Gruppe bitten, die möglichen Einwände gegen ein Thema zu sammeln. Lassen Sie z.B. in Kleingruppen jeweils eine Liste der wichtigsten Einwände gegen das Thema sammeln und führen Sie die Teilergebnisse im Plenum zusammen. Gerade die kritischen Vertreter sind bei kaum einer Gruppenarbeit aktiver als bei dieser Übung!

Phase 5: Der Vulkan beginnt zu brodeln

Selten platzen Probleme in Workshops plötzlich auf. Eine interessante Phase ist das ganz leise, für Außenstehende kaum wahrnehmbare Ansteigen der Gruppendynamik oder dramaturgischer Probleme. Nun gilt es, akute Schwierigkeiten in Erfolge zu wandeln.

Wenn der Vulkan zu brodeln beginnt, heißt es, so schnell wie möglich die schwachen Signale richtig zu deuten. Hier ist es gut, wenn wir die typischen Schutz- und Bewältigungsmechanismen von Teilnehmern kennen. Ein Lernprozess kann recht schmerzhaft sein: *„Hilfe – ich muss lernen!"* (zu Lernwiderständen siehe auch Kap. 3.6). Mit Abwehrmechanismen schützen wir uns vor unliebsamen Angriffen oder Veränderungsimpulsen. Für die Gruppendynamik sind sie deshalb so wichtig, weil ihr Auftreten darauf schließen lässt, dass die Identität einzelner Teilnehmer nun gefährdet ist und sie sich gegen diese Gefährdung wehren.

Lösung im Workshop:
- Es geht darum, die Abwehrprozesse zu erkennen, sie anzunehmen und angemessen zu berücksichtigen (nicht: sie zu unterdrücken!).
- Der Trainer zeigt Wege auf, wie die Teilnehmer ihre „Burg" verlassen können, um wieder lernfähig zu werden. Häufig reicht die einfache Frage: *„Was kann ich für Sie tun, damit Sie leichter an die Aufgabe herankommen?"*

Vier für unsere Erziehungskultur typische Schutz- und Bewältigungsmechanismen treten auf:

1. Sich an eine Autorität binden/anlehnen (Schutz suchen, z.B. beim Trainer, bei einem starken Teilnehmer)
   Lösung: Jeder spricht für sich. Einzelne Teilnehmer direkt ansprechen. Gleichmäßigen Kontakt suchen.
2. Kampf gegen den Trainer, Teilnehmer oder das Thema (Aggression)
   Lösung: Pingpong-Schlachten vermeiden. Spielregeln und Feedback-Regeln durchsetzen. Raum geben, Ansprüche kurzzeitig etwas drosseln. Lockerungen einbauen. Freiwilligkeit betonen. Positive Erfolgsbeispiele nennen, Mut machen.

3. **Flucht aus der Gruppe oder vor der Aufgabe** (verdrängen/vermeiden; abwarten, früher gehen, Passivität / Rückzug auf das Beobachten)
   Lösung: Mehr aktivierende – auch einfachere – Übungen einbauen. Pausengespräche suchen. Direkt wertschätzend ansprechen. Raum geben und keinen überhöhten Druck aufbauen.
4. **Paarbildung/Cliquenbildung** (Solidarisierung, immer die gleichen Lernteams in der Gruppe, *„Wir sind der Meinung, dass …"*)
   Lösung: Durch Zufallsprinzip Kleingruppen immer wieder neu zusammensetzen. Einzelmeinungen von jedem abholen. Sitzordnung bewusst häufig verändern. Öfters auch Einzelarbeiten ermöglichen.

Es wäre nicht „normal", wenn Veränderungsprozesse ohne Abwehr akzeptiert und realisiert würden!

Sollten wir es also mit einer – oder meist mehreren – dieser vier Reaktionen zu tun haben, sollten wir es nicht zu persönlich nehmen. Ich fand es auch schon hilfreich, diese vier Muster gleich zu Beginn am Flipchart zu zeigen. Die Gruppe konnte später sogar mit Humor die eigenen erkannten Bewältigungsmuster ansprechen.

Immer hilfreich ist es, durch aktives Nachfragen mehr über die tatsächliche Situation zu erfahren. Wir wollen einfach mehr Informationen erhalten und mit offenen Fragen ein besseres Verständnis für die Gemütslage der Teilnehmer bekommen. Im Wir-Modus können wir dann auch gemeinsam neue Lösungen erarbeiten. Dabei kommt es darauf an, sich mit eigenen Statements und Wertungen sehr zurückzuhalten. Gute öffnende Fragen sind beispielsweise:
- Gibt es ein Problem, das wir hier besprechen sollten?
- Was ist denn der Hintergrund, dass Sie früher gehen müssen?
- Wie wollen wir jetzt mit den anstehenden Übungen am Nachmittag umgehen?
- Wie wollen wir jetzt die Pausen regeln?
- Welche bisherigen Erfahrungen haben Sie mit ähnlichen Übungen?
- Sind Sie zufrieden mit meinem bisherigen Trainingsstil, oder soll ich etwas ändern?

Weitere Möglichkeiten in der „Brodelphase":
- In der brodelnden Phase lohnt es sich auch, die Interventionsebene zwischen Aufgabe, Ablauf und Atmosphäre zu wechseln (siehe Triple A in Kap. 8.6).
- Wechseln Sie unmerklich die Reihenfolge der Inhalte und bauen Sie einen „Kracher" ein, der sicher gelingt und die Stimmung nach vorne zieht.
- Stoppen Sie alle Inhalte und bauen Sie eine kurze Blitzlichtrunde ein (*„Ich würde jetzt nach gefühlter Halbzeit gerne mal kurz sehen, wo wir gerade stehen. Wenn jeder bitte kurz in ein, zwei Sätzen sagt, wie es ihm mit unserem Workshop bis jetzt geht."*).

- **Fassen Sie den bisherigen (Stimmungs-)Verlauf aus Ihrer Sicht zusammen** und geben Sie eine Vermutung, wie sich die Stimmung weiterentwickeln wird. Sie können die Stimmungskurve als Gedankenstütze verwenden (siehe Kap. 8.2). Nehmen Sie dann Feedback auf.
- **Gewinnen Sie kurzfristig ein paar Minuten Zeit für Beobachtung:** Setzen Sie sich z.B. mehr auf Ihren Stuhl, statt pausenlos im Präsentiermodus Inhalte durchziehen zu wollen. Beobachten Sie, hören Sie zu, geben Sie kurze Reflexionsaufgaben mit dem jeweiligen Sitznachbarn. Bitten Sie den Auftraggeber um ein längeres Statement.

Phase 6: Die Störung ist heiß – Der „Notfall-Schaltplan"

Thomas Rößle

Nun gilt es, der hohen Welle aktiv zu begegnen. Fünf Schritte gehören im Notfall-Schaltplan zum erfolgreichen Handeln:

Schritt 1: Ignorieren Sie die Situation

Die Teilnehmer bringen ihren Unmut oft in unterschiedlichen Intensitätsgraden zum Ausdruck. Bei der ersten wahrnehmbaren Rückkopplung zu einer Situation oder der ersten spürbaren Störung ist es nicht immer notwendig, sofort die „Retter-Nummer" durchzuführen. Beobachten Sie, was passiert und halten Sie die Situation für einen kurzen Moment aus. Es ist oft so, dass Sie damit genau richtig reagieren und einen Sachverhalt nicht unnötig aufkochen.

Beispiel: Es ist noch keine 30 Minuten her, dass Sie gemeinsam mit der Gruppe über die Spielregeln, was das Telefonieren im Seminarraum angeht, gesprochen haben. Und was passiert? Das erste Handy klingelt, leider so laut, dass es die anderen Teilnehmer in der Gruppe stört. Sie sehen die ersten Augen rollen und die eindeutige Mimik einzelner Personen. Meist reichen genau diese sichtbaren Reaktionen aus, um die Situation zu klären und dafür zu sorgen, dass so schnell kein Telefon mehr „bimmelt". Daher der klare Tipp: nicht kommentieren und abwarten. Wenn es mit dem Klingeln nicht aufhört, können Sie immer noch einen Schritt weitergehen.

Schritt 2: Zeigen Sie, dass Sie die Störung erkannt haben

Halten die Störungen weiter an? Nun ist es an der Zeit zu reagieren – aber bitte zunächst verhalten. Zeigen Sie, dass Sie erkennen, was passiert! Das geht oft mit ganz einfachen Mitteln, z.B. einem einfachen Nicken mit dem Kopf in Richtung der irritierten Augen eines Teilnehmers. Es geht in erster Linie um ein Zeichen, das Sie setzen und damit Ihrer Rolle gerecht werden. Die Teilnehmer erwarten von Ihnen, dass Sie den Mut haben, das, was in der Gruppe passiert, zu erkennen und zu spiegeln.

Beispiel: Das Telefon eines Teilnehmers klingelt erneut. Und nicht nur das, der Teilnehmer nimmt das Gespräch an und verlässt redend den Seminarraum. Suchen Sie Blickkontakt zu dem Störenfried und signalisieren Sie, ohne dabei wie ein Oberlehrer zu wirken, was Sie von der Aktion halten. Am einfachsten ist es, das meist entschuldigende Lächeln des Teilnehmers nicht zu erwidern. Das bekommt auch der Rest der Gruppe mit und erkennt damit auch, dass Sie die Situation erkannt haben.

Schritt 3: Reaktion mit Humor

Die erste Reaktion kann erst einmal ein „lockeres" Feedback sein. Setzen Sie nicht gleich alles auf eine Karte, zeigen Sie, dass Sie auch mit Humor ausgestattet sind und vertreiben Sie den aufkommenden Ärger mit einem humorvollen Spruch. Bitte versuchen Sie nicht, eine Comedy-Nummer aufzuführen. So authentisch wie möglich, ist hier die beste Dosierung.

Beispiel: Wenn der Teilnehmer wieder inklusive seines Handys in den Seminarraum zurückkehrt, ist das die beste Gelegenheit, einen lockeren Spruch zu machen. *„Die Empfangsblocker scheinen heute defekt zu sein"* oder *„Das Anrufaufkommen hat heute ja Ausmaße wie in einem Callcenter."* Die Teilnehmer werden kurz schmunzeln und dankbar dafür sein, dass es nicht gleich nach einer Maßregelung aussieht. Die Wirkung setzt dennoch sofort ein. Nicht selten, dass spätestens jetzt der letzte Teilnehmer nach seinem Telefon kramt und es auf lautlos umstellt.

Schritt 4: Arbeiten mit Spielregeln

In Phase 4, der Startphase der Veranstaltung, haben wir die Spielregeln festgeschrieben (siehe oben). Nun kommen sie zum Einsatz: So langsam wird es ernst, die Situation hat sich durch die ersten Interventionen noch nicht beruhigen lassen und ein Teil der Gruppe ist nun an dem Punkt, wichtige Spielregeln im Umgang mit den Kollegen und dem Trainer zu brechen. Seien Sie in erster Linie selbstsicher genug, die Spielregeln „spielen" zu können. Fordern Sie ein, wozu sich die Gruppe im ersten Teil des Seminars verabredet hat. Jetzt gilt es, genau zu beobachten und alle gleich zu behandeln. Wenn notwendig, bringen Sie die bereits fixierten Regeln wieder sichtbar zurück in die Gruppe oder vereinbaren Sie die Spielregeln jetzt, sollten Sie es bisher noch nicht gemacht haben.

Beispiel: Das Telefonieren geht weiter. Nicht nur ein einzelner Teilnehmer, sondern auch andere sind von diesem Virus betroffen und stören den Ablauf und die Konzentration der Gruppe erheblich. Jetzt ist es an der Zeit, zum Flipchart zu gehen und die bereits vereinbarten Spielregeln nochmal aufzudecken und die Einhaltung einzufordern oder gemeinsam mit der Gruppe Spielregeln zu vereinbaren, die ab jetzt gültig und einzuhalten sind.

Schritt 5: Spiegeln auf Metaebene

Es zeigt sich, dass die Situation nicht ohne eine noch deutlichere Intervention zu klären ist. Jetzt ist es an der Zeit, auf ein hilfreiches und effektives Tool zurückzugreifen. Spiegeln Sie die Situation so, dass jeder Teilnehmer seine Ebene verlässt und die Chance hat, zu erkennen, welcher Prozess gerade in der Gruppe stattfindet und welche Konsequenzen zu erwarten sind. Und so funktioniert es:

- Spiegeln der Situation über die eigene Wahrnehmung (*Mir fällt auf, dass ...*)
- Rückmeldung der persönlichen Wirkung (*Das macht mit mir ...*)
- Hinterfragen und Einladung zum Dialog (*Wie sollen wir damit umgehen?*)

Beispiel: Wenn, wie in unserem Fall, die bisherigen Werkzeuge nicht gegriffen haben und die Unruhe und das ständige Stören z.B. durch Telefonanrufe nicht abnimmt, können Sie davon ausgehen, dass in der Gruppe etwas vorherrscht, das die Teilnehmer beschäftigt. Getreu dem Motto „Störungen haben Vorrang" nutzen Sie jetzt die Möglichkeit der Metaebene. Diese Intervention ist die aus meiner Sicht stärkste Intervention und schafft Betroffenheit in der Gruppe. Dies zeigt positive Betroffenheit, denn sie führt zu einer Klärung des eigentlichen Problems.

„Mir fällt heute bei Ihnen auf, dass es deutlich unruhiger ist als beim letzten Mal. Häufig klingelt ein Telefon oder es verlässt jemand den Raum. Mir geht es damit nicht gut, denn ich kann nicht erkennen, was heute los ist." Setzen Sie nun direkt eine aktivierende Frage hinzu: *„Was beschäftigt Sie heute?"* oder *„Was können wir dafür tun, dass Ihre Aufmerksamkeit wieder hier im Seminarraum ist?"* Legen Sie in diesem Atemzug Ihre Arbeitsutensilien beiseite und decken Sie den letzten Flipchart ab. Das bündelt die Aufmerksamkeit in Richtung der Situation weg vom Thema.

Phase 7: Nach der ersten Welle ist vor der nächsten Welle

Wir haben die erste kritische Welle im Workshop überstanden und wollen am liebsten wieder zum ursprünglich geplanten Ablauf zurückkehren. Vorsicht: Gehen Sie jetzt nicht zur Tagesordnung über! In der vermeintlichen Beruhigungsphase glauben wir, die kritische Situation überstanden zu haben. Doch schon zwei Stunden später kann uns die zweite Welle mit noch größerer Wucht treffen. Gerade wenn die erste Welle nur dürftig bearbeitet oder „tabuisiert wurde", ist der zweite Angriff oft viel härter. Das passiert dann oft nach einer weiteren Übung, Pause oder nach dem Mittagessen.

Tu was – und zwar schnell und beherzt! In dieser ersten Beruhigungsphase sind wir also sehr aktiv und aufmerksam. Unsere Möglichkeiten:

- Systematisch Feedback einholen, auch in kürzeren Abständen.
- Seitengespräche nutzen, auch in Pausen und Kleingruppen-Übungen.

- Den Auftraggeber in einer Pause oder während einer Übung ansprechen, das weitere Vorgehen enger abstimmen.
- Wertschätzung für die Gruppe geben („*Es war jetzt wirklich gut, dass wir das Thema Vertraulichkeit heute Morgen so kontrovers diskutiert haben. Ich merke jetzt, dass es viel freier läuft. Vielen Dank nochmal dafür*").
- Mehr Plan-B-Überlegungen anstellen. Bereiten Sie sich bei jeder anstehenden Sequenz auf eine weitere Welle vor und halten Sie einen Plan B bereit.
- Moderieren Sie jede neue Aufgabe noch präziser an, z.B. im 4-MAT (siehe Kap. 8.10).
- Seien Sie hundertprozentig präsent für die gesamte Gruppe: keine Handytelefonate in Pausen, vertiefen Sie sich nicht zu lange in einer einzelnen Kleingruppe etc.
- Bauen Sie neues Vertrauen zu den kritischsten Teilnehmern der ersten Welle auf, ziehen Sie sich nicht zurück, sondern gehen Sie aktiv auf diese zu.

Phase 8: Im tobenden Orkan des Konflikts

Manchmal hilft alles nichts: Die erste Welle türmt sich zu einem echten Orkan von Widerspruch, Streit und destruktiven Beiträgen auf. Jetzt ist auch dem naivsten Teilnehmer klar: Nur noch das Störungsthema hat jetzt Platz im Workshop. Zu einer konstruktiven Arbeit am Thema werden wir jetzt nicht mehr kommen.

Hinsetzen. Zuhören. Aufschreiben

Manche wirksamen Interventionen sind so einfach, dass wir sie fast vergessen. Im Orkan müssen wir uns zunächst einmal erden, etwas festen Stand gewinnen und uns auf eine längere ungemütliche Zeit einrichten. Am besten setzen wir uns hin, kommen aus dem Bühnensperrfeuer heraus und gewinnen dadurch Augenhöhe zu den Teilnehmern. Dann heißt es wirklich, kommen lassen, Dampf ablassen und konzentriert zuhören. Nehmen Sie einen Block zur Hand und schreiben Sie wichtige Aussagen mit. Auf diesem Block sammeln wir auch unsere spontan kommenden Interventionsideen. Erst nach einer gewissen Zeit werden wir überhaupt die Gelegenheit haben, aus dieser ersten Liste etwas ins Gespräch zu bringen. So haben wir schon etwas Auswahl. Die erste spontane Reaktionsidee muss nicht die beste sein.

Klarheit gewinnen – Haltungssätze aktivieren

Im Orkan zeigt sich die Grundhaltung des Trainers und Moderators glasklar. Gut, wenn wir vorher daran gearbeitet haben. Im Orkan kann es hilfreich sein, die wichtigsten Haltungssätze, die uns jetzt positiv Halt geben, auch vor der Gruppe explizit zu benennen. Dazu gehören sicher einfache Klassiker wie „Störungen haben Vorrang". Andere Haltungssätze bleiben wohl meistens implizit, d.h., sie werden nicht ausgesprochen, z.B. „Hinter jedem – noch so schwierigen verhalten steckt eine positive Absicht, die sich im Moment nicht besser äußern kann". Sturmerprobte Haltungssätze finden Sie im gesamten Kapitel 4.

Klare Optionen zur Abstimmung stellen

Im Orkan ist jede weitere Unsicherheit des Moderators eine zusätzliche Irritation. Stellen Sie sich eine Löwenmeute vor, die im Zirkus außer Rand und Band gerät, und der Dompteur ist mit ihr im Käfig. Jetzt muss jede Intervention sitzen. Wir reduzieren den Stress, indem wir wenige – idealerweise nicht mehr als zwei – klar abgrenzbare Optionen zur Wahl stellen. Auch die Wahl ist jetzt mehr eine formale Abstimmung mit klaren Spielregeln und sichtbaren Handzeichen, als eine offene Diskussion. Die passende Moderationsmethode dazu finden Sie Schritt für Schritt erklärt im Kapitel 8.

Umgang mit Killerphrasen

Im Orkan gehen auch Höflichkeitsregeln über Bord. Natürlich pochen wir weiterhin auf die Einhaltung von Spielregeln (siehe Phase 6). Nun tauchen aber auch erste Killerphrasen auf: *„Das ist doch schon wieder so ein Scheiß!"* / *„Sie kriegen doch hier gar nichts auf die Reihe!"* / *„Ich mache hier gar nichts mehr!"* Gehen Sie den Killerphrasen nicht auf den Leim, tun Sie aber auch nicht so, als ob Sie sie nicht gehört hätten. Das glaubt ohnehin keiner. Die einfachste Form ist es, den betreffenden Teilnehmer die Aussage präzisieren zu lassen: *„Was meinen Sie mit ‚schon wieder'?"* / *„Was kriege ich hier nicht auf die Reihe?"* / *„Wobei machen Sie jetzt nicht mehr mit?"*

Eine wütende oder beleidigte Reaktion bringt meistens nicht viel. Das ist meist nur der Einstieg in ein längeres Pingpong-Spiel, das Sie zwar gegen einen einzelnen Löwen gewinnen können, bei dem Sie aber möglicherweise noch mehr Kredit bei den beobachtenden Löwen verspielt haben. Sie können hier auch die Einwandmethode anwenden, um den ernst zu nehmenden Einwand hinter der Killerphrase herauszufinden (siehe die Einwandmethode im Kap. 8.14).

Im Notfall können Sie auch direkt mit dem Begriff „Killerphrase" arbeiten, seien Sie dabei jedoch vorsichtig: *„Gut, ich denke, die Nerven liegen jetzt hier bei allen etwas blank. Aber ich glaube, wir haben alle noch genug Energie, um auf die üblichen Killerphrasen zu verzichten."*

Umgang mit persönlichen Angriffen

Im Orkan schrecken einzelne Teilnehmer auch nicht mehr davor zurück, den Trainer oder Moderator unter der Gürtellinie frontal anzugreifen. Diese Teilnehmer wollen Sie jetzt sturmreif schießen und hoffen auf die offene oder stillschweigende Unterstützung der anderen Teilnehmer. Ein gefundenes Fressen für sensible Gemüter.

Im Falle persönlicher Angriffe hilft kein Abwarten, Verständnis zeigen oder die eigene Betroffenheit spiegeln. Auf diesem Niveau hilft nur die schnelle, beherzte Selbstverteidigung.

Die dazu passende Methode finden Sie in Kapitel 8.16 genau beschrieben.

Abbruch ist immer eine Option

Wenn gar nichts mehr geht, beenden wir den Workshop vorzeitig. Wir tun dies notfalls auch, wenn der Auftraggeber darauf drängt, „irgendwie" weiterzumachen, um die Veranstaltung noch zu retten. Vielleicht will er auch ein offensichtliches Scheitern der Veranstaltung nicht publik machen oder nur das aufwändig arrangierte Abendprogramm nicht gefährden? Das sind für uns dann keine entscheidenden Argumente mehr.

Wenn wir aus unserer Sicht als Trainer oder Moderator alle unsere Möglichkeiten ausgespielt haben und für uns keinen weiteren Weg mehr sehen, brechen wir den Workshop kontrolliert ab. Begründen Sie Ihre Entscheidung präzise, erklären Sie, wie es danach weitergeht und runden Sie den Abbruch dramaturgisch ab. Für ein kurzes Abschluss-Statement von jedem Teilnehmer und eine kurze Zusammenfassung der bisherigen Veranstaltung wird es fast immer noch reichen. Bedanken Sie sich für das Engagement und die engagierte Mitarbeit – ohne noch einmal nachzutreten.

Phase 9: Spätere Fortsetzung bis zum Schluss

Zeit bis zum nächsten Tag oder nächstes Modul nutzen

Puuuh, bin ich froh, dass dieser erste Tag des Trainingsmoduls überstanden ist … Endlich Feierabend!? Leider nein. Mehrtägige Workshops oder mehrmodulige Fortbildungen haben längere Unterbrechungen, die wir zur Klärung der Situation nutzen können. Die Nacht zwischen den Seminartagen gehört uns: Jetzt ist mitunter wirklich eine Nachtschicht angesagt, um den alten Entwurf des zweiten Tages komplett über den Haufen zu werfen. Verläuft ein Workshop-Tag schwierig, finden Sie unbedingt einige Stunden am Abend, in denen Sie in Ruhe das Konzept des nächsten Tages überarbeiten. Bitten Sie auch den anwesenden Auftraggeber oder Vorgesetzten, sich aus dem Abendprogramm für mindestens eine Stunde auszuklinken.

Ich habe im abendlichen Seminarraum schon hitzige und ehrliche Diskussionen mit den Moderatorenkollegen und dem Auftraggeber erlebt, die bis zwei Uhr morgens gingen, während die Gruppe gemütlich an der Hotelbar den Alkoholpegel hochschraubte. Ohne diese Grundsatzdiskussion wäre der nächste Tag ein „mehr vom Gleichen" geworden. Also: Auch wenn wir vom Tag ohnehin schon müde genug sind, raffen Sie sich auf und nutzen Sie die Chance einer längeren Unterbrechung für den Turnaround am Abend. Stehen Sie auch am nächsten Morgen lieber um 6 Uhr auf, um in Ruhe noch vor dem Frühstück alle dafür erforderlichen Materialien vorzubereiten. Folgen Sie nicht Ihrem inneren Schweinehund, der Ihnen vormacht, *„den ersten Tag haben wir ja dann doch irgendwie überstanden, morgen kann es nur besser werden …".* Ja, es kann schlechter kommen, als gedacht.

Zusätzliche Gespräche mit dem Auftraggeber

Haben wir eine Unterbrechung über Nacht oder für mehrere Tage/Wochen, dann sind ehrliche Rückmeldungen zum Auftraggeber angesagt. Arbeiten Sie als freier Trainer oder Moderator für größere Beratungs- oder Trainingsunternehmen, zählt auch deren Kundenbetreuer zu den Auftraggebern. Häufiger musste ich als Auftraggeber erleben, dass ein eingesetzter Kollege nach einem schwierig verlaufenen Workshop nur eine vage Andeutung auf der Handybox hinterließ (*„Der Workshop ist ganz gut gelaufen, wir hatten ein paar muntere Diskussionen, aber ich glaube, die sind alle zufrieden nachhause gefahren"*). In einigen Fällen wurden sogar die Feedbackbögen der Teilnehmer frisiert, damit nichts auffällt. Auch die Aufforderung an die Teilnehmer, *„Bitte bewerten Sie die Veranstaltung in den Feedbackbögen noch positiv, ich bekomme sonst Ärger mit dem Auftraggeber!"*, habe ich schon erlebt. Dieser Selbstschutz macht alles nur noch schlimmer.

Lassen Sie sich helfen. Sagen Sie ganz ehrlich, was schiefgelaufen ist, dann kommt nicht auch noch Misstrauen gegen Ihre Person als Trainer und Moderator hinzu. Geben Sie ein realistisches Bild der Situationen mit möglichst vielen Originalaussagen, manchmal natürlich anonymisiert. Vereinbaren Sie längere Klärungsgespräche mit dem Auftraggeber, auch wenn der nicht viel Zeit hat. Verschwenden Sie diese wertvolle Zeit jedoch nicht für Selbstverteidigungen und rechtfertigende Geschichten (*„So was ist mir wirklich noch nie passiert! So eine Gruppe hatte ich noch nie!"*). Manchmal tauchen die wichtigsten Inputgeber beim Auftraggeber erst nach schiefgelaufenen ersten Durchführungen aus der Deckung auf. Dann war es zumindest dafür gut.

Spezielle Abschluss-Feedbacks in der Schlussphase der Veranstaltung

Nutzen Sie die Schlussphase eines schwierig verlaufenen Workshops für spezielle Abschluss-Feedbacks. Neben den regulären Feedbackbögen (keine Angst vor kritischen Bewertungen!) sollten wir auch noch einige O-Töne von jedem Teilnehmer hören. Lassen Sie die Teilnehmer auch Verbesserungsvorschläge für das nächste Training sammeln. Manchmal ist es einfacher, die Teilnehmer erarbeiten diese Feedbacks zunächst nur mit ihrem Sitznachbarn oder in Kleingruppen von drei Teilnehmern. Sie werden dann im Plenum ehrlichere Antworten bekommen, da die vorgeschaltete Kleingruppenphase die Scheu abgebaut hat.

Sinnvoll sind jetzt auch wieder Aufstellungen im Raum oder visuelle Feedbacks am Flipchart oder an der Pinnwand. Sie können auch während der gesamten Workshop-Zeit ein spezielles Feedbackblatt in der Nähe der Tür platzieren, wo jederzeit spontane Feedbacks aufgeschrieben werden können.

Zu guter Letzt ist der anwesende Vorgesetzte oder Auftraggeber gefordert, einen Abschluss zu setzen. Lassen Sie ihm ausreichend Zeit dafür. Er kann einen Workshop „heilen" und das weitere Vorgehen transparent machen. Dann wissen wir zumindest, dass der Stress nicht umsonst war. Wenn er Größe beweist, wird er auch nicht die gesamte Verantwortung für den holprigen Verlauf beim Trainer oder Moderator hängen lassen.

Wohlwollend verabschieden und entschuldigen

Auch wenn es uns innerlich nach einigen Blessuren vielleicht schwerfällt: Verabschieden Sie sich wohlwollend und anerkennend von der ganzen Gruppe und auch ganz explizit bei den einzelnen Nervtötern. Wir müssen zum Schluss nicht mehr nachtreten („*Schade, dass wir einige spannende Themen wegen unserer Diskussionen jetzt leider nicht mehr machen konnten …*"). Folgen Sie bei diesem Feedback einfach dem Grundsatz, „Sage immer die Wahrheit, aber die Wahrheit nicht immer." Das klingt dann z.B. so: „*Vielen Dank für einen interessanten, aber auch für mich sehr anstrengenden Tag. Ich bin froh, dass wir noch die Kurve bekommen haben und danke auch nochmal Herrn Schwierig, dass wir zum Schluss eine konstruktive Form des Austausches gefunden haben. Das ist ja nicht selbstverständlich. Vielen Dank!*"

Wir entschuldigen uns wie der gute Fußballtrainer, der in der Pressekonferenz die miserable Leistung seines Teams vertreten muss. Wir entschuldigen uns vor der Gruppe für unseren Anteil am schwierigen Verlauf und verschweigen den eigenen Anteil an der Lösung: „*Es tut mir leid, dass wir heute einen so schwierigen Verlauf der Veranstaltung hatten. Ich habe die Vorkenntnisse, wie schon vorhin gesagt, im Vorfeld einfach falsch eingeschätzt. Entschuldigen Sie bitte auch die ein oder andere Äußerung, die mir im Eifer des Gefechts herausgerutscht ist. Toll, dass Sie bei den dann neu eingebauten Gruppenübungen so viele Ideen und Lösungen erarbeitet haben. Sie haben den Umschwung gebracht!*"

Phase 10: Nach Abschluss des Workshops

Jetzt haben wir uns erst einmal eine kleine Belohnung verdient. Es ist geschafft! Überlegen Sie sich etwas Schönes, mit dem Sie sich nach Ihrer Heimkehr oder sogar noch auf der Fahrt für die Strapazen belohnen werden. Mir reichte nach Stressveranstaltungen oft schon eine bewusst wahrgenommene Eisdiele auf dem Heimweg.

Direkt nach dem definierten Workshop-Ende gibt es auch noch einiges zu tun für uns. Auch wenn keine Fortsetzung mit einer weiteren Gruppe oder einem weiteren Modul geplant ist (siehe dazu Phase 9), kann ich noch einige finale Schritte zur Klärung machen. Nach der Krise ist vor der Krise!

Nachgespräche mit den Teilnehmern

Ist der Workshop kritisch verlaufen, packen wir nicht unsere Sachen zusammen, sondern zeigen uns entspannt präsent für Nachgespräche. Halten Sie sich bewusst im Bereich der Seminartür auf, wo jeder Teilnehmer vorbeikommen muss. Signalisieren Sie mit Ihrer Körpersprache und einem entspannten Lächeln: „*Ja, ich bin an-*

sprechbar.“ Sprechen Sie auch von sich aus einzelne Teilnehmer nochmals an, von denen Sie sich ein spezielles Feedback wünschen. Hören Sie aufmerksam zu und verteidigen Sie sich nicht unnötig, der Workshop ist ohnehin zu Ende. Nehmen Sie diese Phase lieber als kostenloses Coaching für Ihre weitere Trainer- und Moderatorenarbeit mit. Seien Sie jedoch vorsichtig mit zu vielen Indiskretionen. Manchmal sind es gerade die Äußerungen in diesen Nachgesprächen, die publik werden und beim Auftraggeber und dem Rest der Gruppe sauer aufstoßen.

Trainer oder Moderator wechseln

Nach einem schwierigen Workshop kann ich auch noch reflektieren: Passt mir das Thema? Die Zielgruppe? Bin ich der Richtige für diese Art von Workshops? Wir wachsen zwar an den Aufgaben, aber manchmal quälen wir uns in Konstellationen ab, die uns einfach nie liegen werden. Oft gibt unsere Seele dann ganz klare Einschätzungen – folgen Sie ihr nach einer ruhigen Prüfung.

Ich selbst bin in der öffentlichen Verwaltung kaum noch tätig, die Energien dort liegen mir einfach nicht. Das können andere viel besser und produzieren dann auch weniger Workshop-Schwierigkeiten.

Schlagen Sie Ihrem Auftraggeber auch bei Bedarf einen passenderen Trainer oder Moderator vor. Schmeißen Sie Ihrem Auftraggeber nicht einfach alles vor die Füße (*„Ich werde mit dieser Gruppe nicht mehr arbeiten, tut mir leid!“*). Machen Sie sich die Mühe, einen wirklich geeigneten Kollegen zu empfehlen. Dann haben alle etwas davon.

Organisatorische Änderungen für den nächsten Workshop

Erstellen Sie sich eine einfache Liste aller Pleiten & Pannen dieses Workshops. Priorisieren Sie die Liste und beschäftigen Sie sich besonders mit den drei wichtigsten Punkten.

- Was werden Sie generell in Ihrem Trainings- und Moderationsstil ändern, damit Ihnen dieser Punkt nicht noch einmal vorkommt?
- Welche organisatorischen Änderungen werden Sie künftig einbauen?
- Was werden Sie in der Auftragsklärung künftig anders machen?

Honorar- und Mandatsverzicht

Nur der Vollständigkeit halber: Auch der komplette oder teilweise Verzicht auf das vereinbarte Honorar ist eine letzte Heilung für einen schwierig verlaufenen Workshop. Wenn wir schon eingestehen können, dass wir einen eigenen Anteil am Misserfolg hatten, dann können wir auch auf einen Teil der Gegenleistung verzichten. Der Auftraggeber hatte ja mitunter noch viel höhere Kosten als nur unser Honorar. Seien Sie hier großzügig, auch in eigenem Interesse. Sie fühlen sich freier und vielleicht erkennt der Auftraggeber diese freiwillige Geste ja auch an und verpflichtet Sie nochmals.

Supervision in eigener Sache

In dem Wort „Fehler" steckt ja bereits die Lösung: Was hat *gefehlt* in dieser Situation? Wir brauchen also keine Schulddiskussion, sondern eine entspannte Analyse der Punkte, die in dieser Situation bei uns noch gefehlt haben. Die Situation ist dein Coach. Eine Supervisionsgruppe für Trainer und Moderatoren kann daher sehr hilfreich sein. Besprechen Sie offen die Situationen aus den Flop-Workshops mit neutralen Kollegen. Sie werden wahrscheinlich schnell auf blinde Flecken stoßen, die für Ihre persönliche Entwicklung interessant sind.

6 Die Klassiker: 21 schwierige Gruppensituationen und ihre Lösungen

In der Praxis sind es häufig ähnliche Konstellationen und Grundmuster, die uns als Trainer und Moderator vor Herausforderungen stellen. Diese „Klassiker" kennt fast jeder erfahrene Moderator aus leidvoller Erfahrung. Schwierige Gemengelagen ergeben sich dann häufig aus der Kombination von kritischen Grundzutaten, die jede für sich genommen durchaus lösbar ist.

Ich möchte daher hier eine Sammlung typischer schwieriger Gruppen-Situationen – die ich jeweils auch häufiger selbst erlebt habe – einzeln nacheinander beleuchten und jeweils isoliert dafür Lösungen vorstellen.

Jede Situation habe ich in einen subjektiven Härtegrad eingestuft, von leicht bis sehr schwer. Leicht heißt hier jedoch nicht, dass uns diese Situation bei Unaufmerksamkeit nicht vollkommen aus der Bahn werfen kann. Leicht wird die Situation eher dadurch, dass wir mit einer klaren Grundhaltung die Problematik meist ohne große Kraftanstrengung früh und nachhaltig auflösen können. Die Lösungstipps basieren alle auf einer positiven Grundhaltung zur Situation. Daher steht immer die positive Einstellung des Trainers und Moderators am Anfang jeder Überlegung. Haltung schlägt Tool!

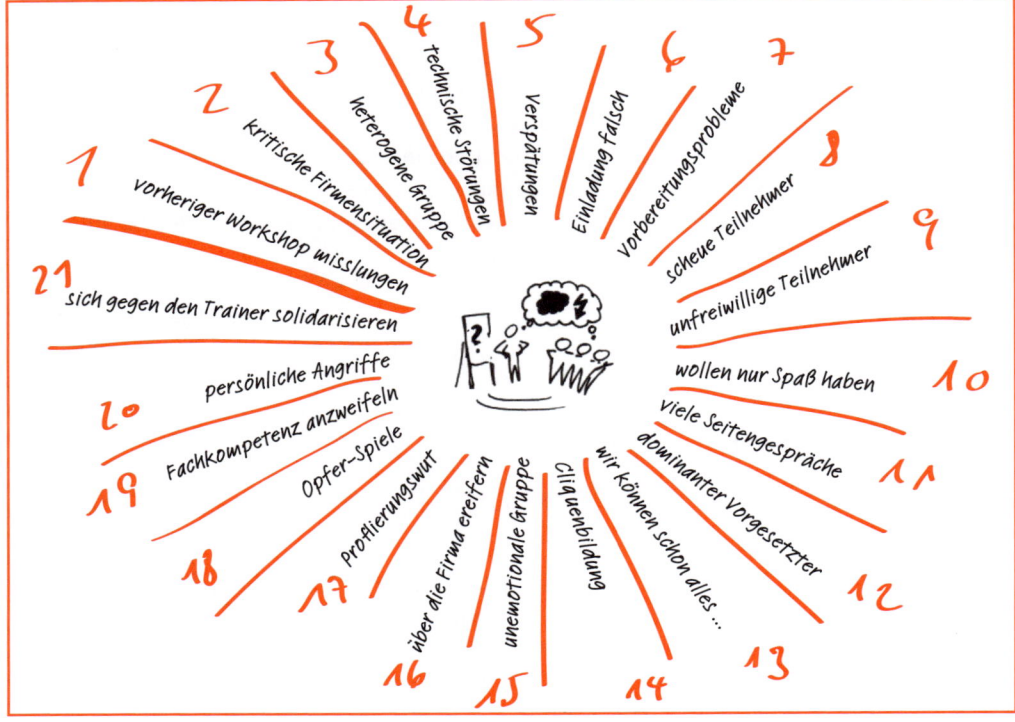

Die 21 schwierigen Gruppensituationen im Überblick

1 Ein vorheriger Workshop ist misslungen (anderer Trainer war im Einsatz)

Härtegrad: leicht bis mittel

Positive Einstellung: Ich reagiere so, wie ich es mir von einem nachfolgenden Trainer wünsche, der die Gruppe nach *meinem* Flop-Workshop übernimmt. Ein misslungener Workshop kann jedem passieren. Wir werden hier und jetzt wohl nur *eine* Sicht der Dinge erfahren.

Wenig hilfreich:
- Einfach übergehen (*„Geht mich ja nichts an…"*).
- Den Kollegen in die Pfanne hauen (*„So hätte ich das nie gemacht!"*).
- Den Kollegen „rächen" und einseitig für ihn Partei ergreifen.

Sinnvolle Lösungen:
- ✓ Ein persönliches Gespräch vor dem Workshop mit dem zuvor eingesetzten Trainer führen, kritische Situationen des letzten Trainings offen besprechen.

- ✓ Ernst nehmen: Kritische Momente im vorherigen Workshop noch einmal mit den Teilnehmern kurz aufarbeiten und klären, ob wir noch etwas zur endgültigen Auflösung beitragen können (was oft nicht der Fall ist).
- ✓ Sich bei den Teilnehmern ehrlich entschuldigen, auch wenn wir nichts dafür können.
- ✓ Sich nicht auf Kosten des (unbekannten) Vor-Trainers profilieren.
- ✓ Die eigene Workshop-Methodik auch kurzfristig an den kritischen Punkten umstellen, um Lernbereitschaft zu zeigen (*„Dann hat die Kritikdiskussion doch noch einen Sinn gehabt!"*).

2 Der Workshop findet in einer kritischen Firmensituation statt

Beispielsweise im Fall von Personalabbau, schwierigen Reorganisationen, permanenter Arbeitsüberlastung etc.

Härtegrad: mittel

Positive Einstellung: Wo viel Mist ist, kann viel Kompost entstehen. Die tieferen Probleme einer Firma können nicht durch ein Training oder einen Trainer gelöst werden.

Wenig hilfreich:
- Verharmlosen, ignorieren, starr den eigenen Fahrplan durchziehen.
- Das eigene Workshop-Thema zu wichtig nehmen.
- Zu viele Themen für den Workshop zulassen.

Sinnvolle Lösungen:
- ✓ Gründliche Vorgespräche führen, auch kurze Einzelinterviews mit Teilnehmern vorab vorschlagen.
- ✓ Die kritische Firmensituation offensiv in das eigene Intro einbauen und klären, wie wir im Workshop damit umgehen.
- ✓ Gäste aus der Unternehmensleitung in den Workshop für einen offenen Meinungsaustausch einladen.

3 Die Gruppe ist sehr heterogen in ihren Vorerfahrungen und Bedürfnissen

Härtegrad: mittel

Positive Einstellung: Die (Lösungs-)Weisheit liegt in der Gruppe. Löse die Probleme, solange sie klein sind. Wir müssen nicht alle Erwartungen erfüllen.

- Das Niveau des Trainings auf die Besten oder Schwächsten in der Gruppe anpassen (dann verlieren wir die gesamte Gruppe).
- Sich bei Diskussionen zeitlich zu stark mit den Schwächsten oder Stärksten in der Gruppe beschäftigen.
- Das „One-size-fits-all-Konzept" durchziehen wollen.

Sinnvolle Lösungen:

✓ Schon im Vorfeld die Eingangsvoraussetzungen klären und das individuelle Leistungsniveau ermitteln.
✓ Standortbestimmungen und Eingangstests vorab anbieten.
✓ Das Mindestniveau durch vorherige kompakte Web-based-Trainings, Fachliteratur oder interne Mini-Workshops sicherstellen.
✓ Vorerfahrungen am Anfang abfragen und die Heterogenität gleich zu Beginn offen besprechen.
✓ Gruppe öfter nach Niveauklassen teilen und dabei unterschiedliche Aufgaben stellen.
✓ Jede Kleingruppe bewusst mit Anfängern und Fortgeschrittenen mischen und den Profis eine coachende, unterstützende Rolle anbieten.
✓ Akzeptieren, dass bei manchen Sequenzen einzelne Teilnehmer vorübergehend unter- oder überfordert sein werden (die Mehrheit der Gruppe im Blick behalten).
✓ Die Profis in der Gruppe bitten, bekannte Inhalte mit eigenen Worten vor der Gruppe kurz vorzustellen und selbst die fehlenden Details anschließend ergänzen (Ich lerne, indem ich lehre).

4 Wir haben technische Störungen, ungeeignete Räume, Lärm von außen

Härtegrad: leicht bis mittel

Positive Einstellung: Wähle immer die einfachste Lösung. Mach kaputt, was dich kaputtmacht. Löse die Probleme, solange sie klein sind.

Wenig hilfreich:

- Einfach ausharren und nichts unternehmen („das ist halt leider so").
- Die ganze Aufmerksamkeit auf dieses Thema lenken und damit vorübergehend die Gruppe verlieren.
- Das Thema schwelen lassen und immer wieder halbherzig ansprechen.
- Jammern und die Verantwortung auf andere schieben, z.B. die Veranstaltungsorganisation oder das Hotel.

Sinnvolle Lösungen:

- ✓ Schon im Vorfeld der Veranstaltung die Wahl des Ortes und der Räume mit beeinflussen.
- ✓ Pro-aktiv aus der eigenen Raum- und Hoteldatenbank passende Vorschläge an die Auftraggeber geben.
- ✓ Immer mit Plan B arbeiten: Wie würde ich mein Programm gestalten, wenn der Beamer ausfiele oder wir nicht draußen arbeiten können?
- ✓ Sich kurz entschuldigen und sofort klarmachen, dass es sinnvoll weitergehen kann.
- ✓ Kurze Unterbrechung machen, die Gruppe fragen, ob und wen es wirklich stört und schnell zwei bis drei Alternativen und (provisorische) Lösungen anbieten.
- ✓ Einen hilfsbereiten Teilnehmer bitten, sich zunächst um den Punkt zu kümmern („*Könnte bitte jemand bei der Rezeption fragen, ob noch ein anderer Raum frei ist, ich mache dann so lange die Sequenz zu Ende*").
- ✓ Eine Extrapause machen und selbst das Problem gründlich lösen und ggf. das Programm umstellen.
- ✓ Mit Humor einen kleinen Running Gag daraus machen, ohne dem Thema damit zu viel Raum zu geben.

5 Unruhe durch verspätete Teilnehmer

Verspätete Teilnehmer und solche, die kurzfristig die Veranstaltung verlassen oder früher gehen müssen.

Härtegrad: leicht bis mittel

Positive Einstellung: Ruhe und Klarheit lösen das Problem. Disziplin ist die Grundlage von Freiheit. Wir kümmern uns um die, die da sind. Wir erkennen das Verhalten als eine der vier möglichen Bewältigungsreaktionen bei Lernstress an.

Wenig hilfreich:

- Zu spät Eintreffende zur Rede stellen, säuerlich-moralisch reagieren.
- Demonstrativ überpünktlich starten, auch wenn äußere Gründe wie Verkehrsstaus vorliegen.
- Auf die Zuspätkommer zu lange warten, die pünktlichen Teilnehmer dadurch bestrafen.

Sinnvolle Lösungen:

- ✓ Selbst immer pünktlich sein: exakt zur angesetzten Minute zum Start und nach jeder Pause still und freundlich auf dem Trainerstuhl sitzen, die Hereinkommenden wohlwollend wahrnehmen.

- ✓ Bei erwarteter Unpünktlichkeit eine Pufferzeit von 15 bis 30 Minuten vor dem eigentlichen Veranstaltungsbeginn in die Agenda einbauen, z.B. 9:30 Uhr „Eintreffen & Begrüßung", 10:00 Uhr „Start der Veranstaltung".
- ✓ Maximale Wartezeit mit den Anwesenden absprechen, dann beginnen („*Wir warten noch fünf Minuten, dann legen wir los*").
- ✓ Den Umgang mit der Zeit am Anfang ansprechen („*Wie wollen Sie mit dem Thema Zeit umgehen?*"), Spielregeln konkret vereinbaren.
- ✓ Für Zuspätkommer sehr kurz (maximal eine Minute) die bisherigen Agendapunkte zusammenfassen.
- ✓ Abfragen, wer während der Veranstaltung dringende Telefonate führen oder früher gehen muss, entsprechende Vereinbarung vor der Gruppe treffen.
- ✓ Während des Trainings auch einmal einen einzelnen Zuspätkommer oder akzeptable Überziehungen von Pausen ignorieren, einfach weitermachen.
- ✓ Prüfen, ob ein Seminarhotel außerhalb der Firma mehr Ruhe in die Veranstaltung bringt.

6 Andere Themen sind in der Einladung genannt

In der schriftlichen Einladung oder der persönlichen Vorankündigung sind andere Inhalte oder Schwerpunkte angekündigt worden.

Härtegrad: mittel

Positive Einstellung: Wir kleben nicht an unserem Ablauf, wenn die Gruppe etwas anderes wünscht. Profis können immer etwas improvisieren. Wir müssen aber nicht alle Wünsche erfüllen.

Wenig hilfreich:
- Die eigene Agenda starr verteidigen.
- Zu schnell in die Themen einsteigen.

Sinnvolle Lösungen:
- ✓ Immer das Einladungsschreiben der Teilnehmer vorab besorgen und mit dem Auftraggeber das Wording an die Teilnehmer klären.
- ✓ Gründliche Erwartungsabfrage machen, Themenpräferenzen bei jedem Teilnehmer am Anfang kurz erfragen.
- ✓ Schwache Signale frühzeitig wahrnehmen, Teilnehmer direkt ansprechen.
- ✓ Andere Themenwünsche sammeln, etwas Neues daraus machen, in das eigene Konzept einbauen.
- ✓ Mit einem kompakten Wunschthema der Teilnehmer starten, dann auf den geplanten Ablauf umschwenken.
- ✓ Klären, welcher Pflichtkern in jedem Fall behandelt wird.

Trainererfahrung

Monika Dimitrakopoulos-Gratz: Stärkste Herausforderung und Profitipp

Was war Ihr persönlich größter Trainings-Flop?
Zwei Tage Verkaufstraining für Callcenter-Mitarbeiter eines österreichischen Mobilfunkbetreibers. Die Teilnehmer waren zu 80 Prozent unfreiwillig da, wurden also von ihren Chefs „geschickt". Der erste Tag verlief vom Gefühl her zwar etwas zäh, aber ich war zufrieden. Als ich am Ende des ersten Tages die Feedbackbögen in der Hand hatte, war ich ziemlich geschockt. Vier Teilnehmer hatten meine Trainerleistung mit einer glatten 5 bewertet.

Wie konnte es dazu kommen?
Ich habe es nicht geschafft, gleich zu Beginn den Nutzen des gesamten Trainings und auch der Videoarbeit, welche Bedingung vom Kunden war, überzeugend darzustellen. Die Bedenken der Teilnehmer bezüglich Videoarbeit habe ich zwar gehört, aber nicht ernst genug genommen. Dazu kam, dass ich an dem Tag ohnehin nicht gut drauf war und daher keine persönliche Beziehung zu den Teilnehmern herstellen konnte.

Wie haben Sie die Kurve gekriegt?
Ich habe all meinen Mut genommen und am Morgen des zweiten Tages offen ausgesprochen, wie tief mich die Beurteilung getroffen hat. Zugleich habe ich der Gruppe deutlich gemacht, dass ich, um weiterarbeiten zu können, ein offenes und ehrliches Feedback brauche und dass es im Sinne der Zufriedenheit notwendig ist, Unzufriedenheit sofort zu äußern. Wir haben dann gemeinsam überlegt, wie wir den zweiten Tag für alle Gewinn bringend und effektiv gestalten können. Von da an lief das Training super und die Bewertung war spitze.

Was ist Ihre tiefste Lernerfahrung daraus?
1. Beziehung zu den Teilnehmern schlägt Fachkompetenz. Lernen und Motivation sind nur in angenehmer und positiver Atmosphäre möglich. 2. Trainieren heißt unter anderem Verkaufen. Ich muss für alles das, was ich tue, immer den Nutzen und Sinn für die Teilnehmer transparent machen. 3. Wenn Teilnehmer unzufrieden sind, nimm dir Zeit und Raum, um darauf einzugehen. Es lohnt sich.

Was machen Sie nie mehr?
Videoarbeit ohne gute Nutzenargumentation. Angst der Teilnehmer nicht ernst nehmen. Erste Anzeichen von schlechter Stimmung bei den Teilnehmern übergehen.

Der Profitipp: Mein persönlicher Lieblingshelfer in schwierigen Workshop-Situationen ist: Keiner will mir was Böses! Nimm die Erfahrungen, Bedenken und Wünsche der Teilnehmer ernst und erarbeite mit ihnen gemeinsam Lösungsstrategien.

Monika Dimitrakopoulos-Gratz ist seit 1999 als Trainerin und Beraterin tätig. Ihre Kernkompetenzen sind Führungskräfte- und Teamentwicklung, Konfliktmoderation, Train the Trainer.

7 Die Vorbereitung und Organisation des Workshops war nicht optimal

Beispielsweise unvollständige Einladung, schwierige Anreise, Hotelzimmer oder Seminarraum problematisch, Verpflegung nicht ausreichend etc.

Härtegrad: leicht

Positive Einstellung: Löse die Probleme, solange sie klein sind. Wenn der Rahmen nicht stimmt, kann das Bild noch so schön sein, es wirkt nicht. Wir übernehmen Verantwortung für die Gruppe, obwohl wir nicht schuld sind.

Wenig hilfreich:
- Wir konzentrieren uns auf unsere Traineraufgabe, verharmlosen das Thema.
- Teure, unerfüllbare Zugeständnisse machen.
- Auf später verschieben („*Darum kümmern wir uns heute Abend nach dem Workshop*“).

Sinnvolle Lösungen:
- ✓ Den organisatorischen Rahmen des Workshops schon frühzeitig im Vorfeld aktiv begleiten.
- ✓ Sofort das Thema aufmachen, Dampf ablassen kurz ermöglichen.
- ✓ Alle Kritikpunkte unvoreingenommen sammeln und sofort etwas zur Lösung unternehmen.
- ✓ Entschuldigen, ohne die Schuld auf sich zu nehmen.
- ✓ Schon in der ersten Pause jeden kritischen Punkt mit ersten Schritten angehen.

8 Scheue Zurückhaltung von Teilnehmern in einem offenen Seminar

Härtegrad: mittel

Positive Einstellung: Wir müssen nicht den Animateur spielen. Brich das Eis von Anfang an.

Wenig hilfreich:
- Einfach den Trainingsplan abarbeiten und die Ruhe genießen.
- Den eigenen Redeanteil erhöhen und in jeder Pause den Small Talk anschieben.

Sinnvolle Lösungen:
- ✓ Sorge gleich am Anfang für Nähe und echten Austausch, z.B. mit einer Aufstellung im Raum.
- ✓ Originelle, ausführlichere Vorstellungsrunden, gerne auch in Zweiertandems.
- ✓ Viele kurze Kleingruppen-Übungen einbauen und häufige Kurzreflexionen mit den Sitznachbarn ermöglichen.

- ✓ Zufalls-Gruppenbildungen z.B. mit 2er/3er/4er-Fäden machen.
- ✓ Akzeptieren, dass in manchen Konstellationen der Funke einfach nicht überspringen wird.

9   Unfreiwillige Teilnehmer

Die Teilnehmer sind nicht freiwillig im Workshop und nehmen nur als „Besucher" teil.

Härtegrad: leicht bis schwer

Positive Einstellung: Wir können immer Freiwilligkeit herstellen. Jeder Mensch kann mit den Konsequenzen seiner Entscheidung leben. Besucher sind vielleicht ungeweckte Kunden.

Wenig hilfreich:

- Glauben, dass erwachsene Menschen wirklich gezwungen sind, an einem Workshop teilzunehmen.
- Unfreiwilligen Teilnehmern ein interessantes Training versprechen.
- Sich an unfreiwilligen Teilnehmern abarbeiten, ständiges Motivieren.
- Es persönlich nehmen, dem Besucher unbewusst seine Geringschätzung vermitteln.

Sinnvolle Lösungen:

- ✓ Die freiwillige Teilnahme schon im Vorfeld der Veranstaltung sicherstellen, die Vorgesetzten zur umfassenden Information über die Ziele der Veranstaltung bewegen.
- ✓ Direkt und entspannt gleich zu Beginn der Veranstaltung das Thema ansprechen (*„Wer wurde vom Chef geschickt? Wer ist aus eigenem Antrieb hier?"*).
- ✓ Echte Freiwilligkeit herstellen: klarmachen, dass jeder ohne negative Konsequenzen durch den Trainer gehen kann.
- ✓ Teilnehmer, die sich entschließen zu gehen, die Erklärung bei den Vorgesetzten selbst übernehmen lassen.
- ✓ Durch Fragen eigene Ziele und Interessen wecken: *„Wann wäre die Veranstaltung für Sie (noch) ein Erfolg? Was sind Ihre Ziele und Interessen?"*
- ✓ Die Themenwünsche der zunächst unfreiwillig Anwesenden aufnehmen und versuchen, in den Ablauf einzubauen.

10 Die Gruppe will nur Spaß haben im Workshop, zunächst kein ernsthaftes Arbeiten möglich

Härtegrad: einfach

Positive Einstellung: Humor ist immer positive Energie für Workshops. Es ist fantastisch, eine wirklich lustige Erwachsenengruppe vor sich zu haben. Das ist in Deutschland viel zu selten.

Wenig hilfreich:
- Moralisch werden (*„Jetzt seien Sie doch nicht so albern … können wir jetzt bitte anfangen?"*).
- Sich innerlich gegen die Gruppe stellen (*„Die mögen mich wohl nicht …"*).
- Unbeteiligt schweigen, bis Ruhe einkehrt (keine positive Bestärkung des Humors erkennbar).

Sinnvolle Lösungen:
- ✓ Herzhaft mitlachen, auf der positiven Energiewelle reiten lernen.
- ✓ Zeitverlust in Kauf nehmen (das holen wir meistens wieder auf).
- ✓ Deutlich zu verstehen geben, dass Sie lustige Workshops selbst am liebsten mögen.
- ✓ Den Zeitpunkt erspüren, wenn die erste Humorwelle abklingt und die Gruppe auf inhaltliches Arbeiten neugierig wird.

11 Viele Seitengespräche von Teilnehmern mit ihren Sitznachbarn stören die Veranstaltung

Härtegrad: leicht

Positive Einstellung: Störungen haben Vorrang. Lebendige Seminare vertragen ein paar Seitengespräche. Gib im Seminardesign Raum für kleine Diskussionen.

Wenig hilfreich:
- Immer gleich davon ausgehen, dass die Seitengespräche nichts mit dem Thema zu tun haben.
- Unterstellende Äußerungen (*„Fehlt Ihnen etwas? Gehört das zum Thema?"*).
- Demonstrativ schweigen, bohrende Blicke zu den tuschelnden Teilnehmern senden.
- Laut werden, moralisch reagieren.
- Einfach ignorieren (das wird das Verhalten eher noch verstärken).

Sinnvolle Lösungen:

- ✓ Schwache Signale senden: Zunächst öfter die Tuschelnden freundlich anschauen, auch einmal ohne Druck direkt in die laufende Diskussion einbeziehen.
- ✓ Seitengespräche konsequent und frühzeitig vor der Gruppe ansprechen.
- ✓ Freundlich nach den Hintergründen des Gesprächs fragen (*„Haben Sie eine Frage?"*).
- ✓ In der Pause das Gespräch suchen.
- ✓ Sitzordnung evtl. verändern.
- ✓ Bei anhaltenden Seitengesprächen die eigene Verstörung ehrlich, aber entspannt ansprechen.

12   Der dominante Vorgesetzte in der Gruppe

Der Vorgesetzte der Gruppe ist dominant in der Gruppe und sorgt für eine stille oder vorsichtige Gruppe.

Härtegrad: mittel

Positive Einstellung: Akzeptiere die besondere Rolle der Vorgesetzten, doch bleibe Herr im Ring.

Wenig hilfreich:

- Mit dem dominanten Vorgesetzten vor der Gruppe rangeln.
- Sich das Heft aus der Hand nehmen lassen.
- Den Anwalt der Mitarbeiter spielen.

Sinnvolle Lösungen:

- ✓ Im Vorfeld die Rolle des Vorgesetzten im Workshop ansprechen, seine Abwesenheit bei bestimmten Agendapunkten klären.
- ✓ Die Sonderrolle des Vorgesetzten innerlich wirklich akzeptieren und seine Energie konstruktiv in den Ablauf einbauen (z.B. als Unterstützer der Moderation).
- ✓ Auf den Vorgesetzten zugehen, ihm zur Eröffnung ausreichend Raum geben.
- ✓ Die Gruppe aktiv in die Diskussion einbeziehen, für gleichmäßige Redeanteile sorgen.
- ✓ Notfalls in der ersten Pause ein vertrauliches Einzelgespräch mit dem Vorgesetzten führen und die Rollenverteilung klarmachen.

13 Die Teilnehmer können schon alles

Die Teilnehmer kennen und können angeblich schon alles, gleichgültiges Absitzen der Veranstaltung oder offensichtliche Langeweile.

Härtegrad: mittel

Positive Einstellung: Wir lernen am besten außerhalb unserer Komfortzone. Hole jeden Teilnehmer bei seinem Niveau ab. Ich lerne, indem ich lehre. Wenn auch nur einer der Teilnehmer das Training kompetenter geben kann als du, lass es sein.

Wenig hilfreich:
- Am geplanten Ablauf festhalten.
- Die Kompetenzen der Teilnehmer infrage stellen.
- Sich immer nur auf die schwächsten Teilnehmer einstellen.
- Ein Themengebiet übernehmen, in dem wir nicht wirklich firm sind.

Sinnvolle Lösungen:
- ✓ Vorkenntnisse der Teilnehmer gründlich erfragen und Fortgeschrittene dazu auffordern, selbst bekannte Tools oder Modelle der Gruppe vorzustellen (ich lerne, indem ich lehre).
- ✓ An den aktuellen Fällen der Gruppe arbeiten, Theorieanteile herunterfahren.
- ✓ Tempo und Anspruch erhöhen, aus der Komfortzone führen.
- ✓ Öfter in Kleingruppen arbeiten, ggf. die Alleskönner bewusst untermischen oder separat mit einer besonders anspruchsvollen Aufgabe versorgen.

14 Cliquenbildung innerhalb der Gruppe

Härtegrad: mittel

Positive Einstellung: Cliquenbildung als einen der vier typischen Bewältigungsmechanismen bei Lernstress anerkennen.

Wenig hilfreich:
- Überbewerten oder es persönlich nehmen.
- Nur beobachten und abwarten, ob es sich von allein auflöst.
- Die Zusammensetzung von Kleingruppen den Teilnehmern überlassen.

Sinnvolle Lösungen:
- ✓ Als vorübergehendes Phänomen ansehen und damit „verflüssigen".
- ✓ Jeden Teilnehmer als individuelle Persönlichkeit einzeln ansprechen.
- ✓ Konsequent bei Kleingruppen per Zufallsprinzip die Teilnehmer zuordnen (z.B. Schnüre ziehen).

✓ Methodische Wechsel einbauen, auch Einzelreflexionen einbauen.
✓ Sitzordnung umstellen, auch während des Tages.
✓ In einer geeigneten Pause die Clique darauf ansprechen und bitten, sich den anderen Teilnehmern stärker zu öffnen – die Intervention ggf. auch mit dem Rest der Gruppe besprechen.

15 Die faktenorientierte, unemotionale Gruppe

Die Gruppe ist sehr faktenorientiert, eher beobachtend und wenig emotional engagiert.

Härtegrad: mittel

Positive Einstellung: Es gibt kein schlechtes Publikum, nur unpassende Trainings-designs und nicht passende Trainer.

Wenig hilfreich:
- Mit zu vielen und unpassenden Spielchen und Rollenspielen überfordern.
- Als Moderator den emotionalen Clown spielen, sich erschöpfen.

Sinnvolle Lösungen:
✓ Umfassende Fakten, Studien, Zahlen und Hintergründe zum Thema liefern.
✓ Zeit geben, kommen lassen.
✓ Methodisch mehr Input und Lehrvortrag einbauen.
✓ Aktuelle Fälle der Teilnehmer sammeln, in sehr kleinen Gruppen intensiv Lösungen erarbeiten.

16 Die Gruppe will sich losgelöst vom Thema nur über die eigene Firma ereifern

Härtegrad: mittel bis schwer

Positive Einstellung: Wir reiten auf der Welle der negativen Energien zu neuen positiven Lösungen.

Wenig hilfreich:
- Sofort zum eigentlichen Thema kommen wollen, Ablenkungen unterbinden.
- Es als Angriff auf das eigene Thema oder die eigene Person missverstehen.
- Mitleid zeigen (Mitgefühl reicht vollkommen aus).
- Wiederholungen nicht bemerken.
- Den Absprung aus der destruktiven Diskussionsstimmung nicht mehr schaffen und die „Motzstimmung" über die gesamte Veranstaltung ziehen lassen.

✓ Geduld und Wertschätzung – etwas Dampf ablassen dürfen, ist meist den Zeitverlust wert.

✓ Tempo rausnehmen zum Trainingsstart, Dampf ablassen erlauben.

✓ Einfach hinsetzen, ruhig bleiben, zuhören, evtl. jeden Teilnehmer um ein kurzes Statement bitten (sehen es wirklich alle so?).

✓ Keine vorschnellen Urteile oder Empfehlungen aussprechen.

✓ Zeitverlust in Kauf nehmen: Bei sehr viel Frustenergie in der Gruppe kann das bis zu einer Stunde in Anspruch nehmen.

✓ Viel mitschreiben, Material sammeln für Anknüpfungen zum eigenen Thema, aber klären, dass dies nur Ihre persönlichen Notizen bleiben.

✓ Trotzdem Humor einbauen (verbinde Tiefe nie mit Schwere, sondern mit Leichtigkeit).

✓ Nach einer Weile aus der Metaposition auch die Stimmung der Gruppe thematisieren (z.B. mit der Haltung wertschätzend konfrontieren, „Wer jammert, der handelt nicht").

✓ Das Ende der offenen Diskussionsrunde deutlich markieren, wenn die Energie nachlässt (*„Das war jetzt auch für mich hilfreich, Ihre Situation besser zu verstehen. Wollen wir jetzt in das Thema einsteigen?"*).

✓ Interessante, kritische Punkte mit dem Workshop-Thema verknüpfen.

17 Teilnehmer zeigen gegenseitig eine negative Profilierungswut

Härtegrad: mittel bis schwer

Positive Einstellung: Nur kleine Hunde kläffen. Wertschätzung heißt, den Wert auch von Andersdenkenden zu schätzen. Nichts braucht der Mensch mehr als positive Anerkennung – gebe sie reichlich.

Wenig hilfreich:

• Auf Besserung hoffen. Meist führt dieses Verhalten sehr schnell zu festsitzenden Antipathien, sodass am Ende kaum noch Teamdynamiken zu erreichen sind.

Sinnvolle Lösungen:

✓ Wandle das *„Ja, aber …"* von Teilnehmern immer wieder in ein *„Ja, und …"*.

✓ Öfters das Wort „Wir" statt „Ich" verwenden.

✓ Den ausschließenden Stolz (*„Ich bin toll!"*) in einen gemeinsamen Stolz wandeln (*„Wir sind gemeinsam richtig klasse!"*), dazu klare Statements geben.

✓ Die Wahrnehmung direkt ansprechen und die Teilnehmer ermutigen, aus dieser „kleinen" Begrenztheit auszusteigen (*„Das haben Sie doch gar nicht mehr nötig!"*).

✓ Spezielle Übungen einbauen, die ein positives Wir-Gefühl stärken und positives Feedback auf andere erzwingen (*„Was ich an Ihnen schätze …"*).

- ✓ Anspruchsvollere Aufgaben geben, die nur gemeinsam geschafft werden können.
- ✓ Vorbild sein: Selbst als Trainer stärker auf eigene Schwächen und Flops eingehen.

18 Unmotivierte „Opfer-Spieler" dominieren die Gruppe

Unmotivierte „Opfer-Spieler" ohne Bereitschaft zur persönlichen Veränderung dominieren die Gruppe.

Härtegrad: schwer

Positive Einstellung: Opfer-Spiele sind unbewusste menschliche Reaktionen. Echte Opfer unterschätzen ihre Möglichkeiten konsequent. Jeder Mensch ist letztlich für alles verantwortlich, was in seinem Leben passiert. Der Trainer macht nur Angebote. Leiden ist immer leichter als lösen. Die Lösung muss der Größe des Problems angemessen sein. Hinter einem *„Ich kann nicht"* steht fast immer ein unbewusstes *„Ich will gar nicht, verdammt noch mal!"*. Opfer-Typen suchen unbewusst nach Anerkennung und Aufmerksamkeit – und sie kennen tausend Tricks, diese zu bekommen.

Wenig hilfreich:
- Sich an Killerphrasen inhaltlich abarbeiten (*„Das ist hier alles nicht umsetzbar."* / *„Das müssen Sie mal denen da oben sagen."* / *„Bei uns ändert sich nie etwas."* / *„Ich kann gar nichts machen."*).
- Immer mehr Aufmerksamkeit auf die Opfer-Spieler lenken, sie insgeheim noch „herumkriegen" wollen.
- Sofort innerlich allergisch reagieren (*„Jetzt kommt schon wieder dieses Gejammer"*).
- Eine über Jahre aufgebaute Opferhaltung mit ein paar „genialen" Interventionen auflösen wollen, sich überschätzen.
- Jeden Teilnehmer bewegen oder begeistern wollen.
- In das Drama-Dreieck mit einsteigen, indem wir ständige Hilfs- und Rettungsangebote machen oder auf dem Opfer herumhacken (*„Jetzt kommen Sie mal aus dem Quark!"*).

Sinnvolle Lösungen:
- ✓ Ruhig zuhören, nicht sofort auf die Argumente einsteigen.
- ✓ Gib dem Teilnehmer zunächst das, was er sich eigentlich wünscht: Aufmerksamkeit.
- ✓ Lerne das Drama-Dreieck aus der Transaktionsanalyse kennen (siehe Kap. 3.4.3) und stelle es ggf. im weiteren Verlauf der Veranstaltung vor, wenn der Kontakt stabil und positiv ist.
- ✓ Die Aufmerksamkeit gleichmäßig auf die Gruppe verteilen, sich nicht energetisch in das „schwarze Loch" ziehen lassen.

✓ Die Ressourcen des Teilnehmers ansprechen („*Was könnten Sie denn tun, um Ihre Situation zumindest etwas zu verbessern?*").

✓ Weniger offene Plenumsdiskussion machen, sondern öfter in Kleingruppen gehen, um Verbesserungsideen zu finden.

✓ Akzeptieren lernen, dass Sie festsitzende Opfer-Spiele als Trainer nicht auflösen werden.

19 Die fachliche Kompetenz des Trainers wird von der Gruppe angezweifelt

Härtegrad: leicht oder schwer

Positive Einstellung: Der Trainer macht nur Angebote. Kompetenzprüfungen sind normale Testrituale zum Beginn einer Veranstaltung. Für Kompetenz-Checker beginnt Vertrauen und Sicheinlassen erst nach der Prüfung. Sie meinen es nicht persönlich, es ist Teil ihrer Persönlichkeit (im Persönlichkeitsprofil von Myer-Briggs, dem MBTI-Profil, wird diese Grundhaltung z.B. als NT-Typ beschrieben).

Wenig hilfreich:

● Es persönlich nehmen und die ganze Zeit den kritischen Teilnehmer besonders beobachten, umgarnen oder ignorieren (Sonderbehandlung).

● Übergehen und mit knappen Aussagen abbügeln, ohne Kompetenz-Fakten zu nennen.

Sinnvolle Lösungen:

✓ Eine gut trainierte Kompetenzdarstellung von zirka zwei bis drei Minuten zu Beginn der Veranstaltung bereithalten und dabei Fakten statt Wertungen liefern („*Ich habe zehn Jahre in Asien gelebt*" statt „*Ich bin sehr auslandserfahren*").

✓ Die Fragen freundlich und offen beantworten.

✓ Überraschende und vielleicht sogar humorvolle Antworten geben.

✓ Ein leicht zugängliches Kompetenzprofil im Internet bereithalten für die Teilnehmer, die schon vorab den Kompetenz-Check machen wollen.

✓ Sollte die Kompetenzfrage von einem Teil der Gruppe im weiteren Verlauf der Veranstaltung noch kommen: unbedingt ernst nehmen und das eigentliche Thema dahinter ansprechen.

20 Persönliche Angriffe – auch unter der Gürtellinie – gegen den Trainer

Härtegrad: schwer

Positive Einstellung: Der innerste Kern meiner Person ist völlig unangreifbar. Keine öffentliche Aussage ist ein Problem (das geht rechts ins Ohr rein und links wieder raus). Es liegt an mir, ob ich einer akustischen Schwingung (dem Angriff) überhaupt eine Bedeutung gebe. Schwierige Menschen im Umgang haben oft Schwierigkeiten mit sich selbst, die ich vielleicht noch gar nicht kenne.

Wenig hilfreich:

- Inhaltlich auf den Angriff einsteigen und darauf antworten.
- Beleidigt reagieren oder gar nicht reagieren.
- Rechtfertigungen.
- Gegenangriffe und Schlagabtausche vor der Gruppe.
- Gespielte Gleichgültigkeit: So tun, als ob Sie das überhaupt nicht berührt.
- Rachegedanken, warten auf eine spätere Revanche.

Sinnvolle Lösungen:

- ✓ Umgang mit persönlichen Angriffen lernen (siehe Kap. 8.16).
- ✓ Mit Humor arbeiten.
- ✓ Sofort eine schnelle, inhaltlich harmlose Gegenfrage ohne „Du Depp-Botschaft" stellen.
- ✓ Das Thema mit einer schnellen Gegenfrage final beenden, nicht noch einmal aufmachen.
- ✓ Direkt nach der schnellen Gegenfrage zur Tagesordnung übergehen, den Angreifer wie die anderen weiterhin positiv einbeziehen („Schwamm drüber").
- ✓ Eventuell in der Pause ein entspanntes, sehr kurzes Small-Talk-Gespräch mit dem Angreifer suchen, um die Entspanntheit klarzumachen.

21 Die Gruppe solidarisiert sich still und heimlich gegen den Trainer

Härtegrad: sehr schwer

Positive Einstellung: Störungen haben Vorrang. Der Kern einer Person ist unangreifbar. Keine öffentliche Aussage ist ein Problem. Abbruch ist immer eine Option. Jedes noch so schwierige Verhalten passiert nicht aus Boshaftigkeit, sondern aus Unwissenheit (wir wissen uns als Teilnehmer aktuell nicht anders zu helfen).

Wenig hilfreich:

- So tun, als ob Sie es gar nicht bemerken.
- Mehr in den Vortragsstil wechseln, den Umgang mit der Gruppe distanzieren und formalisieren.
- Gedanklich die Minuten/Stunden bis zum Ende des Workshops zählen.
- Wut- und Rachegedanken, die aber nicht ausgesprochen werden.
- Strafaktionen in der Methodik des Workshops.
- Sich auf einzelne Teilnehmer, die offensichtlich noch gutwillig sind, konzentrieren.
- Moralisch werden und mit scharfen Angriffen reagieren.

Sinnvolle Lösungen:

- ✓ Zunächst die Wahrnehmung hochfahren, eigene Vorurteile auf Wahrheit überprüfen.
- ✓ Zunächst in der ersten Beobachtungsphase noch ignorieren. Prüfen, ob sich das Verhalten wieder von allein beruhigt.
- ✓ Ruhig bleiben, nicht das Tempo erhöhen.
- ✓ Mit dem Triple A arbeiten (siehe Kap. 8.6), d.h., entgegen der Planung im Ablauf, der Aufgabe oder der Atmosphäre kurzfristig etwas ändern. Reaktionen prüfen.
- ✓ Offene Fragen: *„Wie geht es Ihnen (mit mir?)"* / *„Was liegt Ihnen auf dem Herzen?"* / *„Was wünschen Sie sich von mir?"* / *„Was stört Sie?"*
- ✓ Bei anhaltender Störung den Ablauf unterbrechen, hinsetzen, die eigene Wahrnehmung ruhig, aber klar nennen (*„Ich fühle mich gerade ..."*).
- ✓ Freundlich – aber nicht wütend – erklären, dass Sie bei anhaltendem Störgefühl nicht mehr weiterarbeiten können und wollen.
- ✓ Vermeintliche Rädelsführer auch direkt nach ihrer Einschätzung fragen.
- ✓ Von jedem Teilnehmer eine kurze Einschätzung abholen.
- ✓ Eine Unterbrechung einbauen, die Pause für klärende Gespräche nutzen.
- ✓ Falls nichts hilft: Den Workshop nach vorheriger Ankündigung vorzeitig beenden.
- ✓ Anschließende Supervision der Situation mit Fachkollegen durchführen.

7 Die 16 schwierigen Teilnehmer – was tun?

Anspruchsvoll sind nicht nur Gruppeneffekte, sondern auch der Umgang mit *einzelnen* Teilnehmern. Grund einer aufkommenden Gruppendynamik kann ein zuvor übersehenes Verhalten eines *einzelnen* Teilnehmers sein. Es wäre also besser gewesen, statt am Symptom der Gruppendynamik an der eigentlichen Ursache – dem einzelnen Teilnehmerverhalten – zu arbeiten.

Eine Gruppe merkt ganz genau, ob sich der Trainer und Moderator angemessen mit den Störungen Einzelner auseinandersetzt. Tut er das nicht erkennbar genug, schwingt sich die Gruppe früher oder später auf. Entweder im Workshop oder außerhalb in den Pausen oder nach der Veranstaltung. Wenn wir Glück haben, „hilft" die Gruppe, das problematische Verhalten des Einzelnen endlich angemessen anzugehen. Das tut sie z.B. durch Blicke, Gelächter, Raunen, Cliquenbildung bei Gruppenarbeiten, spitze Bemerkungen und direkt ausgesprochene Empfehlungen an den Trainer in den Pausen (*„Wenn Sie nicht bald bei dem Palaver von dieser Frau Schmitz dazwischengehen, platze ich!"*).

Es gibt individuelle Phänomene, die uns als Trainer oder Moderator häufiger beschäftigen werden. Jeder erfahrene Workshop-Leiter dürfte früher oder später Bekanntschaft mit diesen Klassikern machen. Simple Typologien sind dies jedoch nicht, da kein Mensch in Reinform nur auf dieses Verhalten reduziert werden kann. Es sind nur Verhaltenssplitter, die in unterschiedlichster Kombination und Intensität bei einem Teilnehmer aufblitzen können. Jeder Mensch und jede Situation ist speziell. Die plakative Bezeichnung wie bei Teilnehmertypen ist für eine erste Annäherung aber durchaus hilfreich. Sie lassen sich so gut merken, dass uns in der stressigen Echtsituation schneller eine mögliche Gegenmaßnahme einfällt.

Keine der folgenden Verhaltensweisen ist an sich gut oder schlecht. Es kommt darauf an, was wir Positives daraus machen. Im besten Falle reiten wir auf der Welle der damit verbundenen Energie und erreichen Ergebnisse, die ohne dieses Teilnehmerverhalten gar nicht möglich gewesen wären.

Oft reichen die üblichen Gegenmaßnahmen schon aus, um das Verhalten des betreffenden Teilnehmers in konstruktive Bahnen zu lenken. Wir können aber auch ungewöhnlich, frech, provozierend oder verwirrend auf den Teilnehmer reagieren, um die Betriebstemperatur zu erhöhen. Dies tun wir nicht, um den Teilnehmer zu ärgern. Aber aus diesem Überraschungsmoment heraus schaffen wir es oft besser, unsere Problemtrance zu überwinden. Für die Mutigeren sind dazu jeweils einige Anregungen zum Schluss des jeweiligen Abschnitts aufgeführt.

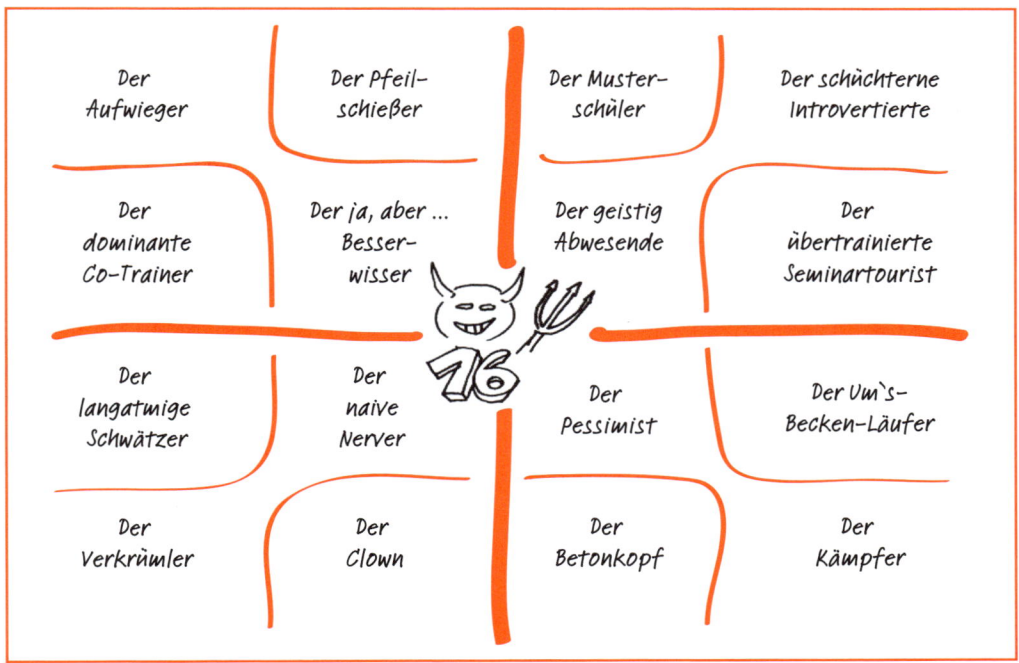

Die 16 schwierigen Teilnehmertypen in Workshops

1 Der übereifrige Musterschüler

Kennzeichen/Verhalten:

- Beteiligt sich immer überdurchschnittlich stark:
- Stimmt dem Trainer fast immer zu (auch körpersprachlich).
- Liefert wertvolle Beiträge; akzeptiert grundsätzlich die vorgeschlagene Methodik.
- Versucht dem Trainer zu helfen, wenn der Rest der Gruppe keine Beiträge liefert.
- Nickt bei Blickkontakt oft zustimmend mit dem Kopf.

Mögliche Ursachen:

Im einfachsten Fall ist dieser Teilnehmer ein echter Fan von Ihnen. Herzlichen Glückwunsch! Häufig steckt auch eine durch und durch positive Arbeits- und Lebenseinstellung sowie ein reifes Gruppenverhalten dahinter. In seltenen Fällen kann es auch ein unbewusstes Muster sein, durch positiv angepasstes Verhalten das Wohlwollen der Trainerautorität zu gewinnen.

Das Positive daran:

Es sind alle Aspekte dieses Verhaltens für den Trainer und Moderator positiv.

Übliche Gegenmaßnahmen:

- ✓ Häufig sind gar keine Gegenmaßnahmen erforderlich, im Gegenteil: Nutzen Sie die Beiträge vorbehaltslos und ermuntern Sie ihn eher weiter, so gut mitzuarbeiten.
- ✓ Passen Sie auf, dass Ihre Aufmerksamkeit nicht einseitig auf den Musterschüler konzentriert wird, damit andere nicht unbeabsichtigt demotiviert werden.
- ✓ Sprechen Sie bei offenen Fragen an die Gruppe öfters einmal andere Teilnehmer direkt an, um auch deren Beiträge zu gewinnen. Akzeptieren Sie aber wohlwollend immer die zusätzlichen Beiträge Ihres Musterschülers.

Ungewöhnliche Reaktionen:

Bedanken Sie sich persönlich in einer Pause bei ihm für die positiven Beiträge.

2 Der schüchterne Introvertierte

Kennzeichen/Verhalten:

- Meistens ruhig und unsichtbar.
- Denkt viel nach.
- Beteiligt sich kaum an der Diskussion, obwohl er ihr aufmerksam folgt.
- Spricht nur auf Aufforderung des Moderators.
- Vermeidet manchmal direkten Blickkontakt.
- Überlässt das Feld den anderen auch dann noch, wenn sie ihn bereits nerven.

Mögliche Ursachen:

Dieses Verhalten erleben wir häufig in technisch ausgerichteten Berufsgruppen, z.B. bei Technikern, Ingenieuren, Informatikern, Konstrukteuren. Hier ist es tatsächlich meist eine introvertierte Persönlichkeitsveranlagung, die dahintersteckt. Da in Deutschland etwas mehr als die Hälfte der Erwachsenen tendenziell introvertiert veranlagt ist, lohnt es sich sehr, sich mit diesem Persönlichkeitsmerkmal genauer zu beschäftigen. Bei manchen Teilnehmern spielen auch Glaubenssätze der Erziehung eine Rolle (*„Sei gefällig!" „Nimm dich zurück!"*) oder sie fühlen sich durch die unbekannte oder sehr selbstbewusste Gruppe eingeschüchtert. In seltenen Fällen steckt auch Bequemlichkeit dahinter (*„Lass die anderen machen"*).

Das Positive daran:

Dieses Verhalten hat keine negativen Konsequenzen für den Trainer oder die Gruppe. Der positive Mitmacher trägt das Seminar mit, ohne dass wir das deutlich zu spüren bekommen. Der schüchterne Introvertierte ist im Workshop meistens konstruktiv-loyal und kann auch anderen Teilnehmern die Bühne überlassen. Das Positivste sind jedoch die oft brillanten Beiträge, die aber leider nur auf direkte Nachfrage hin kommen.

Übliche Gegenmaßnahmen:

✓ Sprechen Sie den schüchternen Introvertierten immer wieder freundlich an und bitten Sie um seine Sichtweise. Kommt er jedoch in Verlegenheit, lächeln Sie und gehen sofort zu einem anderen Punkt oder Teilnehmer über.

✓ Bauen Sie öfter kurze Reflexionen mit dem Sitznachbarn oder Kleingruppenarbeit ein, in denen sich der Teilnehmer automatisch einbringen muss (und wird).

✓ Suchen Sie das Gespräch in den Pausen mit ihm und bitten Sie ihn, seine guten Beiträge doch stärker von sich aus einzubringen (meistens klappt das sehr gut).

✓ Wählen Sie Formate, in denen jeder Teilnehmer in gleichem Maße einen Beitrag leistet (z.B. kurze Blitzlichtabfrage von rechts nach links).

Ungewöhnliche Reaktionen:

✓ Oft wissen die schüchternen Introvertierten genau, dass sie nicht aus ihrer Haut herauskommen, in ihrem Verhalten gefangen sind und gerne mehr beitragen würden. Wir können das Thema Schüchternheit und Introversion in einem vertraulichen Pausengespräch auch direkt ansprechen: *„Sie kämpfen noch etwas mit Ihrer Schüchternheit, stimmt's? Jetzt quäle ich Sie mal etwas aus Ihrer Komfortzone. Von Ihnen erwarte ich die nächsten Tage etwas Besonderes: Bei jeder Diskussion wünsche ich mir, dass Sie über Ihren Schatten springen und mindestens einen tollen Beitrag bringen. Ich werde Sie dran erinnern."* Oft war dieses Aktivierungs-Coaching für den Teilnehmer wertvoller als das ganze Trainingsthema.

✓ Wir können das schüchtern-introvertierte Verhalten auch komplett ignorieren. Der Teilnehmer ist erwachsen und hat sich mit seiner Art arrangiert. Es ist nicht unsere Verantwortung, jeden zu einer aktiven Beteiligung zu bewegen. Stumme Beobachter haben mehr Zeit zu reflektieren und behalten oft mehr.

3   Der geistig Abwesende

Kennzeichen/Verhalten:

- Ist durch ganz andere Themen aktuell beschäftigt.
- Schwer wiegende private, berufliche, gesundheitliche oder ähnliche Probleme stehen aktuell im Vordergrund.
- Macht dazu evtl. im Einzelgespräch vorsichtige Andeutungen.
- Wirkt nervös, bedrückt, abwesend oder reserviert.
- Ist evtl. dankbar, wenn er davon im geschützten Rahmen erzählen darf.

Mögliche Ursachen:

Der Teilnehmer konnte die Veranstaltung vielleicht nicht mehr kurzfristig absagen oder er nimmt aus Pflichtgefühl teil. Häufig kommen diese Themen ganz kurzfristig – manchmal sogar erst während der Veranstaltung – auf.

Das Positive daran:

Der Teilnehmer ist immerhin gekommen und wollte Beiträge liefern. Manchmal kann die Veranstaltung auch eine willkommene Ablenkung vom bedrückenden persönlichen Thema sein.

Übliche Gegenmaßnahmen:

- ✓ Beobachten Sie sein Verhalten gut und nehmen Sie die schwächsten Signale aktiv auf, über das Thema reden zu wollen (*„Ich habe gerade ganz andere Sorgen ...“*). Fragen Sie behutsam nach, was ihn gerade so stark beschäftigt und zeigen Sie echtes Interesse und Mitgefühl.
- ✓ Wenn der Teilnehmer sein persönliches Thema unmittelbar vor der Gruppe anspricht (*„Das ist ja alles ganz nett hier. Aber ich bin letzte Woche entlassen worden und werde das wohl nicht mehr brauchen!“*), zeigen Sie Mitgefühl und fragen ihn, was er jetzt braucht (*„Das tut mir sehr leid. Ich kann verstehen, dass Sie das jetzt viel mehr beschäftigt. Können Sie sich noch auf unser Thema einlassen? Wie wollen Sie sich am liebsten beteiligen?“*).

Ungewöhnliche Reaktionen:

- ✓ Sorgen Sie selbst für Verständnis und Mitgefühl in der Gruppe: Klären Sie die Gruppe auf, dass den Teilnehmer ein anderes Thema beschäftigt, lassen Sie es ihn jedoch dann in seinen Worten selbst sagen und respektieren Sie die Vertraulichkeitsgrenze, die er zieht. Das Öffentlich-machen vor einer Gruppe kann befreiend wirken und bringt hilfreiche Unterstützungen von anderen Teilnehmern in Gang.

✓ Stellen Sie es dem Teilnehmer frei, die Veranstaltung ohne negative Konsequenzen zu verlassen. Meistens geschieht das aber nicht, wir sollten das Bleiben dann besonders wertschätzen.

✓ Verbinde Tiefe nie mit Schwere, sondern mit Leichtigkeit: Versuchen Sie trotzdem, der Situation mit einem passenden Scherz eine leichte, humorvolle Seite abzugewinnen. Wenn Sie es schaffen, dass der Teilnehmer und die ganze Gruppe befreit über die Situation lachen können, ist der Knoten geplatzt.

4 Der übertrainierte Seminartourist

Kennzeichen/Verhalten:

- Konsumiert Trainings ohne wirkliche Reflexion, ob sie zu ihm passen.
- Geht mehrmals in ähnliche Workshop-Themen.
- Konsumiert und lässt sich evtl. berieseln.
- Es wird nicht wirklich deutlich, warum er dieses Training braucht.
- Vergleicht die Methoden und Tools mit Erfahrungen aus anderen Trainings.
- Wirkt gesättigt bis gelangweilt.

Mögliche Ursachen:

Manchmal hat der Übertrainierte echte Freude an Gruppen, sucht interessante Kontakte oder gönnt sich etwas. Vielleicht flüchtet er aber auch aus anstrengender und eintöniger Arbeit oder nimmt alle Pflichtfortbildungen der Firma wahr. In manchen Firmen sind mittlerweile 20 Seminartage pro Jahr zur persönlichen Fortbildung die Vorgabe, kein Wunder, dass die Trainingsauswahl dann etwas wahllos wird.

Das Positive daran:

Der Übertrainierte besucht noch gerne Workshops und er zeigt auch noch Neugier. Er hat mitunter viel Trainingserfahrung, die er einbringen kann.

Übliche Gegenmaßnahmen:

✓ Nehmen Sie positiv Einfluss auf die Besetzung der Gruppe und prüfen Sie mit dem Auftraggeber, ob wirklich jeder Teilnehmer das Seminar braucht. Nehmen Sie lieber eine etwas kleinere Gruppe in Kauf.

✓ Erfragen Sie gründlich zu Beginn der Veranstaltung die Motivation, Vorerfahrung und Erwartung jedes Teilnehmers. Sprechen Sie es an, wenn Sie das Gefühl von Trainingssattheit haben und klären Sie mit dem Teilnehmer, wie er sich einbringen will.

✓ Sammeln Sie gleich zu Beginn aktuelle Fälle der Teilnehmer und stellen Sie diese in den Mittelpunkt des Seminars, statt nur weitere Modelle und Tools zu vermitteln.

✓ Bitten Sie immer zunächst den Übertrainierten, ein bekanntes Modell oder Tools der Gruppe aus seiner Erinnerung vorzustellen. Ergänzen Sie dann die Lücken wertschätzend.

✓ Machen Sie einfach gar nichts, behandeln Sie den Teilnehmer ganz normal und konzentrieren Sie sich auf den Rest der Gruppe bei den Grundlagenthemen.

✓ Sprechen Sie ihn in einer Pause an und besprechen Sie das Thema direkt (Sie können ihm bei Bedarf auch von weiteren ähnlichen Seminaren abraten und passendere Wege zur persönlichen Entwicklung empfehlen).

5 Der ewige Pessimist

Kennzeichen/Verhalten:

- Problematisiert grundsätzlich gerne und erreicht damit auch einen höheren Redeanteil.
- Sieht schwarz oder zumindest grau und findet alles nicht einfach.
- Strahlt evtl. wenig Energie aus.
- Malt unwahrscheinliche Horrorszenarien und findet ausgefallene Negativbeispiele.

Mögliche Ursachen:

Dieses Verhalten ist vielschichtig und wir sollten es daher nicht zu schnell genervt in eine Schublade stecken. Der Pessimist hat mitunter eine konkrete negative Erfahrung zu verarbeiten. Manchmal ist er gar kein Pessimist: Er braucht einfach noch mehr Informationen, um seine berechtigte Skepsis abzulegen. In manchen Fällen ist er innerlich gar nicht pessimistisch eingestellt, sondern hat sich angewöhnt, jedes für ihn interessante Thema zunächst über eine intensive Problemdiskussion anzugehen. Das klingt unlogisch, aber es kommt vor.

Echte Pessimisten haben sich in der Komfortzone ihrer Einstellung bequem eingerichtet und wollen dort auch nicht gestört werden. Bei harten Fällen ist eine grundlegende Lebenseinstellung dahinter zu vermuten, getreu dem Motto: „Der Optimist sieht in jedem Problem eine Aufgabe, der Pessimist in jeder Aufgabe ein Problem." Es kann dann auch ein unbewusstes Verlierer-Lebensskript dahinterliegen. Das Gewinner- bzw. Verliererskript ist nach der Transaktionsanalyse ein lebensprägender, unbewusster Lebensplan, der erfüllt wird. Dies kann im Einzelcoaching bearbeitet werden, in einem Gruppen-Workshop haben wir keine Möglichkeit, so tief einzusteigen.

Das Positive daran:

Dieses Verhalten bringt mitunter interessante Verbindungen und Diskussionen in Bezug auf das Thema, an die wir noch nicht gedacht haben. Auch laufen wir nicht Gefahr, etwas vorschnell oder ungeprüft umzusetzen. Der Teilnehmer macht sich für uns die Mühe, hindernde Aspekte zu beleuchten. Wir sind als Trainer gezwungen, deutlich mehr Informationen zu liefern.

Übliche Gegenmaßnahmen:

✓ Zunächst hören wir ernsthaft zu, ohne gleich auf die pessimistische Grundhaltung einzugehen. Mit einem Reframing können wir den Inhalt in etwas positiverem Licht wiederholen: *„Das Tool ist doch gar nicht ausgereift!"* Antwort: *„Ihnen ist es also wichtig, dass wir ein Tool gründlich prüfen, bevor wir es umsetzen, richtig?"*

✓ Lass die Gruppe für dich mitarbeiten. Wir lassen die Gruppe auf die Kritik antworten: *„Ein interessanter Punkt. Wie sehen das die anderen?"*

✓ Statt mit viel Energie gegen jeden pessimistischen Einwand zu argumentieren, können wir die negative Stimmung auch entspannt ins Leere auslaufen lassen: *„Ja, so kann man es auch sehen. Danke. Kommen wir zurück zu unserem Thema ..."*

Ungewöhnliche Reaktionen:

✓ Wir weisen entspannt und ohne Vorwurf darauf hin, dass wir das Glas grundsätzlich eher halb voll statt halb leer sehen. Jeder im Raum weiß nun, dass damit das ewige Reizthema Optimismus/Pessimismus vom Moderator erkannt ist und wir nicht jedes Pessimismus-Argument bis auf den inhaltlichen Grund durchdiskutieren müssen. Das „OP-Spiel" ist so grundlegend in der Wahrnehmung von Menschen, dass es für die Gruppe sehr erleichternd ist, wenn wir als Moderator sehr früh klarmachen, dass wir es erkannt haben und hier nicht therapeutisch wirken wollen.

✓ Wählen Sie eine paradoxe oder provokative Intervention, solange Sie sich noch nicht ärgern. Sobald Sie sich innerlich aufregen, geht eine provokante Antwort leider regelmäßig schief. Beispielsweise: *„Ja, das ist sehr schwierig. Dann machen Sie doch mal was Schwieriges, etwas Leichtes können Sie ja morgen wieder machen."*

✓ Hängen Sie gut sichtbar schon zu Beginn der Veranstaltung an eine freie Pinnwand einige grundlegende Haltungskarten. Die Teilnehmer werden sie schon beim Hereinkommen wahrnehmen und sich fragen, was dies mit dem kommenden Thema zu tun hat. Im Ernstfall kommen Sie darauf zurück und sprechen eine oder mehrere davon durch. Die besten Erfolge hatten wir bisher mit den Spruchkarten: *„Wer jammert, handelt nicht"* und *„Der eine sieht Probleme dicht an dicht, der andere Zwischenräume und das Licht"*. Einfach wirkungsvoll.

✓ Wenn es thematisch passt, können wir aus dem Thema Pessimismus eine Lerneinheit machen. Wer sich mit entsprechenden Tools wie dem Gewinner-/Verliererskript der Transaktionsanalyse auskennt, kann hier sehr nachhaltige Impulse setzen.

6   Der „Um-das-Becken-herum-Läufer"

Kennzeichen/Verhalten:

- Ist so lange engagiert, wie wir über das Thema reden können, ohne etwas zu tun.
- Fragt gerne, wie es wäre, wenn …
- Will Methoden aufhalten, die ein praktisches Ausprobieren erzwingen würden.
- Stellt viele Fragen und beschäftigt den Trainer.
- Lässt anderen gerne den Vortritt.
- Nimmt gerne eine Beobachterrolle ein.

Mögliche Ursachen:

Bei diesem Verhalten wird die praktische Erfahrung vermieden. Es steckt fast immer eine Angst dahinter, selten Faulheit. Auch gestandene Führungskräfte können panikartige Abwehrreaktionen auf Rollenspiele bekommen, wenn sie konkret zeigen sollen, wie sie das Mitarbeitergespräch führen werden. Gerade bei Inhouse-Seminaren steckt oft die Sorge dahinter, sich vor den Kollegen eine Blöße geben zu müssen. Wenn wir Pech haben, bestimmt dieses Verhalten einen größeren Teil der Gruppe. Dann wird es im weiteren Verlauf immer schwerer, überhaupt noch aktive Mitmacher zu finden.

Das Positive daran:

Bei diesem unbewussten Verhalten steckt doch ein vitales Interesse am Thema dahinter. Wird das Verhalten den Teilnehmern transparent gemacht, gelingt nicht selten die unverzügliche Einsicht. Dann packen wir unseren Mut zusammen und fühlen uns an der Ehre gepackt: Denen zeige ich es. Na also, geht doch!

Übliche Gegenmaßnahmen:

- ✓ Prüfen Sie bei einem Inhouse-Projekt mit Ihrem Auftraggeber, ob das Lernthema nicht besser in den geschützten Rahmen eines offenen Seminars passt.
- ✓ Zerlegen Sie die Übung in mehrere Teilaufgaben mit Zwischenreflexionen in der Gruppe.
- ✓ Teilen Sie Ihren gesamten Workshop deutlicher in einen „Redeteil" (z.B. den Vormittag) und einen „Ausprobierteil" (z.B. den Nachmittag).
- ✓ Starten Sie zunächst mit einer Demo-Runde vor der gesamten Gruppe.
- ✓ Beginnen Sie eine neue Übung mit der gründlichen 4-MAT-Einführung (siehe Kap. 8.10).
- ✓ Kürzen Sie die Diskussion freundlich ab (*„Danke. Gibt es noch eine Frage, bevor wir es einfach mal direkt ausprobieren?"*), wundern Sie sich aber nicht, wenn Sie diese Intervention mehrmals hintereinander machen müssen.

Ungewöhnliche Reaktionen:

- ✓ Die Zirkusmethode: Sie bitten einen Teilnehmer, nach vorne zu kommen (*„Wer hat Lust, mal etwas Kleines auszuprobieren? Frau Schulz, darf ich Sie mal bitten, Sie waren ja* *noch gar nicht hier vorne. Danke!"*). Erst wenn der Teilnehmer vorne neben Ihnen sitzt, erläutern Sie, worum es geht und was Sie jetzt gemeinsam vorhaben. Wenn sich ein Teilnehmer heftig sträubt, lassen wir ihn jedoch wieder gehen. Aber das kommt höchstens in zehn Prozent der Fälle vor.

✓ Sie verzichten komplett auf eine Diskussion zu Beginn und führen direkt in die Erfahrung (*„O.k., jetzt würde ich Sie mal bitten, XY zu tun. Ich sage vorab mal gar nichts dazu, dann wäre bei diesem Schritt die ganze Spannung raus. Wir können nachher auflösen und reflektieren, was das mit unserem Thema zu tun hat. Auf geht's!"*).

✓ Arbeiten wir mit dem Grundsatz, „Der Kopf will es durchdenken, die Seele schreit nach einer Erfahrung", machen wir Lust darauf, eine reale Erfahrung zu machen, um dann ein Thema innerlich wirklich abschließen zu können. Auch wenn diese negativ ist (*„Das taugt für mich nicht"*), ist dies immer noch besser, als endlos kopfig über ein Thema zu reden. Direkt anschließend führen Sie die Gruppe in Aktion (*„O.k., wollen wir es jetzt einfach mal ausprobieren? Sie sagen mir dann nachher, ob es taugt."*).

✓ Arbeiten Sie mit etwas Humor und Provokation: *„Ich kann verstehen, dass Sie gerne noch einen dritten Rettungsring hätten. Aber Sie haben doch schon zwei Paar Schwimmflügel an. Das sieht ja schon ganz ulkig aus. Jetzt springen Sie mal rein und sagen mir, wie kalt das Wasser ist. Wir lassen Sie auch gleich wieder raus, wenn es zu kalt ist."*

7 Der dickhäutige Betonkopf

Kennzeichen/Verhalten:

- Kaum zu offenen Äußerungen zu bewegen.
- Äußert auch auf hartnäckige Nachfrage die eigene Meinung ungern.
- Lässt den Trainer „abtropfen".
- Bleibt stur bei seiner Meinung und ist schwer zu überzeugen.
- Wirkt dickfellig.
- Wenig Interaktion mit der aktiven Gruppenmehrheit.

Mögliche Ursachen:

Die Ursachen können in der Persönlichkeit des Teilnehmers begründet sein (*„Der ist immer so ..."*) oder nur auf dieses spezielle Thema bezogen sein. Dann liegt oft eine starke – negative – Vorerfahrung vor, die nicht mehr zu erschüttern ist. Manchmal wird dieses Verhalten von beruflichen Einzelkämpfern gezeigt, denen Teamplay schon länger fehlt.

Das Positive daran:

Hier fällt es wirklich schwer, noch etwas Positives zu finden. Immerhin demonstriert der Teilnehmer eine zuverlässige Beharrlichkeit in seinen Standpunkten. Er ist damit in seinen Aussagen gut berechenbar.

✓ Lassen Sie ihn einfach in Ruhe und lächeln sie wohlwollend.

✓ Geben Sie dem Betonkopf nicht zu viel Raum für seine meist sehr absoluten und destruktiven Äußerungen.

✓ Fixieren Sie sich nicht unbewusst auf ihn, um ihn doch noch insgeheim zu „knacken". Diese Energie geht für die anderen Teilnehmer verloren. Kümmern Sie sich stärker um die willigen Teilnehmer.

✓ Arbeiten Sie häufig mit dem Antwortsatz: *„Ja, so kann man es auch sehen. Vielen Dank. Kommen wir zurück zum Thema ..."*

✓ Beschränken Sie seinen Einfluss durch häufigere Kleingruppenarbeiten.

✓ Stellen Sie eine Frage nicht offen in das Plenum, sondern wählen Sie immer wieder bewusst unterschiedliche Teilnehmer aus, die Sie direkt ansprechen.

✓ Wenden Sie die Moderationsmethode an, um seine Einwände von der Mehrheit der Gruppe abwählen zu lassen.

Ungewöhnliche Reaktionen:

✓ Versuchen Sie, ihn ohne Schleimerei mit echter Wertschätzung in der Pause zu einem lockeren, nicht-fachlichen Gespräch zu bewegen.

✓ Geben Sie ihm in der Pause eine extragroße Portion persönliche Anerkennung. Die bekommt er aufgrund seines Verhaltens von den Kollegen wahrscheinlich ohnehin wenig. Die Überraschung kann eine wohlwollende Öffnung bewirken.

✓ Machen Sie ihn zu Ihrem ehrlichen Sparringspartner. *„Was meinen Sie dazu?"* Lassen Sie sich von ihm so lange beraten, bis er Ihr Fan wird.

✓ Ignorieren Sie ihn vollständig.

✓ Verschaffen Sie ihm ein besonderes Aha-Erlebnis, etwa bei einer Rollenspiel-Demo vor der Gruppe. Dazu werden Sie ihn aktiv auffordern müssen.

8   Der aggressive Kämpfer

Kennzeichen/Verhalten:

• Ein gesteigertes Verhalten zum dickhäutigen Betonkopf.

• Energetisch und emotional.

• Ist schnell beleidigt und reagiert dann unsachlich.

• Unterbricht auch unhöflich die Beiträge anderer.

• Greift bei Bedarf auch den Moderator persönlich an.

• Kämpft bullig und ausdauernd für seinen Standpunkt.

• Kann eine Gruppe selbstbewusst dominieren.

• Geht bei Bedarf in eine Konfrontation zum Trainer und Moderator.

• Kann persönlich verletzende Angriffe starten.

Mögliche Ursachen:

Dieses Verhalten tritt bei manchen Teilnehmern fast chronisch auf, d.h., sie agieren so in fast allen Workshops. Häufig sind die Kämpfer dominante Persönlichkeiten, die selbst gar nicht so sehr unter einer hitzig-kämpferischen Atmosphäre leiden („*Das stört Sie schon? Das ist doch eine normale, muntere Diskussion!*"). Im Reiss-Profil ist ein hohes Rache-/Kampf-Motiv zu vermuten. Es ist hier daher am ehesten eine Charakterrolle dahinter zu erkennen.

Schwierige Menschen haben Schwierigkeiten: Häufig sind auch prägende Berufsstationen und allgemein stressige Jobsituationen mitverantwortlich. Führungskräfte in schnellen, aggressiven Branchen haben wir öfters mit diesem Verhalten erlebt und natürlich auch aus Firmen, die gerade in zähen Krisen stecken. Der aggressivste Kämpfer, den ich je erlebt habe, war jedoch eine Frau, die als selbstständige Trainerin gescheitert war. Bei anderen Teilnehmern tritt das Verhalten eher themen- oder nur gruppenbezogen auf. Manchmal stecken auch Glaubenssätze hinter dem Muster, die nur schwer aufzulösen sind („*Diese ganzen Trainings sind doch Zeitverschwendung, die haben doch gar keine Ahnung, was in der Praxis abgeht!*").

Das Positive daran:

Also, langweilig wird es für den Trainer und die Gruppe jedenfalls nicht bei diesem Verhalten. Es ist viel Energie im Raum, die sich positiv kanalisieren lässt. Über ein Zuwenig an Emotionen brauchen wir uns auch nicht zu beklagen. Der Trainer muss alles geben und wird den Workshop sicher nicht herunterspulen können. Für souveräne und erfahrene Trainer ist dieses Verhalten eine gute Gelegenheit, die eigene Fachkompetenz für alle erkennbar zu zeigen. Schwache Trainer werden von diesem Verhalten schneller entzaubert, sodass Fassadenspiele für die Gruppe schneller beendet sind. Dieses Verhalten spornt oft auch die stilleren Teilnehmer zur Aktivität an („*Ich bin da aber ganz anderer Meinung …*") und wir haben im besten Fall sehr muntere Diskussionsrunden.

Übliche Gegenmaßnahmen:

✓ Nehmen Sie sich genug Zeit, die Spielregeln im Training auch schriftlich vorzustellen und holen Sie von jedem Teilnehmer – also auch dem später einsteigenden Betonkopf – durch einen kurzen Blickkontakt und jeweils ein kurzes Kopfnicken als Bestätigung die Zustimmung zu diesen Spielregeln ein. Besonders hilfreich sind hier die Regeln: „Wir lassen uns ausreden", „Jeder spricht für sich" und „Wir geben wertschätzende Beiträge".

✓ Ermöglichen Sie, etwas Dampf abzulassen und versachlichen Sie dann wieder die Diskussion („*Das musste jetzt wohl mal raus. Vielen Dank, dass Sie hier mal gesagt haben, wie es Ihnen innerlich geht. Steigen wir ein in unser Thema …*").

✓ Lassen Sie sich keinesfalls in die Eskalation eines sich steigernden Pingpong-Spiels treiben, genau das wünscht sich der aggressive Kämpfer.

- Geben Sie dem Teilnehmer nicht immer mehr Bühne für seine Statements. Achten Sie darauf, die anderen in der Gruppe immer wieder einzeln direkt anzusprechen und nach ihrer Meinung zu fragen.
- Steigen Sie auf eine Metaebene der Diskussion ein und konfrontieren Sie den Betonkopf mit Ihrer Wahrnehmung (*„Bisher habe ich unsere gemeinsame Diskussion als sehr konstruktiv erlebt. Ich verstehe nicht, warum wir jetzt so emotional miteinander umgehen. Wie geht es Ihnen?"*).
- Steigen Sie auf eine Verhandlungsmethode um. Trennen Sie Person (persönliche Angriffe eben nicht persönlich nehmen!) und das Sachthema (bei dem Sie unterschiedliche Sichtweisen haben). Erfragen Sie dann offensiv seine persönlichen Interessen und nennen Sie auch Ihre (*„Ich würde gerne mit allen in der Gruppe gleichermaßen an diesem Thema arbeiten. Was möchten Sie denn hier für sich erreichen?"*). Entwickeln Sie daraus neue Alternativen, die bisher nicht stattgefunden haben (*„Gut, dann machen wir es jetzt so, dass bei jedem Thema zunächst die Gruppe aufgefordert ist, Verständnisfragen zu stellen, bevor Sie einsteigen. Ist das o.k.?"*). Das Harvard-Konzept bietet hier übrigens eine interessante Grundlage aus der Profiwelt der Verhandlungsführung.

Ungewöhnliche Reaktionen:
- Fahren Sie Ihre Wahrnehmung schon vor dem Beginn der Veranstaltung hoch. Aggressives Kämpferverhalten ist manchmal schon beim Betreten des Raums (der Stier betritt die Arena) und in den ersten Minuten der Veranstaltung zu ahnen. Jetzt beschäftigen Sie sich intensiv mit ihm: Zeigen Sie demonstrative Zustimmung vor der Gruppe gegenüber seinem ersten Statement (*„Das ist genau die Richtung, mit der wir uns heute beschäftigen wollen!"*) und bewundern Sie seine Vita und Kompetenz (*„Klasse, da macht Ihnen ja keiner mehr was vor bei unserem Thema. Ich freue mich schon auf Ihre Fallbeispiele und Lösungsideen!"*). Aber seien Sie dabei keineswegs devot oder eingeschüchtert.
- Wählen Sie die beliebte LIMO-Methode: Loben (*„Danke für Ihren Impuls!"*), interessiert sein (*„Das finde ich spannend, wir sollten da etwas näher drauf eingehen"*), Mängel zugeben (*„Wir haben das bisher vielleicht zu wenig beachtet"*) und offen sein (*„Was für Vorschläge haben Sie, die wir hier besprechen können?"*).
- Versuchen Sie ganz früh – am besten noch vor dem Start des Seminars – ein kurzes persönliches Gespräch zum Anwärmen mit ihm zu führen. Zeigen Sie echte Augenhöhe und versuchen Sie, dass Sie gemeinsam etwas zu lachen haben. Das entspannt den Kämpfer ungemein.
- Lassen Sie die Gruppe aktiv gegen den aggressiven Kämpfer mitarbeiten, indem Sie die Moderationsmethode anwenden (siehe Kap. 8.15). Bleiben Sie dann aber nach Ihrem Sieg fair und freundlich gegenüber dem aggressiven Kämpfer. Nachtreten ist dann wirklich unsportlich.
- Gehen Sie die Teilnehmer bei einem Inhouse-Training mit Ihrem Auftraggeber durch. Fragen Sie aktiv nach, ob Sie einen aggressiven Kämpfer zu erwarten haben.

Bitten Sie ggf. den Auftraggeber, ein diskretes Vorgespräch mit dem Kämpfer zu führen. In manchen Fällen habe ich schon erlebt, dass der Kunde den Teilnehmer ausgeladen hat, was zum ersten Mal ein echtes Nachdenken über das eigene Verhalten ermöglichte. Vereinbaren Sie, dass der im Workshop anwesende Vorgesetzte als Erstes eingreift, wenn das aggressive Verhalten beginnt.

✓ Steigen Sie betont entspannt mit Humor auf die erste Breitseite ein (*„Oh, wollen Sie mich gleich fressen, oder darf ich vorher noch das Mittagessen mitnehmen?"*). Lächeln Sie ihn an und vermitteln Sie die klare Botschaft: *„Sorry, das ist ein Missverständnis. Dieses Verhalten können Sie wieder beim nächsten Trainer zeigen. Hier setzen wir mal damit aus."* Tatsächlich schaffen es aggressive Kämpfer, bei manchen Moderatoren völlig handzahm und konstruktiv mitzuarbeiten, während sie bei fast allen anderen Veranstaltungen ständig lospoltern.

Trainererfahrung

Matthias Berg: Stärkste Herausforderung und Profitipp

Was war Ihr persönlich größter Trainings-Flop?
Eher eine knifflige Situation als ein Flop: In einem Seminar für Nachwuchsführungskräfte zum Thema „Werte leben in der Führungspraxis" gerieten zwei Teilnehmer, die in einem unternehmensinternen Konkurrenzkampf standen, aneinander. „Wie bescheuert muss man eigentlich sein, um so einen Scheiß zu verzapfen!" Wie mit allen vereinbart (Gesprächsregeln), habe ich interveniert, die Grenzüberschreitung benannt, an die Regeln der Höflichkeit erinnert und um ein Commitment gebeten. Daraufhin wurde ich angefahren: „Das geht Sie gar nichts an. Sie haben ja keine Ahnung, mit welchen Typen wir es bei uns im wirklichen Leben zu tun haben!" Totenstille im Raum.

Wie konnte es dazu kommen?
In unternehmensinternen Seminaren ist nie ausgeschlossen, dass man als Leiter von den täglichen Problemen der Teilnehmerinnen und Teilnehmer eingeholt wird. Das ist im Prinzip auch gut so, denn genau dies ist Sinn und Zweck der „Übung" – die theoretischen Erkenntnisse in die Praxis zu transferieren. Oder wie hier: genau umgekehrt. Die beiden Teilnehmer standen in Konkurrenz um die nächste Entwicklungsstufe ihrer beruflichen Laufbahn. Da sind nervliche Anspannungen verständlich. Und wenn zu viel Druck im Kessel ist, braucht es ein Ventil – oder ausreichende/adäquate Haltungs-, Denk- und Handlungsalternativen. Diese sollten im weiteren Verlauf des Seminars erarbeitet werden.

Wie haben Sie die Kurve gekriegt?
Ausgangslage: 1. Puls: dreistellig, 2. Adrenalin: volle Dosis, 3. klares Denken: abgeschaltet, 4. Strategie: 5P (proper preparation prevents poor performance).

Und so sieht die Vorbereitung aus: 1. Werte-Haltung: WDR (Wertschätzung, Demut, Respekt), 2. persönliche Grundhaltung: deutsche Eiche („Was kratzt eine deutsche Eiche, wenn sich eine Wildsau an ihr reibt"), 3. biologische Grundkenntnis: kurz Zeit gewinnen zum Adrenalin-Abbau, 4. rhetorische Grundkenntnis: Wer fragt führt, den Ball unbewertet und damit ohne Eskalation zurückspielen, 5. Rollenverständnis: Kontrolle signalisieren und deshalb Blickkontakt halten.

Simples Ergebnis im Seminar: Ich schaue ihn an und stelle die (vorbereitete und auswendig gelernte) Gegenfrage: „Entschuldigen Sie, das habe ich nicht verstanden – könnten Sie das bitte wiederholen?" Der betreffende Teilnehmer hielt daraufhin kurz inne, überlegte und erläuterte seinen verbalen Ausbruch (Umstieg auf die Metaebene). Am Ende stand eine Entschuldigung an seinen Kollegen und mich. Die Situation wurde beim gemütlichen Beisammensein am Abend erneut aufgegriffen und verarbeitet – das ist übrigens der Vorteil von zweitägigen Seminaren.

Was ist Ihre tiefste Lernerfahrung daraus?

„Was du nicht willst, das man dir tu, das füg' auch keinem anderen zu." Bei verbalen Ausbrüchen nicht beleidigt reagieren, nicht alles auf die Goldwaage legen, keine Gegenattacke reiten oder den Angriff werten, sondern den Ball unkommentiert zurückspielen und damit eine zweite Chance eröffnen. Dem anderen zugestehen, auch mal einen schlechten Tag erwischt oder (unbeabsichtigt) unter die Respekt-Gürtellinie getroffen zu haben. Man trifft sich immer zweimal im Leben und man ist vielleicht auch mal auf die Toleranz des anderen angewiesen. Vorbild sein.

Was machen Sie nie mehr?

Ich würde wieder so reagieren. Vergebung statt Revanche bewährt sich auf lange Sicht.

Der Profitipp: Mein persönlicher Lieblingshelfer in schwierigen Workshop-Situationen ist: Ruhe bewahren und die Kontrolle nicht aus der Hand geben.

Matthias Berg (Jurist, Musiker und ehemaliger Behinderten-Leistungssportler) ist Führungskraft sowie Redner und Trainer in den Bereichen Motivation, Selbstmanagement und werte-basierte Führung.

9 Der arme Clown

Kennzeichen/Verhalten:

- Bringt sich in Szene durch alberne Bemerkungen und Witzchen.
- Häufig aktive Beteiligung, schwankt aber stark in seiner Aufmerksamkeit.
- Zieht ernsthafte Themen ins Lächerliche.
- Schaut oft die anderen Teilnehmer an, ob sie positiv auf die Aktionen reagieren.
- Will krampfhaft für lustige Stimmung sorgen.
- Macht sich selbst lächerlich.
- Erwartet irgendwann eine Zurückweisung durch den Trainer, setzt dann aber sein Clown-Verhalten früher oder später fort.

Mögliche Ursachen:

Es kann der Wunsch nach Spiel, Abwechslung und Leichtigkeit dahinterstecken. Manchmal fühlen sich Teilnehmer auch dazu berufen, für eine Gruppe eine möglichst entspannte und lustige Zeit zu schaffen. Dann ist der Trainer mitunter selbst das Problem: Manche Themen werden ja mit einer staatstragenden Ernsthaftigkeit und Schwere vermittelt, dass uns wirklich keine Freude mehr bleibt.

Es kann ein unbewusstes Opferspiel dahinterstecken, bei dem so lange um Aufmerksamkeit gebuhlt wird, bis auch der letzte Teilnehmer genervt reagiert. Dieses Verhalten bedeutet, dass lieber eine negative Reaktion aufgenommen wird, als gar keine Beachtung zu bekommen. Häufig spürt man, wie alt das Muster ist: Das Verhältnis zwischen Trainer, Gruppe und dem Clown erinnert irgendwie fatal an eine Schule aus der Kindheit.

Das Positive daran:

Dieser Teilnehmer beteiligt sich aktiv und verfolgt meistens aufmerksam das Geschehen. Wer sich als Clown verhält, möchte die Gruppe zum Lachen bringen und eine andere Energie einbringen. Manchmal ist es auch wirklich sehr amüsant, auf welche Ideen er kommt.

Übliche Gegenmaßnahmen:

Wir weisen ihn freundlich auf das störende Verhalten hin und bitten ihn, sich weiterhin aktiv, aber konstruktiv zu beteiligen.

Ungewöhnliche Reaktionen:

- ✓ Wir prüfen, ob wir nicht selbst mehr Humor in unsere Veranstaltung bringen können. Ist unsere Veranstaltung durchgängig locker und mit viel Lachen für alle verbunden, wird kaum Raum bleiben für nervende Witzchen und Blödeleien eines einzelnen Teilnehmers. Die Lufthoheit beim Humor holen wir für die ganze Gruppe.
- ✓ Wir zeigen deutlich unsere Freude, dass wir einen Clown in der Gruppe haben. Wie im Zirkus gibt der Conférencier dem Clown immer wieder „seine Minute" zur Auflockerung des Programms. Genau das bauen wir in unseren Ablauf ein und fordern bei Bedarf den Clown sogar aktiv auf, einen neuen, kurzen Blödsinn zu machen. Wir freuen uns dann wirklich daran. Wir sorgen aber immer dafür, dass es nicht zu viel wird und auch der Gruppe noch Freude macht.
- ✓ Wir gehen gar nicht auf das Verhalten ein und lassen es mit der Zeit leerlaufen. Mental sehen wir beim Teilnehmer bereits nur noch konstruktive Beiträge. Zwischendurch sprechen wir ihn ernsthaft an und bitten um seine Meinung.
- ✓ Wir sprechen das Clown-Muster in einer Pause mit dem Teilnehmer direkt an. Wir vermitteln ihm, dass er das gar nicht nötig hat und freuen uns über konstruktive inhaltliche Beiträge.

10   Der schleichende Verkrümler

Kennzeichen/Verhalten:

- Geht länger aus dem Raum, um draußen zu arbeiten oder zu telefonieren.
- Verlässt den Seminarraum ohne Begründung.
- Arbeitet mit Unterlagen auf dem Schoß.
- Bearbeitet heimlich Mails oder Akten.
- Kommt oft später aus den Pausen zurück.
- Sucht nach Möglichkeiten, die Veranstaltung abzukürzen oder lässt Telefonkonferenzen und Meetings während der Veranstaltung für sich zu.

Mögliche Ursachen:

Es gibt Teilnehmer, die es mittlerweile vollkommen gewohnt sind, ihre Zeit mit Multitasking doppelt gut zu nutzen. Sie versuchen ernsthaft, bei einer Veranstaltung alles mitzubekommen und gleichzeitig einen kompletten Bürotag zu schaffen. Gerade bei Führungskräften steht oft der innere Antreiber „Sei schnell!" dahinter: Diese Tagvollstopfer wollen ihre Zeit optimal nutzen und werden schon nach einer Minute scheinbar sinnloser Gruppendiskussion nervös. Manchmal kommt die Veranstaltung auch zum ungünstigen Zeitpunkt, z.B. mitten in der Saison oder vor einem wichtigen Abgabetermin. In manchen Branchen ist dieses Verhalten aber auch so normal, dass das Fehlen schon eine Besonderheit ist. Bei manchen Teilnehmern ist dieses Verhalten nur ein kurzer Neugierreflex am Vormittag (Habe ich Mails bekommen?), der sich von allein legt, je weiter sie in einen hoffentlich spannenden Workshop einsteigen.

Das Positive daran:

Bei diesem Verhalten wird zumindest versucht, die Störung für die Gruppe so gering wie möglich zu halten. Es soll vielleicht auch vermieden werden, Zeit für unnütze Diskussionen und langweilige Themen zu verlieren. Die Aufmerksamkeit wird auf die vermeintlich wichtigen oder neuen Themen konzentriert. Manchmal entscheidet ein Teilnehmer innerlich für sich, lieber zu bleiben (und zu arbeiten), als die Gruppe durch ein endgültiges Verlassen der Veranstaltung zu verstören.

Übliche Gegenmaßnahmen:

- ✓ Erfragen Sie gleich zu Beginn der Veranstaltung, ob einzelne Teilnehmer wichtige Telefonate führen müssen und vereinbaren Sie eine Regelung dafür.
- ✓ Klären Sie die Spielregeln konsequent zu Beginn und sorgen Sie freundlich, aber bestimmt für die Einhaltung.
- ✓ Geben Sie eine ehrliche, aber nicht verärgerte Ich-Botschaft: *„Es tut mir leid, aber Ihr Verhalten beginnt mich zu stören. Ich kann mich nicht mehr hundertprozentig konzentrieren."*

✓ Falls Ihnen auffällt, dass ein Teilnehmer öfters ohne Grund länger den Raum verlässt, sprechen Sie ihn bei der nächsten Pause darauf an. Falls es nachvollziehbare Gründe gibt, besprechen Sie das auch mit der Gruppe.

Ungewöhnliche Reaktionen:

✓ Steigen Sie vom üblichen Müssen-Modus (Smartphones verboten!) auf den viel angenehmeren Dürfen-Modum: *„Und Sie dürfen sich heute den ganzen Tag zurücklehnen und mal ganz ohne schlechtes Gewissen bis zur Mittagspause alle Smartphones ausschalten und am besten sogar in Ihrer Tasche verstauen. Was für ein erholsames Geschenk!"*

✓ Verlängern Sie die Pausenzeiten deutlich, z.B. führen Sie am Vor- und Nachmittag halbstündige Kommunikationspausen statt normaler Kaffeepausen ein. Im Gegenzug setzen Sie während der Veranstaltung aber striktere Regeln für Smartphones durch.

✓ Ignorieren Sie das Verhalten völlig und sehen Sie es als etwas völlig Normales an. Genießen Sie es, dass Sie scheinbar der Einzige sind, der sich den Luxus der vollen Konzentration auf eine Sache leisten kann. Werden Sie dabei nicht überheblich oder moralisch, sondern freuen Sie sich über jede vorübergehende Aufmerksamkeit, die Ihnen der Teilnehmer noch gibt.

✓ Wir sammeln alle Smartphones und Handys ein und setzen ggf. jemanden mit allen Telefonen an einen Tisch vor dem Seminarraum, der bei dringenden Anrufen (passiert sehr selten) den betreffenden Teilnehmer kurz aus der Veranstaltung bittet. Ich habe selbst nicht geglaubt, dass das funktioniert – war dann aber überrascht über die verblüffende Wirksamkeit.

✓ Prüfen Sie in einem Pausengespräch, ob es nicht sinnvoller für den Teilnehmer wäre, die Veranstaltung abzubrechen. Lassen Sie ihn dann ohne schlechtes Gewissen gehen.

11 Der naive Gruppennerver

Kennzeichen/Verhalten:

- Merkt nicht, dass sein Verhalten oder seine Art der Beiträge die Gruppe stört.
- Erkennt schwache Signale der Gruppe nicht.
- Erscheint im weiteren Verlauf isoliert von der Gruppe.
- Sorgt für Gesprächsstoff in den Pausen.

Mögliche Ursachen:

In jedem Fall sind die Ursachen sehr unterschiedlich. Möglicherweise ist es gar kein Problem des Einzelnen, sondern ein kollektives (Toleranz-)Problem der Restgruppe. In vielen Fällen steckt jedoch eine geringe Wahrnehmungssensibilität dahinter. Schwache Signale der Gruppe werden vom Teilnehmer einfach nicht erkannt oder falsch gedeutet. Die Gruppe erwartet meistens vom Trainer, dass er etwas zur Lösung des Falls beiträgt.

Das Positive daran:

Wenn die Zeit besteht, das Verhalten gründlich zu reflektieren und mit der Gruppe zu diskutieren, dann kann dieser Workshop einen echten Durchbruch in der persönlichen Entwicklung des Teilnehmers bedeuten.

Übliche Gegenmaßnahmen:

- ✓ Beobachten Sie das Verhalten und die Reaktionen der Gruppe sehr genau. Greifen Sie zunächst nicht ein, wenn dies von der Situation her noch nicht erforderlich ist. Vielleicht sorgen die Selbstheilungsprozesse der Gruppe schon für eine Lösung.
- ✓ Sprechen Sie den Teilnehmer in einer Pause an, wie es ihm in der Gruppe geht. Holen Sie sich auch Stimmungen der anderen Gruppenmitglieder und achten Sie auf die Themen der Pausengespräche. Geben Sie den Wortführern der Gruppe bei Bedarf zu verstehen, dass Sie das Verhalten wahrgenommen haben.
- ✓ Sorgen Sie bei Plenumsdiskussionen für eine gleichmäßige Beteiligung aller Teilnehmer.
- ✓ Bilden Sie Kleingruppen nach dem erzwungenen Zufallsprinzip (z.B. Schnüre ziehen lassen bei Zweier-, Dreier- und Vierergruppen). Überlassen Sie es nicht mehr so oft der Gruppe, sich spontan in Gruppen zu finden, dies steigert die Gruppendynamik meist noch.
- ✓ Unterbinden Sie nach Möglichkeit ausfällige oder verächtliche Kommentare der Gruppe gegenüber dem Teilnehmer. Geben Sie jedoch auch zu verstehen, dass das Verhalten des Teilnehmers zu Irritationen führen kann.
- ✓ Falls die Situation weiter eskaliert, unterbrechen Sie Ihr Programm und machen Sie die Störung zum öffentlichen Thema. Schildern Sie ehrlich Ihre Wahrnehmung und fragen Sie den Teilnehmer und die Gruppe nach ihrer Einschätzung. Vereinbaren Sie dann konstruktive Spielregeln für den Rest der Veranstaltung.

Ungewöhnliche Reaktionen:

- ✓ Wenn es gar keine Möglichkeit der Reflexion gibt: Schützen Sie den Teilnehmer vor sich selbst, indem Sie ihm weniger Gelegenheit für Statements geben.
- ✓ Falls die persönliche Reflexion Teil Ihres Veranstaltungsthemas ist und Offenheit dafür besteht: Nehmen Sie sich bewusst viel Zeit – z.B. eine ganze Mittagspause –, um mit dem Teilnehmer sein Verhalten zu reflektieren Geben Sie ein klares, aber wertschätzendes Feedback. Nutzen Sie Coaching-Techniken, um eine Verhaltensänderung zu bewirken. Vereinbaren Sie mit dem Teilnehmer, was von diesem Gespräch auch der Gruppe mitgeteilt werden soll.

12 Der langatmige Schwätzer

Kennzeichen/Verhalten:

- Hoher Redeanteil und insgesamt eher lange Beiträge.
- Kommt nicht auf den Punkt.

- Neigt zu Wiederholungen und selbstverliebten Geschichten ohne klaren Bezug zum Thema.
- Möchte gerne das letzte Wort haben.
- Gruppe reagiert erleichtert, wenn er unterbrochen wird.

Mögliche Ursachen:

Langatmige Schwätzer haben sich *unbewusst* angewöhnt, während des Redens simultan weitere Gedanken zu entwickeln und sie dann in den laufenden Redebeitrag noch einzubauen. Dadurch kommt die Struktur des Redebeitrags unter die Räder. Wiederholungen und Seitenthemen werden wahrscheinlicher. In manchen Fällen steht auch eine seltsame Angst vor der Ruhe dahinter, die entsteht, wenn ein Redebeitrag endet. Diese kurze Schweigepause soll vermieden oder hinausgezögert werden. Nur in seltenen Fällen ist es ein *bewusster* Trick, die Dynamik einer Diskussion in eine gewünschte Richtung auszubremsen, Zeit zu gewinnen oder andere Teilnehmer zu dominieren. Das erkennen wir meist schon aus der Situation heraus, insbesondere daran, dass der Teilnehmer *nicht immer* zu dieser Langatmigkeit neigt.

Vielredner haben ein starkes Bedürfnis nach Anerkennung und Aufmerksamkeit. Dahinter können Eitelkeit und Egozentrik verborgen sein. Manchmal steckt auch nur der Wunsch nach Kontakt und Nähe dahinter, ohne zu spüren, dass dies gerade durch dieses Verhalten gefährdet wird.

Vielredner dominieren die Diskussion und sie nehmen dadurch oft zu starken Einfluss auf die Gruppe, indem sie intellektuell glänzen wollen. Schwierig wird es, wenn dies mit einer Vorgesetztenrolle zur Gruppe verbunden ist. Auch manche Kamingespräche mit oberen Führungskräften enden für die brav zuhörenden Teilnehmer in diesem nervtötenden Verhalten. Anschließend fragt der Schwätzer den Moderator dann gerne, *„Wie war ich?"*, um seinen Zucker der Bestätigung abzuholen.

Das Positive daran:

Der Vielredner liefert Ideen und kann den Impuls für eine wirklich wertvolle Diskussion geben. Er regt auch ruhige Teilnehmer an, sich zu beteiligen, da sie sonst die ganze Diskussion an den Vielredner entgleiten sehen. In langen Redebeiträgen haben wir als Moderator die Gelegenheit, in aller Ruhe die weitere Vorgehensweise zu überlegen. Auch die anderen Teilnehmer können sich etwas sammeln und entspannen. Es ist ja nicht viel zu tun.

Übliche Gegenmaßnahmen:

✓ Generell steigern wir kontinuierlich unsere Interventionen. Das heißt, wir fangen mit ganz schwachen Signalen an.
✓ Bei erwarteten Vielrednern nehmen wir eine passende Spielregel auf, die wir gleich zu Beginn mit allen Teilnehmern vereinbaren. („Wir kommen auf den Punkt." „Wir lassen alle zu Wort kommen.")

✓ Nehmen Sie die Beiträge des Vielredners ernst und wertschätzen Sie seine Impulse.

✓ Bauen Sie im Plenum dezente Botschaften ein, um der Gruppe klarzumachen, dass Sie das Verhalten erkannt haben. (*Danke, kommen wir zum nächsten Thema. Wer möchte kompakt – vielleicht in einem starken Satz – seine Meinung dazu sagen?* / *Jetzt würde ich mich freuen, auch einmal die Ruhigeren unter Ihnen zu hören. Sie haben ja sicher auch etwas zu sagen.* / *Wer hat denn noch gar nichts gesagt? Frau Müller, darf ich Sie mal bitten, Ihren Standpunkt zu schildern?*)

✓ Sorgen Sie dafür, dass sich alle Teilnehmer gleichmäßig beteiligen, z.B. mit einer kurzen Blitzlichtrunde oder einer Kartenabfrage.

✓ Starten Sie mit schwachen Signalen: Nicken Sie öfter und deutlicher als üblich mit dem Kopf (innerlich: o.k., so weit verstanden) und sagen Sie während seines Beitrags immer öfter „*hhmm*", „*ah ja*", „*o.k.*" ..., um Endsignale zu senden.

✓ Fassen Sie seine Aussage auf die Kernaussage zusammen oder fragen Sie präzise seinen Kernpunkt heraus.

✓ Unterbrechen Sie ihn bei Wiederholungen („*O.k., diesen Punkt hatten wir ja schon*").

✓ Führen Sie mit ihm ein freundliches Pausengespräch über sein Verhalten und vereinbaren Sie mit ihm ein Unterbrechungssignal, das ihn daran erinnert, zum Punkt zu kommen.

Ungewöhnliche Reaktionen:

✓ Hören Sie genau zu, wann der Redefluss zu einer dramaturgischen Pause kommt. Während der Schwätzer Luft holt, um fortzufahren, steigen Sie blitzartig mit einem Lächeln ein, wenden Ihren Blick vom Vielredner weg und stellen der Gruppe eine weiterführende Frage („*... hat das von Ihnen schon jemand erlebt?*").

✓ Wir können aus dem Problem eine sinnvolle Lerneinheit für die ganze Gruppe machen. Gerne reflektieren wir dabei den Grundsatz: Erst denken, dann reden. Wir vereinbaren, dass jeder zunächst seinen Beitrag komplett durchdenkt und dann erst ausspricht, ohne noch etwas anzuhängen. In harten Fällen habe ich auch schon vor der Gruppe die Spielregel vereinbart, dass ich während eines langatmigen Beitrags leise und freundlich „*Punkt*" sage, als Zeichen, jetzt den Satz abzuschließen. Dieses sanfte Coaching führt zu immer klareren Beiträgen. Bei einem guten Rapport zum Teilnehmer wird dieser Impuls sogar dankbar aufgenommen.

✓ Lassen Sie die Energie ins Leere auslaufen, indem Sie freundlich zuhören, bis der Vielredner fertig ist. Dann gehen Sie entspannt, aber ohne jeglichen Kommentar gegenüber dem Vielredner zum Rest der Gruppe über („*Möchte noch jemand etwas zu diesem Thema sagen?*" / „*Haben Sie noch eine Frage?*"). Ein Vielredner kennt meistens sein Problem und wird so daran diskret erinnert.

13 Der Ja-aber ...-Besserwisser

Kennzeichen/Verhalten:

- Beginnt viele Einwände mit der „Ja, aber ...-Formulierung".
- Gefällt sich in seiner vermeintlichen Expertise.
- Wartet auf den Moment, in dem er aktiv werden kann, bis dahin ist er weniger konstruktiv beteiligt.
- Findet immer eine spezielle Situation, in der die vorgestellten Lösungen garantiert nicht funktionieren.
- Alle haben das Gefühl, dass es nicht um die sachliche Klärung der Punkte geht, sondern die prinzipielle Gegenrede ausgelebt werden soll.
- Nennt exotische und z.T. schwer nachvollziehbare Beispiele, führt zu abwegigen Diskussionen.
- Beißt sich in Rechthaberei fest.

Mögliche Ursachen:

Dieses Verhalten kann ein unbewusstes (Opfer-)Spiel sein, das wir nur schwer durchbrechen können. Fast die gesamte Energie geht dahin, immer gleich eine Gegenargumentation aufzubauen, so abwegig sie auch sein mag. Dahinter muss nicht zwingend immer eine pessimistische Grundeinstellung oder die generelle Ablehnung des Themas stecken. Es ist vielmehr der variantenreiche Trick, den Gesprächspartner entweder zu immer neuen Erklärungsversuchen zu bewegen (Retterangebote) oder ihn irgendwann so lange zu nerven, bis er aggressiv reagiert (Verfolgerreaktionen).

Das Positive daran:

Hinter diesem Verhalten steht oft eine bemerkenswert hohe Aufmerksamkeit, sogar auf Details der Diskussion. Dieses Verhalten produziert auch kreative Sichtweisen, die eine neue Sicht auf das Thema erlauben. Es lockt auch die zurückhaltenden Teilnehmer oft aus der Reserve, die sich nun auch stärker mit dem Thema auseinandersetzen und aktiver mit Beiträgen werden. Der Wunsch nach Aufmerksamkeit und Anerkennung, der diesem Muster oft zu Grunde liegt, ist menschlich auch zu verstehen.

Übliche Gegenmaßnahmen:

- ✓ Nehmen Sie die erwarteten Einwände bei einem Thema vorweg und entkräften Sie sie selbst mit Ihren Argumenten, z.B. mit der Prolepse-Technik (siehe Kap. 8.8).
- ✓ Hören Sie dem Teilnehmer aufmerksam zu, antworten Sie aber nur sehr kompakt und keinesfalls emotional. Beteiligen Sie die Gruppe stärker an der Diskussion.
- ✓ Entziehen Sie dem Spiel die Bühne. Bauen Sie nach einem Input sofort eine kurze Reflexion in Kleingruppen oder mit dem Sitznachbarn ein, in der Fragen und mögliche Probleme gesammelt werden. Nehmen Sie aus allen Kleingruppen gleichmäßig die Punkte auf.

- ✓ Beginnen Sie Ihre Veranstaltung mit dem Supermarkt-Hinweis: *„Machen wir es heute so, wie in einem Supermarkt. Vieles liegt im Regal, aber wir kaufen ja nie alles. Vielleicht kauft es ja ein anderer. Manches von dem, was ich heute sagen werde, mag Ihnen vielleicht nicht gefallen. Lassen Sie es einfach im Regal liegen und kaufen Sie etwas anderes. So bin ich heute frei, auch (provozierende, ungewöhnliche) Dinge zu sagen, die Sie nie kaufen werden.*"

- ✓ Gehen Sie auf den Einwand gar nicht mehr ein, sondern lassen Sie ihn einfach so stehen und fahren Sie ruhig in Ihrem Thema fort. Zeigen Sie dabei aber keine Verärgerung, sondern eher eine entspannte Milde (*„Danke schön. Ja, so kann man es auch sehen.* – kurze Pause – *Gehen wir einen Schritt weiter und sehen uns die praktische Umsetzung an …*").

- ✓ Zeigen Sie der Gruppe, dass Sie das Spiel erkannt haben und machen Sie ohne Vorwurf oder Verärgerung eine entsprechende Bemerkung (*„Gut, vielen Dank. Ich denke, das ‚Ja-aber …-Spiel' können wir heute noch endlos spielen. Gewinnen kann ich es ohnehin nicht. Aber es ist immer wieder interessant. Kommen wir jetzt zu …*").

- ✓ Spielen Sie dem Teilnehmer eine humorvolle Karte zu und machen Sie aus dem destruktiven Spiel mit der Zeit ein für alle amüsantes Spiel. Halten Sie dabei einen guten Rapport zum Teilnehmer und machen Sie sich nicht auf seine Kosten lustig. Es soll für alle amüsant sein (*„Kommen wir zum nächsten Thema. Herr Müller, aufgepasst, ich bin schon auf Ihr Gegenbeispiel gespannt. Wer zuerst eines gefunden hat, hat gewonnen, o.k.? Also alle mitmachen!*").

- ✓ Geben Sie dem Teilnehmer, was er braucht, auf andere Weise als in Rede und Widerrede, nämlich in Form ehrlicher Aufmerksamkeit und Wertschätzung: Besprechen Sie in einem Pausengespräch sein Verhalten mit ihm und vermitteln Sie mithilfe der Transaktionsanalyse das „Ja-aber … -Spiel". Zeigen Sie ihm Lösungswege auf, wie er aus diesem Muster herausfinden kann.

14   Der dominante Co-Trainer

Kennzeichen/Verhalten:

- Selbstbewusst im Auftritt, manchmal mit gönnerhafter Note.
- Demonstriert seine Erfahrung im Thema.
- Versucht auf die Methodik und den Ablauf der Veranstaltung durch eigene Vorschläge einzuwirken.
- Prüft innerlich ständig die Fachkompetenz des Trainers.
- Korrigiert und ergänzt den Trainer, mehr oder weniger elegant formuliert.
- Bietet dem Trainer seine Mithilfe auf „Augenhöhe" an, lebt dadurch eine gewisse Distanz zur „normalen" Gruppe.

Mögliche Ursachen:

Der dominante Co-Trainer findet es ganz normal, dass er nicht nur gewöhnlicher Teilnehmer ist, sondern die Veranstaltung auch zu seiner eigenen macht. Die Sonderstellung wird damit auch gegenüber der Gruppe demonstriert. In manchen Fällen wird dieses Verhalten nur gezeigt, wenn wirklich sehr viel methodische Kompetenz vorhanden ist und in der Veranstaltung die ersten Pannen offensichtlich wurden. Gelegentlich ist dies auch der Versuch, näher in Kontakt zum Trainer zu kommen, um auf dieser Ebene zusätzliche Anerkennung zu finden.

Ich habe auch schon erlebt, dass Teilnehmer mit einer speziellen Weltsicht (meist über besondere Ausbildung erlernt) über dieses Verhalten ihre Sicht der Dinge in Veranstaltungen durchsetzen wollten. Auch unbewusste Wünsche lassen sich über dieses Verhalten ausleben, selbst einmal vorne als Trainer oder Moderator zu stehen. Wenn der Vorgesetzte der Gruppe dabei ist, haben wir jedoch eine spezielle Konstellation.

Das Positive daran:

Dieses Verhalten liefert Impulse für die Workshop-Gestaltung, die wir ja von einer Gruppe nur selten bekommen. Immerhin macht sich dieser Teilnehmer die Mühe, schon während der Veranstaltung auf den Verlauf Einfluss zu nehmen. Viele andere lästern nur in den Pausen oder quittieren ihre Verärgerung im Feedbackbogen.

Der Teilnehmer hat möglicherweise Sorge, dass die Veranstaltung aus dem Ruder läuft oder die gesetzten Ziele nicht erreicht werden. Mit diesem Verhalten möchte er aktiv dagegensteuern. Er macht sich Gedanken über die methodische Ebene des Trainings und teilt seine Sichtweise mit dem Trainer. Das Verhalten macht auch durchaus Sinn, wenn der Teilnehmer schlechte Erfahrung in früheren Trainings gemacht hat, bei denen niemand eingegriffen hat.

Übliche Gegenmaßnahmen:

✓ Bleiben Sie Herr im Ring. Nehmen Sie Anregungen wahr, aber machen Sie auch deutlich, dass Sie Ihre Rolle als Veranstaltungsleiter nicht „teilen" werden.
✓ Fragen Sie den Teilnehmer, warum ihm dieser Punkt wichtig ist.
✓ Prüfen Sie selbstkritisch, ob auch andere Teilnehmer methodische Kritik an Ihrem Veranstaltungsstil haben. Nutzen Sie Pausengespräche dafür und fragen Sie öfter in die Runde, ob Sie am Ablauf etwas ändern sollen.
✓ Nutzen Sie konsequenter das 4-MAT (siehe Kap. 8.10), um neue Übungen einzuleiten und erklären Sie damit genauer, warum Sie diese Methode jetzt wählen.

Ungewöhnliche Reaktionen:

✓ Coachen Sie den Teilnehmer, der vielleicht selbst bald Trainer werden möchte: Führen Sie immer wieder einmal ein kurzes Gespräch unter „Kollegen" mit ihm und geben Sie ihm ein paar Hintergrundinformationen zur Trainingsgestaltung. Machen Sie dies durchaus ernsthaft, aber nicht störend für die restliche Gruppe.

✓ Lassen Sie sich kostenlos coachen: Wir holen uns aktiv den Rat des Teilnehmers ein, wie wir jetzt weitermachen sollten, entscheiden dann aber souverän und entspannt immer selbst (*„Was meinen Sie, sollten wir jetzt mal rausgehen?“* – *„Nein, das wird zu kalt.“* – *„O.k., dann nehmen wir Jacken mit.“* – *„Also, dann gehen wir jetzt mal raus.“*).

✓ Beenden Sie das Spiel mit einer kurzen, aber sehr klaren Ansage vor der Gruppe oder in einem Einzelgespräch in einer Pause (*„Herr Müller, mir fällt auf, dass Sie viel Energie darin investieren, mein methodisches Vorgehen zu hinterfragen. Ich glaube, Sie können sich bald kaum noch auf den Inhalt konzentrieren. Es führen ja immer mehrere Wege nach Rom. Lassen Sie mich mal meinen Weg gehen und Sie können ja zum Schluss beurteilen, ob wir in Rom angekommen sind. Ist das o.k. für Sie?“*).

15 Der un-kooperative Pfeilschießer

Kennzeichen/Verhalten:

- Nie zufrieden mit dem Verlauf der Diskussion.
- Wirkt schnell genervt und gereizt, teilweise nur schwer nachvollziehbar.
- Sehr ungeduldig, teilweise nervös-explosiv oder resignierend.
- Un-kooperatives Verhalten zum Trainer und zur Gruppe.
- Wirkt schwer integrierbar.
- Neigt zur Aufgabe der Kommunikation.
- Kommt evtl. nicht mehr wieder nach einer Pause oder bricht die Veranstaltung ab.

Mögliche Ursachen:

Schwierige Menschen haben Schwierigkeiten: Bei diesem Verhalten können wir vermuten, dass der Teilnehmer mit sich selbst nicht ganz im Reinen ist und er selbst einige Schwierigkeiten hat. Instinktiv spüren oder wissen das die Betroffenen ja selbst. In manchen Fällen nimmt dieses Verhalten fast spät-pubertäre Züge an. Bei pubertierendem Verhalten wissen wir ja auch, was am besten wirkt: Raum geben und machen lassen, aber Grenzüberschreitungen vermeiden.

Das Positive daran:

Gelingt es, einen Teilnehmer mit diesem Verhalten zu integrieren, kann das die Gruppe zusammenschweißen und gruppendynamisch auf ein hohes Niveau bringen.

Übliche Gegenmaßnahmen:

✓ Geben Sie Teilnehmern, die Schwierigkeiten haben, einfach mehr Raum. Steigen Sie gar nicht zu stark auf die Störung ein, sondern ehren Sie das Fachwissen des Schützen und geben Sie ihm persönliche Anerkennung für seine Beiträge und Erfahrungen.

✓ Bauen Sie seine kritischen Beiträge demonstrativ in Ihre Veranstaltung ein und sehen Sie den Teilnehmer bereits in seinem gelösten, konstruktiven Zustand.

✓ Achten Sie darauf, dass keine Entgleisungen gegenüber anderen Teilnehmern aufkommen und schreiten Sie bei Bedarf sofort ein. Bestehen Sie auf die Einhaltung der Spielregeln oder ergänzen Sie sie mit einer neuen, passenden Spielregel.

Ungewöhnliche Reaktionen:

✓ Treffen Sie eine gesonderte Vereinbarung mit dem Teilnehmer, die ihn zum konstruktiven Mitmachen motiviert.

✓ Stellen Sie dem Teilnehmer frei, die Veranstaltung ganz oder temporär zu verlassen. Teilen Sie der Gruppe diese Vereinbarung mit. Als letzte Option haben Sie natürlich auch das Recht, den Teilnehmer zu bitten, den Raum zu verlassen.

16 Der heimliche Aufwiegler

Kennzeichen/Verhalten:

- Wiegelt die Gruppe heimlich gegen den Trainer und das Thema auf.
- Agiert nicht offen gegenüber dem Trainer.
- Hat meistens persönliche Eigeninteressen.
- Nutzt die Pausen, um die Gruppe hinter sich zu bringen.
- Tritt vor der Gruppe ungern als Klassensprecher auf, schickt andere Teilnehmer vor.
- Legt viel persönliche Energie in das anvisierte Thema.
- Baut evtl. eine wohlwollende Fassade im direkten Kontakt zum Trainer auf.

Mögliche Ursachen:

Hinter diesem Verhalten können persönliche Macht- und Dominanz-Interessen oder Profilierungssucht vor der Gruppe stehen. Gelegentlich ist es auch eine persönliche Antipathie zwischen Teilnehmer und Workshop-Leiter, die das Verhalten eskalieren lässt. Teilnehmer, die dieses Verhalten zeigen, haben manchmal auch ein zweifelhaftes Verhältnis zu Trainings und Workshops: Sie halten generell nicht viel davon und finden es viel spannender, einen Moderator demonstrativ vorzuführen. Wir haben auch schon erlebt, dass sich Führungsmannschaften nach zwei misslungenen Workshops vom heimlichen Aufwiegeln zum neuen Sport „Trainer abschießen" entschlossen haben. Drei weitere ahnungslose Kollegen mussten vorzeitig ihre Veranstaltungen abbrechen: 3 zu 0.

Das Positive daran:

Aus Sicht des Trainers ist bei diesem Verhalten natürlich nur schwer ein positiver Aspekt zu erkennen. Wir bekommen zumindest kein gleichgültiges Training, sondern können unsere Sturmfestigkeit erproben. Wird dieses Verhalten konstruktiv überstanden, erreichen wir als Belohnung normalerweise eine befreite, intensive Lernatmosphäre mit der ganzen Gruppe. Wird der heimliche Aufwiegler positiv integriert, ohne das Gesicht zu verlieren, wird er oft der größte Fan des Trainers!

✓ Störungen haben Vorrang: Nehmen Sie sich ausreichend Zeit, die brodelnde Gruppendynamik zu besprechen. Legen Sie Ihren geplanten Ablauf getrost zur Seite, im Zweifelsfall werden Sie ohnehin nicht mehr dazu kommen.

✓ Konfrontieren Sie den Teilnehmer bei unfairer Kritik (*„Ihren Hinweis, das Seminar zu ändern, nehme ich gerne auf. Die Art Ihrer Kritik empfinde ich aber als unsachlich und verletzend. Ich wünsche mir auch von Ihnen einen konstruktiven Umgang, so wie Sie das auch von mir jederzeit erwarten dürfen.*").

✓ Lassen Sie sich nicht von diffusen „so nicht"-Stimmungen verunsichern. Fragen Sie nach, was die Teilnehmer eigentlich möchten.

Ungewöhnliche Reaktionen:

✓ Die Mahatma-Gandhi-Methode: Bewahren Sie die Geduld, liefern Sie weiterhin konzentriert Ihre Inputs und spielen Sie etwas auf Zeit. Zeigen Sie sich trotz rüpelhafter Angriffe ruhig, diszipliniert und weiterhin freundlich. Die konstruktive Mehrheit in der Gruppe erträgt dieses destruktive Spiel dann nicht mehr sehr lange. Warten Sie auf eine erste Entgleisung oder nutzen Sie die Pause, um mit den konstruktiven, stillen Teilnehmern ins Gespräch zu kommen. Bitten Sie diese direkt, nach der Pause auch etwas zu sagen, um Ihnen zu helfen. In den meisten Fällen werden sie es tun und das Kartenhaus bricht zusammen.

✓ Offene, kurze Ritterschlacht: Wenn Sie sich sicher sind, dass Sie den heimlichen Aufwiegler identifiziert haben, können Sie ihn auch aus der Dunkelheit ans Licht bringen. Dann wird es spannend. Es geht jetzt nicht darum, einen persönlichen Kampf zu gewinnen, sondern das destruktive Verhalten im Interesse aller nachhaltig zu beenden. Konfrontieren Sie den Teilnehmer mit Ihrer Einschätzung und konzentrieren Sie sich voll und ganz auf den kurzen Wortwechsel, der folgen wird. Das Motto ist jetzt: „Jeder spricht nur für sich, nicht für die Gruppe." Geben Sie ein Feedback, wie die Rolle des Teilnehmers in der Gruppe für Sie wirkt. Lassen Sie nicht zu, dass er andere Teilnehmer vorschiebt. Zum Schluss können Sie die Moderationsmethode anwenden, um einen konstruktiven Gruppenbeschluss zu erwirken (siehe Kap. 8.15). Nach dieser Klärung gehen Sie einen versöhnlichen Schritt auf den Teilnehmer zu und lassen Sie ihn gesichtswahrend mit der Gruppe und Ihnen zusammenarbeiten. Beseitigen Sie letzten Groll im nächsten Pausengespräch mit ihm („Schwamm drüber").

Der nette Konstruktive

Bevor wir es vergessen:

Die große Mehrzahl der Teilnehmer können wir getrost zu den netten, konstruktiven Teilnehmern zählen.

Ohne sie würde dieser Beruf ja gar keinen Spaß machen. Sie machen Freude, machen mit und machen keine ernsten Schwierigkeiten. Sie gilt es aber auch zu ehren und zu schützen. Wenn der Trainer schon mehr als die halbe Aufmerksamkeit allein auf die einzelnen „Problembären" konzentriert, wird er der großen Gruppe der netten Konstruktiven auch nicht mehr gerecht. Dann werden sie früher oder später unnett und wir haben einen schwierigen Fall Nr. 1 bis 16 mehr.

8 Die praktische Toolbox für den Sofortgebrauch

Für die Problemlösung in Workshops gibt es so viele hilfreiche Tools, dass hier nur eine kleine Auswahl vorgestellt werden kann. Die komplette Toolbox des Konfliktmanagements, der Mediation, der Verhandlungsführung und der Kommunikation ließe sich für Probleme in Workshops natürlich auch noch heranziehen. Im Folgenden einige Werkzeuge, die der Analyse und der Intervention dienen, mit denen wir gute Erfahrungen gemacht haben. Probieren Sie es aus.

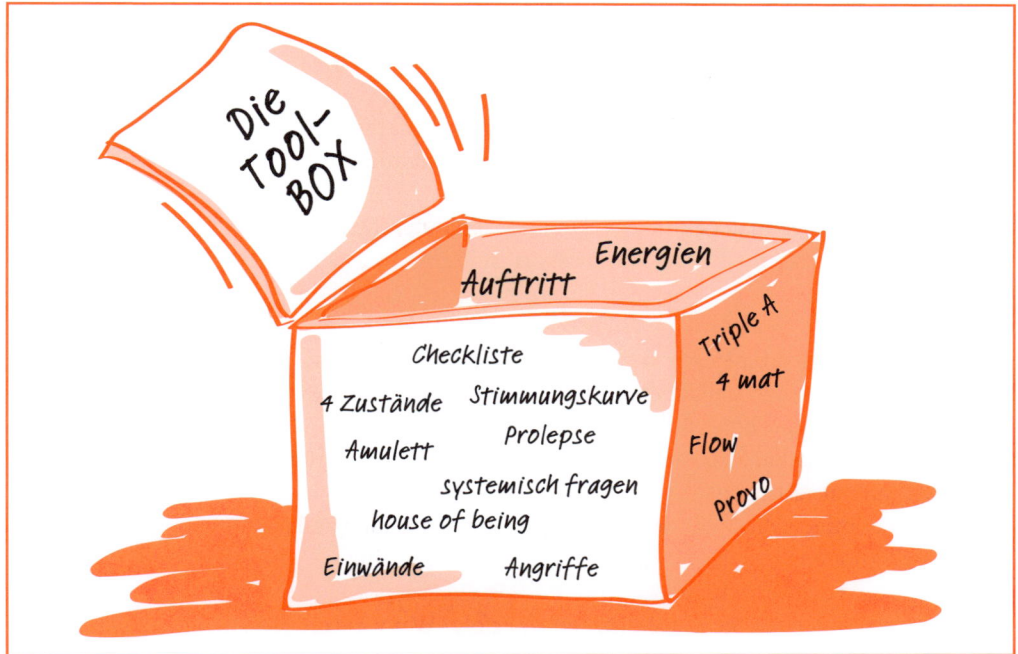

Die Toolbox im Überblick

8.1 Checkliste zur Auftragsklärung

Für die Auftragsklärungsphase eines Workshops gibt es eine Vielzahl öffnender Fragen, um potenzielle Schwierigkeiten gleich im Vorfeld zu erkennen und zu lösen:

Vorgeschichte der geplanten Veranstaltung klären

- Wie sind Sie auf uns gekommen?
- Was haben Sie über uns gehört?
- Gab es bereits Lösungsansätze?
- Welche Vorgänger-Workshops hat es gegeben und wie sind sie verlaufen?
- Welche Trainings sind schon gelaufen?
- Gibt es Erfahrungen mit anderen Trainern und Moderatoren?
- Was hat geholfen und was nicht?

Informationen über die Organisation / das Unternehmen

- In welcher Branche ist die Firma tätig? Was prägt die Branche zurzeit?
- Wie viele Mitarbeiter hat das Unternehmen?
- Wie ist die gesamte Organisation aufgebaut?
- Wie ist die Aufbauorganisation des Bereichs / der Einheit?
- Was ist die Firmengeschichte? Des Bereichs?
- Was sind Besonderheiten der Unternehmenskultur?

Kontext des Workshops klären

- Wie sind Sie zu dem Trainings- bzw. Moderationsthema gekommen?
- Ist es ein rein angebotsorientiertes Training (Seminarbroschüre), liegt ein konkretes Problem vor oder ist eine Veränderung von Anforderungen der Anlass?
- Wie wurde der Bedarf erhoben?
- Wie ist die Idee zu der aktuell geplanten Maßnahme entstanden?
- Was passiert, wenn die Maßnahme nicht greift?

Ziele des Workshops klären

- Was wäre aus Ihrer Sicht ein gutes Ergebnis dieses Gesprächs?
- Welche Trainings- und Moderationsthemen sind Ihnen wichtig?
- Welche Ziele verfolgen Sie mit dem Workshop?
- Gehen wir davon aus, wir arbeiten zusammen. Woran würden Sie den Erfolg der Maßnahme festmachen?
- Angenommen, die Maßnahme hat Erfolg: Was wäre dann anders?
- Was erhoffen Sie sich von der Maßnahme / dem Training?
- Was soll erreicht werden?
- Wann bezeichnen Sie den Workshop als Erfolg? Was wäre ein Misserfolg?
- Welche Erwartungen und Befürchtungen haben Sie bezüglich des Trainings?

- Angenommen, es läuft optimal: Woran würden Ihre Mitarbeiter, Kollegen, Kunden, Vorgesetzten das bemerken?
- Bis wann soll der Auftrag erfüllt sein?

Zielgruppe des Workshops

- Wer ist die Zielgruppe?
- Wie viele Teilnehmer sollen trainiert bzw. moderiert werden?
- Wie ist die Zielgruppe zusammengesetzt?
- Über welche Qualifikationen verfügt die Zielgruppe?
- Hat sie schon an ähnlichen Maßnahmen teilgenommen?
- Wie gut kennt sich die Zielgruppe?
- Welche hierarchische Stellung hat die Zielgruppe?
- Was muss man über die Zielgruppe wissen?
- Wie steht die Zielgruppe zu der Trainingsmaßnahme (z.B. Motivation)?
- Nehmen die Teilnehmer freiwillig teil oder werden sie geschickt?

Rahmenbedingungen des Workshops abstecken

- Welche Ressourcen/Budgets stehen zur Verfügung?
- Welchen zeitlichen Rahmen hat das Projekt (Trainingstage, Dauer usw.)?
- Wie viele Personen sind pro Workshop vorgesehen?
- Unter welchen räumlichen Rahmenbedingungen und wo findet die Maßnahme statt?
- Welche Vor- und Nachbereitungsmaßnahmen sind möglich oder gewünscht?
- Ist das Thema in andere Maßnahmen eingebettet?
- Wer sind die direkt und indirekt Betroffenen?
- Was soll auf keinen Fall im Training passieren? Gibt es Tabuthemen?
- Welche Rolle sollten Sie als Trainer und Moderator einnehmen?
- Welche Schritte werden Sie im weiteren Vorgehen (als Vorbereitung auf den Workshop) unternehmen?

Zum geplanten Inhalt / dem zu lösenden Problem des Workshops

- Wie äußert sich das Problem?
- Welche Ursachen werden angenommen?
- Was wurde bislang unternommen, um das Problem zu lösen?
- Was hat geholfen, was nicht, was hat die Situation verschlimmert?
- Wie zeigt sich das Problem bzw. die Ausgangssituation genau?
- Um was geht es genau?
- Was ist der konkrete Anlass?
- Wer ist an dieser Situation beteiligt?
- Wer gehört zum Problem dazu?
- Warum haben die bisherigen Versuche keine Lösung gebracht?
- Wie ist die Situation jetzt?

- Wer ist davon betroffen?
- Was ist für Sie das Gefährlichste an der Situation?
- Was glauben Sie, wie sich Ihre Kollegen erklären, warum das Problem auftritt?
- In welcher Reihenfolge sollen die Probleme behandelt werden?
- Gibt es bereits Lösungsvorschläge und Erfahrungen damit und welchen Problemen würden Sie sie zuordnen?
- Was meinen Sie, wie andere die Dinge sehen?
- Wenn das Problem sprechen könnte, was würde es sagen?
- Welche Erklärungen sind Ihnen bisher in den Sinn gekommen?
- Welche Widerstände gibt es in Ihrem Umfeld?
- Was hemmt Sie in Ihrem Inneren?
- Was ist gescheiter, was weniger?
- Welche Alternativen können Sie sich vorstellen?
- Was soll sich Ihrer Meinung nach verändern?
- Worauf legen Sie das Hauptaugenmerk?
- Seit wann besteht das Problem?
- Wie war es vorher?
- Können Sie ein Bild malen, das Ihre momentane Situation beschreibt?
- Wo sehen Sie in Ihrer (oder der anderer) Persönlichkeitsstruktur Hindernisse für die Problemsituation?
- Was wäre gut, wenn alles bleibt, wie es ist?
- Was können Sie tun, um die Probleme aktiv zu vergrößern?
- Wenn ein Wunder geschehen würde und Sie sich wirklich alles wünschen dürften, wie sähe dann die optimale Lösung aus?

Trainererfahrung

Anja Oser: Stärkste Herausforderung und Profitipp

Was war Ihr persönlich größter Trainings-Flop?
Das war ein Seminar zum Thema „Lernen lernen" für jugendliche Sportler. Doch das, was beim Lernen fehlte, fehlte auch im Seminar: Motivation. Die zweitägige Veranstaltung wurde als unangenehmes Pflichtprogramm wahrgenommen und die achtstündigen Seminartage als zusätzliche Absitzzeit. So sehr ich mich bemühte, mit wechselnden Methoden und vielen kleinen Übungen Interesse zu erzeugen und wachzuhalten – es gelang mir nicht, so wie ich wollte.

Wie konnte es dazu kommen?
Es gab im Vorfeld zwar ein Gespräch mit dem Auftraggeber und ich hatte mir die Räumlichkeiten angeschaut, die Jugendlichen jedoch nicht vorab kennen gelernt.

Die Zielgruppe war deutlich jünger als alles, was ich bis dahin in PARLA-Seminaren hatte. Den Bewegungsbedarf dieser Jugendlichen hatte ich unterschätzt – und die Aufnahmekapazität überschätzt.

Wie haben Sie die Kurve gekriegt?

Nun, am ersten Abend thematisierte ich meinen Eindruck. Es gelang den Jugendlichen zumindest zum Teil, konstruktive Vorschläge zu machen. Somit konnte ich am zweiten Tag noch mehr kurze praktische Übungen mit viel Aktion einbauen und die vorgegebenen inhaltlichen Ziele erreichen. Das kostete allerdings sehr viel Energie. Mehr Motivation fürs Lernen insgesamt zu wecken, ist mir nicht wirklich gelungen. Im Nachgang habe ich mit dem Auftraggeber abgestimmt, dass diese Schüler kleine kürzere Einheiten über einen längeren Zeitraum brauchen – was er auch umsetzte.

Was ist Ihre tiefste Lernerfahrung daraus?

Intrinsische Motivation ist die Voraussetzung fürs Lernen: Nur wenn uns etwas wirklich interessiert, wenn wir offen für etwas sind, funktioniert es und wir tun uns sogar leicht! Es heißt also, sehr gut hineinspüren, welchen zeitlichen Rahmen, welche Orte, welche Methoden für eine Zielgruppe genau die richtigen sind, welche Be- und Empfindlichkeiten sie hat und das dann auch mit dem Auftraggeber durchzusetzen, zugleich aber auch zu spüren, wenn das nicht zu mir selbst passt.

Was machen Sie nie mehr?

Mit Jugendlichen eine Pflichtveranstaltung! Es heißt auch, mit der Zeit gehen. Ich bin älter geworden, ich bin seit zwölf Jahren selbst Führungskraft. Daher liegt es mir schon seit Längerem deutlich mehr, mit berufstätigen Frauen und Männern, insbesondere Führungskräften, zu arbeiten als mit Jugendlichen. Ich schätze es sehr, mit Menschen zu arbeiten, die schätzen, was wir tun.

Der Profitipp: Mein persönlicher Lieblingshelfer in schwierigen Workshop-Situationen ist: „Widerstand ist Interesse!" Das stimmt immer irgendwie und macht es leichter, über sich selbst zu lachen und Scheitern als Teil des Tuns zu akzeptieren.

Anja Oser ist Inhaberin des Trainings- und Coachinginstituts PARLA® in Heidelberg mit den Schwerpunkten Stimm- und Sprechtraining, Führungskommunikation und Work-Life-Strategie.

8.2 Die Stimmungskurve: Achterbahn fahren im Workshop

Der Trainer muss die Gruppe nicht immer bei bester Laune und guter Stimmung halten. Schwankungen sind ganz natürlich. Die natürliche Achterbahn der Gruppenstimmung sollte für uns als Moderatoren und Trainer also keinen Stress, sondern durchaus Freude erzeugen. Wir nehmen die Achterbahn intensiv wahr und behalten das Ziel im Auge. Der zeitliche Ablauf kann durchaus nach der erwarteten Stimmungskurve gestaltet werden.

Am Ende eines anstrengenden, vielleicht desillusionierenden ersten Tages ist z.B. ein entspannter Wellness-Part oder eine Fackelwanderung mit Weinprobe am Abend vielleicht genau die passende Stimmungsaufhellung. Spielen Sie die erwartete Stimmungskurve ruhig mit dem Auftraggeber durch, dann wird er auch nicht gleich nervös, wenn es in der Achterbahn bergab geht.

Manchmal ist eine Stimmungsverschlechterung sogar ein Hinweis darauf, dass der Lernprozess „wirkt". Das Grummeln in einem Team kann durchaus das Zeichen sein, dass eine getroffene Entscheidung im Workshop wirklich bei den Teilnehmern angekommen ist. Wir sollten dann gar nicht zu sehr auf das Grummeln eingehen, sondern schauen, ob sich diese Stimmung allmählich legt. Nur wenn es sich wie ein Tornado hochschaukelt, müssen wir eingreifen.

Jeder Workshop verläuft zwar anders, aber einen typischen Stimmungsverlauf in einem gruppendynamischen Prozess kann man schon oft erkennen:

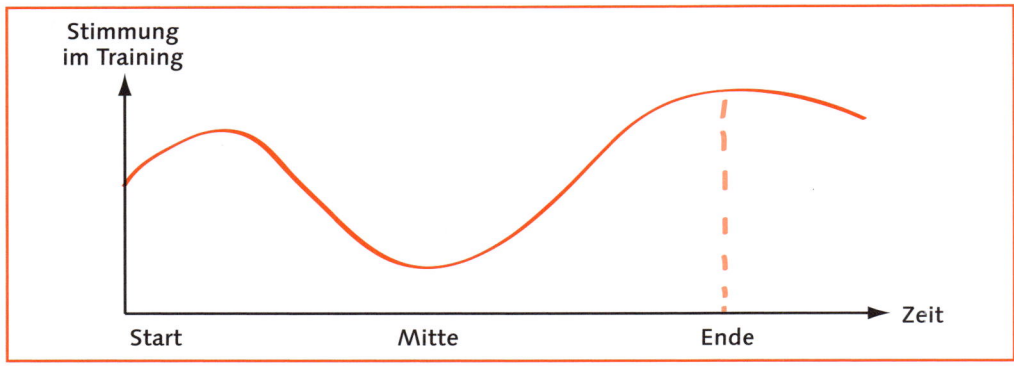

Die Stimmungskurve im Training

Phase 0: Vor dem Start, die Teilnehmer sind noch nicht eingetroffen

- Hoffnungen, Erwartungen und Befürchtungen der Teilnehmer sind noch unausgesprochen.
- Positive und negative Vorurteile sind vorhanden.
- Jeder Teilnehmer kommt aus einem anderen Termin/Setting.
- Die Stimmung ist je nach Vorerfahrung mit bisherigen Workshops eher neutral.

Phase 1: Eintreffen im Raum, Kennenlernen noch vor dem offiziellen Start des Workshops

- Die Gruppe ist erstmals zusammen, es geht bald los, Plätze werden eingenommen.
- Teilnehmer versuchen, ihre soziale Position in der Gruppe einzuschätzen.
- Anfangsunsicherheit kommt auf (Wo soll ich sitzen? Wer ist noch da?).

- Entscheidungen über spontane „Sympathie – Antipathie", auch gegenüber dem Trainer.
- Leichte Spannung ist spürbar – die Stimmung steigt meist mit etwas Neugier und Vorfreude.

Phase 2: Orientierungsphase, „Forming", Seminarstart

- Warming-up mit dem Thema und dem Trainer.
- Ablauf und Spielregeln werden besprochen.
- Schaukeleffekt beim Thema Nähe und Distanz – wo muss ich mich noch schützen?
- Der Wunsch nach Nähe ist vorhanden, die Umsetzung bereitet noch Schwierigkeiten. Zu schnelle Nähe führt wieder zu mehr Distanz.
- Einschätzung der Abhängigkeit vom Trainer und von der Gruppe.
- Neugier und Lernlust sind häufig gut ausgeprägt.
- Stimmung steigt normalerweise weiter.

Phase 3: Konfrontation und Konflikt, „Storming", Machtkampf

- Die Gruppe organisiert sich in ihrer sozialen Struktur.
- Rollenübername geschieht oft mit viel Engagement, deshalb „Machtkampf-Phase".
- Trotz, Widerspruch, Aggression, ungläubige Kritik, Witzelei, Verweigerung, Passivität, Flucht aus der Gruppe, Cliquenbildung etc. kommen vor.
- Die Ziele und Positionen der Veranstaltung werden infrage gestellt.
- Druck auf die Gruppe verhindert, dass sich die Teilnehmer ihre Unzulänglichkeiten eingestehen und persönliche Mängel akzeptieren. Unbewusst werden diese Mängel auf andere Mitglieder oder die Trainer projiziert.
- Passivere, isolierte Gruppenmitglieder werden zu „Sündenböcken", aktivere Außenseiter bekommen den Ruf als „tyrannische Führer".
- Anstrengung: Es ist doch nicht so einfach wie erwartet und erhofft.
- Viele Zeit raubende Entweder-oder-Diskussionen.
- Trainer: *„Teilnehmer verstehen mich nicht."*
- Teilnehmer: *„Trainer sagt mir nicht, wie es geht."*
- Gärungsprozess, Unsicherheit, Müdigkeit, Wunsch nach Pausen etc.
- Normen der weiteren Arbeit werden klargestellt (Spielregeln sind gefordert).
- Stimmung und Motivation sinken wieder ab.
- Endet mit den notwendigen Klärungen – oder einer echten Krise.

Phase 4: Konsens, Kompromiss, „Norming", Phase der Vertrautheit

- Die Teilnehmer fühlen sich in ihren Rollen wieder wohler.
- Die Konflikte und Positionskämpfe treten wieder zurück.
- Gruppe lässt sich wieder intensiver auf das Thema ein.
- Große Lernoffenheit entsteht.

- Auf die erfolgreichen Klärungen der Machtkampf-Phase kann zurückgegriffen werden.
- Die Teilnehmer suchen Kontakt zueinander, teilweise werden neue Konflikte durch eine „rosa Brille" gesehen und unter den Teppich gekehrt.
- Es bilden sich stabile Klein- und Untergruppen.
- Weniger „Grundsatz"-Diskussionen, Tempo erhöht sich.
- Die Stimmung ist wieder verbessert, starkes Gefühl der Erleichterung bis hin zur Euphorie.

Phase 5: Integration, „Performing", Differenzierungsphase

- Die Gruppe ist gereift, Ziele werden durch Planung und Methoden erreichbar.
- Die Teilnehmer können in der Gruppe eine eigene Identität entwickeln und kommunizieren kompetent miteinander.
- Die Bereitschaft, alte und neue Konflikte konstruktiv zu lösen ist groß.
- Großer Lerneifer, es „läuft".
- Gruppe ist sehr selbstständig und effizient im Umgang miteinander.
- Kontakte und Kooperationen zu anderen Gruppen oder Außenstehenden gelingen gut.
- Sensiblere Veränderungen werden von Einzelnen erst jetzt zugelassen.
- Wirklich Neues wird jetzt erst ernsthaft ausprobiert.
- Mut – Neugier – Engagement sind auf dem Zenit.
- Sehr gute Stimmung, evtl. sogar (weiterhin oder erstmalig) euphorisch.

Phase 6: „Back-Home-Phase"

- Die planmäßige Auflösung der Gruppe wird eingeleitet.
- Eventuell Melancholie, Trennungsschmerz oder auch Erleichterung (*„Endlich nachhause"*).
- Die Teilnehmer bereiten sich darauf vor, die Lerninhalte nachhause mitzunehmen.
- Überlegungen, wie wohl Freunde, Kollegen, Familie, Vorgesetzte auf eventuelle Veränderungen reagieren werden.
- Konkrete Planung, wann und wie Lerninhalte in die tägliche Praxis übernommen werden können.
- Ernüchterung und Zweifel, ob das Gelernte in der Praxis Bestand hat.
- „Innerer Schweinehund": *„Es wird schon gehen, aber leicht wird's nicht."*
- Stimmung wieder etwas gesunken, aber besser als vor dem Training.

Die Dauer der Phasen ist je nach Situation sehr unterschiedlich. Das Überspielen einer der Phasen durch rein sachliche Trainingsinhalte ist meist zwecklos. Es reicht oft schon, den emotional geprägten Phasen bewusst Raum zu geben. Hier gilt es, Ruhe zu bewahren – alles wird (meist) gut.

Teamentwickler kennen eine ähnliche Stimmungsachterbahn aus dem bekannten Gruppenphasenmodell der Teamuhr von B.W. Tuckman:

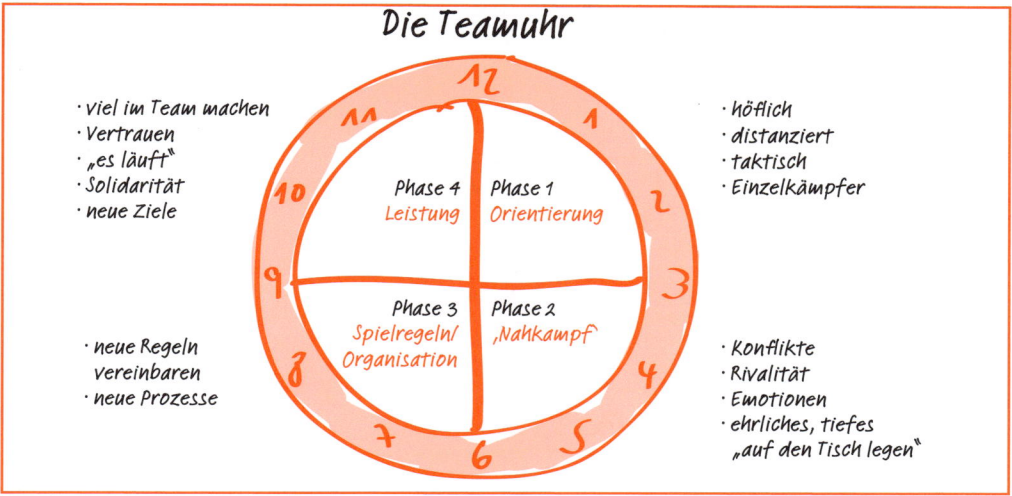

Die Teamuhr als Grundmodell für Gruppenprozesse

Handwerklich ist es sinnvoll, die Übergänge der Phasen zu unterstützen und das Vorankommen in einer schwierigen Phase zu unterstützen.

Dies kann auch dadurch geschehen, dass der Moderator die Teilnehmer die bisherigen Stimmungskurven der Veranstaltung diskutieren oder auch aufmalen lässt. Meistens wird der Trainer auch seine eigene Wahrnehmung aus der Metaebene heraus wiedergeben.

8.3 Vier Stimmungs- und Erregungszustände von Gruppen

Emotionale Zustände einer Gruppe lassen sich mit diesem einfachen Portfolio gut zuordnen.

Wichtig ist es zunächst zu prüfen, welchen Erregungszustand die Gruppe hat und ob dies zum Ziel der Veranstaltung passt.

Gleichzeitig können wir einschätzen, welche unterschiedlichen Stimmungen die Teilnehmer in den Workshop mitbringen und wie sich die Erregung der einzelnen Teilnehmer ändert. Bei kritischen Gruppendynamiken lässt sich diese Vierer-Systematik auch am Flipchart zeigen, um eine zielführende Reflexion der Gruppe anzuregen.

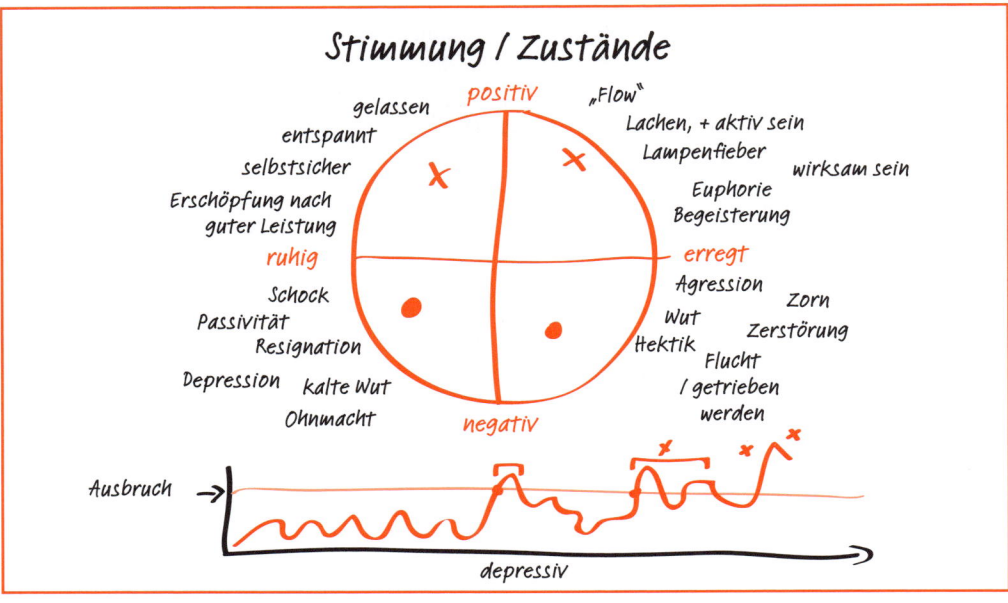

Die vier Stimmungs- und Erregungszustände erkennen

- **Positiv – ruhig:** gelassen, entspannt, selbstsicher, evtl. positiv erschöpft, entspanntes Zuhören, zufriedene Reflexion der Gruppe nach einer gemeinsamen Anstrengung (typisch bei Outdoor- und Teamübungen), satte Zufriedenheit der Gruppe mit leichter Aktivierungshemmung, sich nicht bewegen wollen (ohne Aggression), partnerschaftliches Verhandeln mit dem Trainer über zusätzliche Pausen oder früheres Trainingsende u.Ä.

- **Positiv – erregt:** aktiv sein, euphorisch, begeistert, dynamisch-gespannt, Vorfreude, leichtes Lampenfieber vor der Gruppe, der Workshop wird von Teilnehmern und Trainer überwiegend als „Flow" erlebt, gespanntes Ausprobieren, viel gemeinsam lachen, Zeit vergeht wie im Flug, schwierige Themen werden mit Leichtigkeit und Energie angepackt u.Ä.

- **Negativ – ruhig:** passiv, als „Pflicht" dabei sein müssen, resignativ, depressiv, zynisch-sarkastisch, kalte Wut, Ohnmacht, kein aktives Mitmachen, diskutieren wollen statt aktiv werden, lustloses oder gleichgültiges Konsumieren, demonstrative Ablenkung mit Smartphones und Nebengesprächen, die Verärgerung nur in Pausengesprächen zu wenigen anderen aussprechen u.Ä.

- **Negativ – erregt:** offene Aggression untereinander, zornig, destruktiv-zerstörerisch, Flucht, Hektik, Angriffe auf den Moderator, ungeduldiges „Durchziehen" der Themen ohne wirkliche Reflexion, hitzige Beschwerden über die Auftraggeber oder „die da oben", emotionale Methodendiskussionen mit dem Trainer, die sich weiter zur negativen Gruppendynamik aufschaukeln, Wortgefechte und verbale Angriffe u.Ä.

Es ist eher die Ausnahme, dass ein anspruchsvoller Workshop gleich von Beginn an im Zustand „positiv-erregt" abläuft. Natürlich arbeitet es sich in dieser Stimmung am besten und es macht auch für den Trainer am meisten Freude. Wir sollten jedoch in allen vier Erregungszuständen eine Gruppe souverän führen können, ohne gleich selbst nervös zu werden.

Wichtig ist es auch, dass vermeintlich „leichte" Erregungszustände wie „negativ-ruhig" nicht unterschätzt werden: Hier liegt oft die Wurzel für eine spätere Explosion oder einen inhaltlichen Misserfolg des Workshops. Innere Gleichgültigkeit ist viel gefährlicher als eine offene, hitzige Streitdiskussion! Daher kann eine vermeintlich „schwierige" Stimmung wie „negativ-erregt" schon ein toller Fortschritt in der Gruppe sein. Deshalb diese Erregung nicht ängstlich abwürgen! Hier ist es gerade für harmonieorientierte Trainertypen ein wichtiger Lernschritt, nicht als Erfolgsmaßstab „ruhige" Gruppen anzupeilen.

Für die Steuerung der Gruppendynamik lernen wir auch, die Erregungszustände der Gruppe konstruktiv zu lenken. Der gute Mix aus allen vier Stimmungen macht oft einen erfolgreichen Workshop aus – dazu gehört auch die Erregung „negativ-erregt" in der Durchbruchphase. Auch ist es völlig in Ordnung, dass wir eine größere Gruppe nicht komplett über mehrere Tage im Zustand „positiv-erregt" halten können. Das wäre falsch verstandener Perfektionismus, der uns als Trainer nur unter Druck setzt.

8.4 Energie hoch drei für Workshops

Auf den NLP-Trainer Steven Gilligan geht eine Untersuchung zurück, die sich mit hochenergetischen Menschen beschäftigt. Was zeichnet die besonders energetischen Menschen wirklich aus? Was setzen sie mehr als andere in bestimmten Situationen ein?

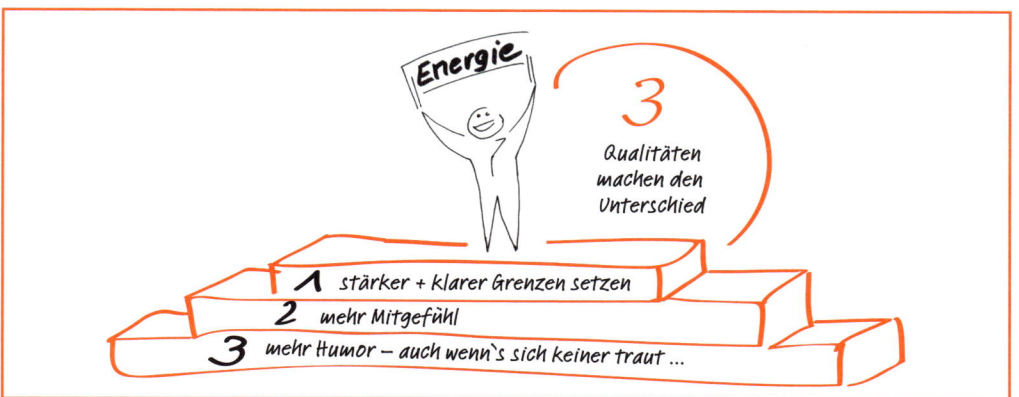

Drei Qualitäten von energetischen Trainern und Moderatoren

Es ist die Kombination von drei Energien, die sich ergänzen:

- Eine harte Energie: Das stärkere und konsequentere Setzen von Grenzen.
- Eine softe Energie: Ein stärkeres Mitgefühl für Mitmenschen (nicht Mitleid).
- Eine kraftvolle Energie: Humor, auch wenn andere sich dies nicht mehr trauen.

Wie zeigt sich dies in schwierigen Workshop-Situationen?

- Die harte Energie, Grenzen zu setzen, wird z.B. gebraucht, wenn Spielregeln verletzt werden, Formen der Höflichkeit unterlaufen werden, der besprochene Fahrplan eigenmächtig von einzelnen Teilnehmern geändert wird. Aber auch, wenn langatmige Vielredner gestoppt werden müssen oder eine wiederholte Diskussion abgeschnitten wird. Und dann ist das Setzen von Grenzen natürlich die entscheidende Basis für den erfolgreichen Umgang mit persönlichen Angriffen bis hin zu Unterstellungen und Beleidigungen. Aber es bedeutet auch, sich erfolgreich von Themen der Gruppe abzugrenzen. Wir ziehen uns nicht jeden Schuh an. Diese harte Energie fällt nicht jedem Trainer leicht!

  Nur mit dieser harten Energie werden wir jedoch Schiffbruch erleiden. Es muss jetzt noch die softe Energie dazukommen.

- Erst ein hohes Maß an Mitgefühl lässt uns die Empfindlichkeit und die Schwierigkeit mancher Teilnehmer wirklich verstehen. Wir können wirklich *mit-fühlen*, wie Teilnehmer mit sich und den Kollegen in der Gruppe um ihren nächsten Schritt ringen, mit ihren Mustern kämpfen und welche Überwindung eine echte Öffnung vor der Gruppe bedeutet. Wir nehmen die Teilnehmer liebevoll ernst in ihrer ganz individuellen Biografie. Mitgefühl ist die Basis jeder Wertschätzung. Das sanfte Mitgefühl lässt uns erst die richtigen Worte finden und macht ein kritisches Feedback für den Hörer annehmbar.

- Richtig komplett wird die Hochenergie aber erst durch den Humor. Jeder Mensch hat Humor, aber nicht jeder erzählt gut Witze. Trockener oder subtiler Humor findet auch seinen Weg. Je schwerer ein Workshop wird, desto schneller versiegt der entspannte Humor der Anwesenden. Eine bleierne Konzentriertheit übernimmt das Regiment und saugt die letzte Freude aus dem Raum. Auch der Moderator wird jetzt ganz ernst und ist sich der Dramatik der Lage voll bewusst. Weg ist die Leichtigkeit des Seins. Dabei gilt: Verbinde Tiefgang nie mit Schwere, sondern immer mit Leichtigkeit! Wie schon im Mittelalter bekannt, braucht der Hofnarr des Burgherren einen besonderen Mut, auf lustige Weise schwierige Wahrheiten zu vermitteln. Humor ist das Schmiermittel für schwierige Themen und Gruppenspannungen.

Also fragen Sie sich zunächst selbst:
- Welche der drei Energien kann ich bei mir noch steigern?
- Welche der drei Energien fehlte bei meinem letzten misslungenen Workshop?
- Wie kann die Kombination der drei Energien in der nächsten kniffligen Workshop-Konstellation praktisch aussehen?

8.5   Die 12 Tipps zum persönlichen Auftritt

Der persönliche Auftritt vor der Gruppe ist natürlich auch in kritischen Situationen ein Beitrag zum Erfolg. Die folgenden Erfahrungswerte sollten wir umso mehr beachten, wie die Gruppendynamik steigt.

1. Die Hände nur überwiegend zwischen Schulter und Hüfte bewegen.
   - Höher: nur bei sehr wichtigen Aussagen, sonst wirkt es übertrieben-schreiend
   - Niedriger: Vorsicht – Intimbereich, die Wirkung wird irritierend
2. Immer nur in ein Auge des Gesprächspartners schauen. Nicht „springen".
3. Festen Stand am Anfang des Trainings einnehmen (der „Fels-in-der-Brandung-Effekt" beruhigt mich und die Teilnehmer und schafft Vertrauen).
4. Lerne Körpersprache vorrangig bei anderen zu „lesen" (Beobachtung). Das Antrainieren einer eigenen „neuen" Körpersprache ist dagegen weitgehend Energieverschwendung.
5. „Sacken lassen": Zwischen Reiz (z.B. deiner Aussage) und der Reaktion (z.B. des Teilnehmers) liegen bei Erwachsenen meist ein bis zwei Sekunden. Zähle bis zwei und beobachte die Reaktion. Also: Warten – und dann erst die nächste wichtige Aussage oder Frage platzieren.
6. Interpretiere keine isolierten Einzelgesten (verschränkte Arme bedeutet Ablehnung etc.). Nur Bewegungsmuster und deckungsgleiche Wahrnehmungen, so genannte „Wahrnehmungstrauben" sind bei Teilnehmern interessant.
7. Achte gerade in hitzigen Workshop-Situationen auf die natürlichen Distanzzonen:
   - intim: 0 bis 60 cm (meist tabu im Training)
   - geschäftliche Distanz: bis 150 cm (nicht immer sinnvoll im Training!)
   - gesellschaftliche Distanz: bis 6 m (sicher – aber nicht immer!)
   - öffentliche Distanz: über 6 m (bei Großveranstaltungen)
8. Eine eher klassische Kleidung hilft. Auffällige Farben, Muster, Schmuck, übertrieben formelle oder zu informelle Kleidung, „billige" Kleidungsstücke, wilde Frisuren etc. sollten wir vermeiden. Dies ist oft nur der willkommene Anlass für Projektionen der Teilnehmer. Nichts soll vom Thema und den Aussagen des Trainers ablenken. Die Teilnehmer sollen in mein Gesicht schauen – nicht auf meine Krawatte, das offene Hemd, die farblich unpassenden Schuhe, die dicke Uhr …
9. Bewege dich sicher und souverän durch den ganzen Raum. Es ist dein Raum – nutze ihn also auch voll aus. Wechsele deine Position, wenn möglich und sinnvoll. Nimm auch bei Bedarf Positionen (Stühle) von Teilnehmern ein, z.B. während sie vortragen.
10. Sei echt. Also nicht perfekt! Lass die hölzerne Rhetorikmaske des perfekten Trainers zu Hause. Sei unter Freunden. Nur so erlebe ich persönliche Ausstrahlung.
11. Kleinere Pannen sind ein willkommenes Zeichen von Lebendigkeit. Teilnehmer gewinnen Mut für eigene Beiträge und Vorträge, wenn du mit eigenen Pannen

menschlich-humorvoll umgehst. Zeige die Panne – sage kurz, wie es dir damit geht – bitte um Hilfe – und weiter geht's.

12. Variiere dein Bewegungstempo spürbar. In hitzigen Workshops können wir die Stimmung allein schon durch betont langsame und fließende Bewegungen abkühlen. Eine lethargische Stimmung braucht auch mal blitzartige schnelle Gesten des Moderators.

8.6 Im Triple A des Trainers springen

Drei große A bestimmen den Verlauf jeder Workshop-Phase:
- die aktuell gerade zu leistende Aufgabe mit den Teilnehmern (der sachliche Trainingsinhalt, die aktuelle Beschäftigung),
- die aktuelle Atmosphäre (die emotionale Ebene, Stimmung, Lernbereitschaft, Spaß etc.) und
- der aktuelle Ablauf der Veranstaltung (der Zeitplan, die Reihenfolge der Beiträge, Pausen etc.).

Während eines Trainings sind diese drei Ebenen immer zeitgleich zu beobachten und zu steuern.

Bei Problemen im Training sollten wir immer schauen, auf welcher dieser drei Ebenen es eigentlich gerade „hakt".

Natürlich kann es auch auf mehreren, mitunter allen drei Ebenen nicht rund laufen. Dann haben wir noch mehr zu tun.

Häufig äußert sich eines der drei ungeklärten A erst in einer der anderen beiden Ebenen. Dazu einige Beispiele:
- Die anstehende Aufgabe wird nur deshalb angezweifelt, weil die Teilnehmer müde sind und insgeheim eine Ablaufänderung wünschen (wechsele von Aufgabe zu Ablauf).
- Die Gruppenatmosphäre ist nur deshalb so heiß diskutiert, weil die letzten Übungen inhaltlich zu schwach waren (wechsele von Atmosphäre zu Aufgabe).
- Der Ablauf wird eigentlich nur deshalb infrage gestellt, weil die Atmosphäre zwischen Gruppe und Trainer latent gestört ist (wechsele von Ablauf zu Atmosphäre).

Erkenne und handele sofort auf der richtigen Ebene! Was ist also das Thema dahinter? Wie hängen die drei A aktuell zusammen? Trauen wir uns, die andere Ebene anzusprechen? Auf jeder dieser drei Ebenen sollten wir als Trainer und Moderator während der gesamten Veranstaltung parallel investieren. Wir sollten also auf eine ausgewogene Energieverteilung achten.

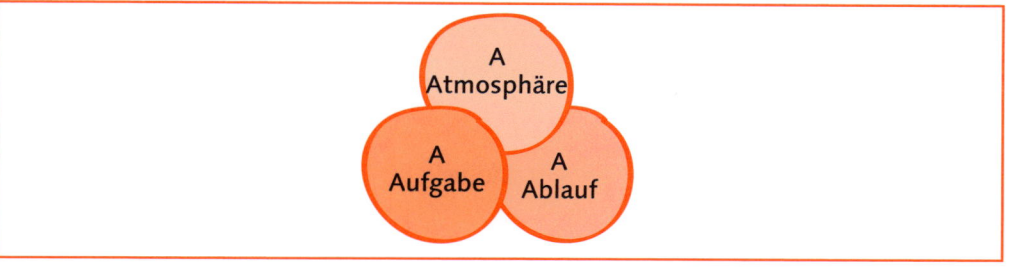

Die Ebenen wechseln im Triple A des Workshops

Das Triple A eignet sich auch gut in der Supervision von Workshops. Auf einfache Weise kann bewusst gemacht werden, wie eine Gruppendynamik entstand und auf welcher Ebene eine Lösung erfolgen sollte.

8.7 Mit dem „Flow" durch Workshop-Probleme

Ein weiteres anschauliches Hilfsmittel ist die Flow-Kurve. Flow bedeutet „im Fluss sein", d.h. in einem Zustand, in dem alles eher mühelos und locker gelingt und dadurch eine sehr gute Motivation und Leistung erzielt wird. Bekannt wurde das Konzept durch Mihaly Csikszentmihalyi und sein sehr inspirierendes Buch „Flow – das Geheimnis des Glücks". Wir alle kennen dieses Gefühl und die damit verbundene Zufriedenheit.

Punktuelle Über- oder Unterforderung der Teilnehmer führen zu einem Verlassen der Flow-Linie. Das Reiten auf der „Flow"-Linie ist das Ziel eines erfolgreichen Workshops. Hier werden nicht nur der Erfolg und die Stimmung am besten sein, sondern auch Workshop-Probleme sind minimal. Eine Stimmung, die ansteckt!

Fragen zum Flow-Status in einem Workshop:
- Wo stehen Sie als Trainer und Moderator gerade?
- Wo stehen Ihre einzelnen Teilnehmer persönlich und in Bezug auf die aktuelle Workshop-Aufgabe?
- Was ist im Workshop kurzfristig zu tun, um die Flow-Linie (wieder) zu erreichen?

Wie arbeiten wir mit dem Flow-Konzept im Workshop? Wir setzen es gerne gleich zu Beginn der Veranstaltung ein, um die unterschiedliche Ausgangslage der Teilnehmer transparent zu machen. Die Grafik auf der nächsten Seite wird mit Kreppband möglichst raumfüllend auf dem Fußboden abgebildet. Nach einer Erläuterung des Konzepts stellen sich alle Teilnehmer auf den für sie aktuell stimmigen Punkt. Dann folgt eine kurze Diskussion, bei der wir die Gefühle und mögliche Lösungswege besprechen. Meist ist dies ein sehr eleganter Weg, um sich nahezukommen und über die für Workshops zentralen „Problemgefühle" Angst (Stress, Überforderung) und Langeweile (Unterforderung) zu sprechen. Als Trainer und Moderator haben wir jetzt eine erste Einschätzung, wo wir die einzelnen Teilnehmer abholen müssen.

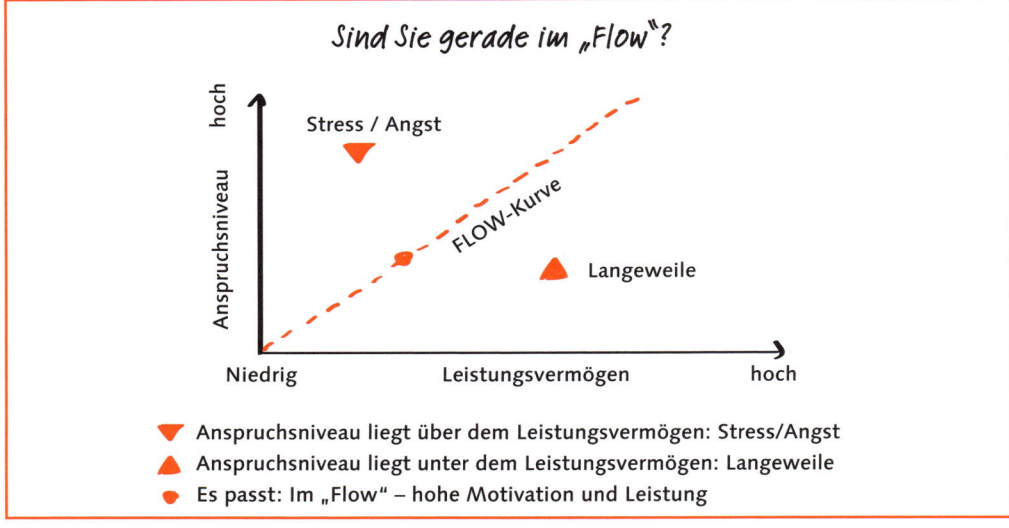

Die „Flow"-Steuerung des Anspruchsniveaus im Workshop

Während des Workshops nutzen wir das Flow-Konzept, um Angst- bzw. Langeweile-Symptome sofort zu erkennen. Wir können dann direkt gegensteuern:

Teilnehmer sind im Angstbereich:

- Eventuell mehr Zeit geben für die einzelnen Übungen.
- Anspruchsniveau der Übung kurzfristig reduzieren, z.B. erst im Plenum einmal vormachen, bevor es in Kleingruppen geübt wird.
- Die Angst selbst offen ansprechen, wertschätzen und sich ggf. solidarisieren („*Ich hatte beim ersten Mal vor dieser Übung auch viel Respekt, aber schon beim zweiten Mal lief es viel besser*").
- Vorher eine zusätzliche Pause machen, um dann mit frisch betankten Akkus die gleiche Übung zu starten (Erhöhung des Leistungsvermögens).

Teilnehmer sind im Langeweile-Bereich:

- Einzelne Teilnehmer spontan ansprechen und um Beiträge bitten.
- Das Anspruchsniveau kurzfristig erhöhen („*Ich denke, wir können die erste Übungsrunde gleich überspringen. Das ist ja eher was für Anfänger, wir können gleich etwas höher einsteigen*").
- Wir lassen erfahrene Teilnehmer ein bekanntes Modell vor der Gruppe vorstellen („*Wer kennt von Ihnen das Johari-Fenster schon? Herr Meyer? Klasse, dann stellen Sie es*

doch mal der Gruppe vor, ich ergänze dann die Punkte, die Sie vielleicht nicht mehr in der Erinnerung haben").

- Erfahrene Teilnehmerprofis um Geduld und Solidarität für die Anfänger in der Gruppe bitten. Sie ggf. als Mentoren und zusätzliche Co-Trainer in Kleingruppenarbeiten aktivieren.

8.8 Die Prolepse-Technik der alten Griechen

Die alten Griechen waren ja als Trainer und Moderatoren stark im Geschäft und haben uns hilfreiche Werkzeuge aus ihrer Rhetorikschatztruhe hinterlassen. Diese konnten in den folgenden Jahrtausenden handwerklich oft auch nicht mehr verbessert werden. Eine der Techniken wurde gerne bei erwartetem Widerstand der Gruppe eingesetzt. Bei dieser Prolepse, der Vorwegnahme des erwarteten Widerspruchs, gehen wir von Anfang an in die Offensive, statt später auf Widerspruch reagieren zu müssen. In einem cleveren Mix aus emotionalen und sachlichen Schritten versuchen wir, dem erwarteten Widerspruch gleich den Wind aus den Segeln zu nehmen.

Gegenargumente vorwegnehmen mit der Prolepse
1 Frage/Thema nennen
2 Emotionen für das Thema zeigen / Wichtigkeit
3 Gegenpositionen darstellen
4 Die zwei stärksten Kontra-Argumente entkräften
5 Die zwei stärksten Pro-Argumente darstellen
6 Zusammenfassender Appell / Aufruf (emotional!)

Wichtig ist es, genau in dieser Reihenfolge zu bleiben und nicht zu sehr die Aussagen der einzelnen Schritte zu vermischen. Auch sollten die emotionalen Teile deutlich erkennbar sein – gehen Sie also ruhig etwas aus sich heraus. Notwendig ist es, dass wir die zwei stärksten Gegenargumente auch wirklich inhaltlich entkräften. Eine Prolepse muss daher meist vor dem Einsatz vorbereitet werden.

Dazu ein Beispiel:
- Schritt 1 – Thema nennen: *„Wir kommen jetzt zum Outdoor-Teil unseres Team-Workshops. Die Frage, die wir uns dabei ja immer stellen, ist, was uns das wirklich bringt für die Teamentwicklung."*

- Schritt 2 – Emotionen zeigen: *„Dieser Outdoor-Teil kann das größte Highlight dieser drei Tage werden – oder eben ein großer Flop. Wenn wir das aber sauber hinkriegen, sind uns die Begeisterung und der Durchbruch sicher!"*
- Schritt 3 – Gegenposition darstellen: *„Manche sagen ja zu Recht, dass diese Spielchen in wichtigen Team-Workshops nur Zeitverschwendung sind. Andere schwören drauf."*
- Schritt 4 – Kontras entkräften: *„Ein häufig genanntes Gegenargument ist ja, dass Teilnehmer hier nur brav mitspielen, später daheim im Büro aber wieder in ihre alten Muster fallen. Das kann passieren, wenn die Übungen uns nicht an echte Grenzen führen, Einzelne nicht aktiv mitmachen oder die Outdoor-Übung anschließend nicht auf die aktuelle Teamsituation übertragen wird. Dann ist es wirklich Zeitverschwendung. Das wird uns aber nicht passieren, da wir u.a. 50 Prozent der Zeit auf die anschließende Übertragung der Erfahrungen auf die aktuelle Situation im Team verwenden werden."*

  „Das zweite viel gehörte Gegenargument ist, dass bei diesen Outdoor-Spielchen nur die sportlich-dominanten Typen glänzen können und die etwas ängstlichen oder zurückhaltenden Menschen sich verbiegen müssen. Dies passiert jedoch nur, wenn wir nur Extremübungen auswählen, die Kraft und Mut erfordern. Wir haben daher ..."
- Schritt 5 – Pro darstellen: analog aufgebaut wie Schritt 4.
- Schritt 6: *„Wenn man alles zusammen betrachtet, sind Outdoor-Übungen unter dem Strich immer noch die effektivste und spannendste Form, Teamdynamiken sichtbar zu machen. Ich bitte Sie, lassen Sie sich mal mit Freude darauf ein. Ich bin schon sehr gespannt – auf geht's!"*

8.9 Die Amulett-Technik: klein-groß-klein

„Was sich groß macht, wird klein gemacht. Was sich klein macht, wird groß gemacht."
Laotse

Was bedeutet dieses Grundprinzip für schwierige Workshops? Zweifeln Teilnehmer an der Kompetenz oder den Aussagen des Trainers, versuchen sie, ihn „klein" zu machen, oder zeigen sie ein skeptisch-abwartendes Verhalten, dann haben wir uns als Trainer zuvor vielleicht unbewusst zu „groß" gemacht.

Manche Trainer und Moderatoren versuchen, sich und ihre Inhalte positiv anzupreisen, um die Akzeptanz zu erhöhen: *„Ich habe jahrelange Erfahrung in diesen Themen ..."* / *„Dann war ich sehr erfolgreich im Management tätig ..."* / *„Dieses Tool ist das wichtigste und wertvollste, das ich kenne. Es wird auch Sie begeistern ..."* / *„Heute Nachmittag erwartet uns eine inspirierende Podiumsrunde mit Ihrer Geschäftsführung ..."*

Als Zuhörer können wir hier fast gar nicht anders, als die ungezeigte „kleine" Gegenseite zu suchen. Wir werden also oft „gezwungenermaßen" kritisch und suchen nach dem Gegenbeweis.

Eine einfache, aber wirkungsvolle Technik, um in wichtigen Gesprächen und Moderationen leichter zum Ziel zu kommen, ist die so genannte Amulett-Technik. Sie lässt sich bei allen Verhandlungen und Workshops einsetzen, etwa wenn es um schwierige Empfehlungen für das weitere Vorgehen im Moderationsprozess mit den Auftraggebern und Teilnehmern geht. Auch wenn in einer inhaltlichen Sequenz kritische Teilnehmer für sich gewonnen werden sollen, funktioniert sie bestens. Anbahnungs- und Abstimmungsgespräche im Businessbereich werden von Trainern und Moderatoren manchmal als anstrengender und schwieriger empfunden als die eigentlichen späteren Durchführungstermine. Auch hier kann die Amulett-Technik Abhilfe schaffen. Ich habe sie von dem Managementtrainer Stefan Spies eindrucksvoll vermittelt bekommen und war von ihrer einfachen Wirkungsweise in der Praxis verblüfft.

Subtile Wirkung in drei Phasen zwischen Bescheidenheit und Selbstbewusstsein

Wir stellen uns einfach ein großes Amulett vor, das wir auf der Brust tragen. Mal zeigen wir es selbstbewusst, wenn wir uns groß machen (körpersprachlich „Brust raus", aufrichten, Schultern leicht nach hinten). Mal verstecken wir es, wenn wir uns klein machen (bescheidenere Sitzposition, Schultern nach vorne, etwas in sich gesackter sitzen, leisere Stimme etc.). Es geht hier nur um die subtilen Wirkungen, die eine erfolgreiche Kommunikation unbewusst unterstützen.

- Startphase der schwierigen Gesprächssequenz (mitunter nur maximal eine Minute): sich bewusst „klein" machen
  Bescheiden auftreten, leise Stimme, höfliche Zurückhaltung, Schultern eher nach vorne (Amulett verbergen), den Gesprächspartner dominieren lassen
- Hauptteil (der längste Part): sich „groß" machen (Kompetenz und „Standing" zeigen)
  Kompetent auftreten, klare Empfehlungen und Aussagen geben, deutliche und laute Stimme, Schultern nach hinten (Brust raus – Amulett zeigen)
- Schlussteil (mitunter wieder nur maximal eine Minute): sich wieder bewusst „klein" machen
  Bescheiden auftreten, leise Stimme, höfliche Zurückhaltung, Schultern eher nach vorne (Amulett verbergen), den Gesprächspartnern und Teilnehmern erlauben, das letzte Wort zu haben

Einfach ausprobieren – es funktioniert gerade in anspruchsvollen, nervösen oder von Machtspielen bestimmten Workshops im Businessbereich hervorragend. In „normalen" Veranstaltungen brauchen wir die Amulett-Technik jedoch meist nicht.

8.10 Mit 4-MAT anmoderieren

Trainer: *„Ja, dann würde ich mal vorschlagen, wir machen dazu jetzt ein Rollenspiel in Kleingruppen ..."*
Teilnehmer 1: *„Warum denn jetzt schon wieder Rollenspiele?"*
Teilnehmer 2: *„Wieso denn nicht hier im Plenum?"*

Wir kennen diese Situation. Häufig entwickeln sich in Workshops genau an dem Punkt Widerstände, an dem die Gruppe in Aktion kommen soll. Da entstehen schnell Grundsatz- und Methodendiskussionen. Die Kritiker der Veranstaltung wittern an diesem Punkt Morgenluft, endlich den Workshop zu kippen oder den Trainer in die Enge zu treiben. Sollte die Gruppe sich an diesem Punkt unnötig verunsichern lassen, reagiert sie wie ein scheuendes Pferd vor dem Hindernis. Dabei wirft es den Reiter auch gleich ab.

Wie moderieren wir eine Aufgabe an, damit alle motiviert mitmachen? Eine sehr einfache Methode ist u.a. unter dem Begriff 4-MAT aus dem NLP bekannt geworden. 4-MAT geht konsequent in vier Schritten vor:

- Schritt 1: Was?
  „Was machen wir jetzt? Wir kommen jetzt zum Thema ‚professionell Feedback-Regeln vereinbaren und Feedback geben im Kritikgespräch'."
- Schritt 2: Warum?
  „Warum machen wir das jetzt? Das Kritikgespräch baut immer auf einer konkreten Rückmeldung gegenüber dem Mitarbeiter auf. Professionelle Feedback-Regeln sind die solide Basis, auf der wir diese Rückmeldung ohne Pingpong-Diskussionen und nervige Positionsschlachten rüberbringen. Das muss man einfach üben."
- Schritt 3: Wie?
  „Wie machen wir das jetzt genau? Zunächst stelle ich Ihnen die zwei wichtigsten Feedback-Regeln am Flipchart hier im Plenum vor. Dann bitte ich Sie, hier im Raum in Zweiergruppen zu gehen. In zwei kurzen Runden vermitteln Sie bitte dem anderen jeweils eine kritische Botschaft genau im Schema dieser Feedback-Regeln. Anschließend geben Sie sich bitte jeweils ein kurzes Feedback, wie die Botschaft angekommen ist. In zehn Minuten treffen wir uns wieder hier im Plenum."
- Schritt 4: Was haben wir dann am Ende davon? (Nutzen)
  „Was haben wir dann am Ende davon? Was bringt uns das? In zehn Minuten hat jeder von uns eine praktische Erfahrung gemacht, welchen positiven Unterschied Feedback-Regeln im

Kritikgespräch machen. Vielleicht haben Sie dann auch schon eine Anregung bekommen, wie Sie an die größeren Kritikfälle heute Nachmittag herangehen wollen."

Es ist in kritischen Workshop-Situationen hilfreich, die vier W-Fragen nacheinander explizit zu nennen und sie dann direkt vor der Gruppe zu beantworten. So wird die Struktur noch deutlicher: *„O.k., was machen wir jetzt? Wir machen ... Warum machen wir das jetzt? Weil wir damit ... Wie werden wir das jetzt machen? Wir teilen uns in vier Kleingruppen auf ... Was haben wir dann davon? In 20 Minuten haben wir eine visualisierte Checkliste, die jeder mit nachhause nehmen kann. Das ist der Nutzen dieser Übung."*

8.11 Systemische Fragen und Interventionen

Die systemische Organisationslehre hat insbesondere die Kunst der (öffnenden) Frage in verfahrenen Gesprächssituationen und Workshops vorangebracht. Systemische Fragen helfen, Zusammenhänge aufzuzeigen, Unklarheiten zu beseitigen und kreative Lösungen zu entwickeln, z.B. in

- der Auftragsklärung für Workshops,
- der Prozessmoderation,
- der Teambildung/Teamentwicklung,
- der Krisen-, Change- oder Konfliktmoderation.

Systemische Fragen helfen, die Wahrnehmungs- und Beschreibungsfähigkeit der Betroffenen zu erweitern und ermöglichen damit ganz neue Blickwinkel. Systemische Fragen erwarten nicht immer Antworten, sondern initiieren Denkprozesse nach neuen und alternativen Lösungen.

Die folgende Systematik nützlicher systemischer Fragen nach Stranczyk gibt die unterschiedlichen Fragetypen gut wieder:

1   Fragen nach Unterschieden

Definition: Unterscheidungsfragen dienen der Verdeutlichung von Wahrnehmungsunterschieden, Bewertungen und Problemen. Wir fragen als Moderator nach Unterschieden, Rangreihen oder Prozentangaben.

Beispiele:
- Worin unterscheidet sich Ihre Arbeitsweise von anderen?
- Wie viel Prozent Ihrer Probleme wären damit gelöst?
- Wie würden Sie diese Sachverhalte auf einer Skala von 0 bis 10 bewerten?
- In welchem Grad sind Sie einverstanden mit ...?
- Was müsste sich verändern, damit sich Ihre Bewertung um einen Punkt nach oben bewegt?

Fragen nach Unterschieden eignen sich besonders in Workshop-Situationen, in denen das Problem präzisiert werden soll und das schwierige Thema von anderen abgegrenzt werden soll, um dann daran arbeiten zu können.

2 Kontext-Fragen

Definition: Kontext-Fragen dienen der Verdeutlichung des Situationsumfeldes. Wir öffnen also das Blickfeld der Workshop-Teilnehmer.

Beispiele:
- Wer ist noch mit dieser Aufgabe außerhalb unseres Kreises hier betraut?
- Wer unterstützt, berät oder hilft Ihnen zurzeit bei diesem Vorhaben?
- Wie sieht das (Projekt-)Umfeld dazu aus?
- Wer hat noch ein Interesse an der Problemlösung/Veränderung?
- Wer hat ein Interesse am Status quo?
- Wen müssten wir zur Problemlösung noch befragen oder zu diesem Workshop einladen?

Fragen nach dem Kontext sind z.B. hilfreich, wenn sich die Problemtrance der Teilnehmer zu stark um sich selbst dreht.

3 Hypothetische Fragen

Definition: Hypothetische Fragen dienen zur Entwicklung neuer Ideen, zur Eröffnung neuer Blickwinkel, Visionen und Utopien. Scheinbar Unmögliches wird durch eine Frage denkbar gemacht. Zusammenhänge werden in einen ungewohnten Kontext gestellt.

Beispiele:
- Angenommen, Ihr Problem hat sich morgen in Luft aufgelöst, was wäre dann anders?
- Angenommen, Sie verhielten sich ab sofort kooperativ, wie würden Ihre Kollegen reagieren?
- Was würde passieren, wenn Ihr Chef morgen kündigen würde?
- Nehmen wir an, Sie seien der Firmeninhaber, was würden Sie sofort verändern?
- Angenommen, eine gute Fee würde Ihnen drei Wünsche ermöglichen, welche wären das? (die Wunderfrage)
- Angenommen, wir befänden uns fünf Jahre in der Zukunft, auf welche Erfolge blicken Sie dann zurück?

Hypothetische Fragen sind besonders geeignet, wenn wir eine leicht destruktiv-depressive Problemtrance im Workshop spüren. Statt mehr vom Gleichen zu diskutieren, brechen wir aus und springen in den fiktiven Lösungsraum. Diese Fragen helfen auch, zähe Diskussionsphasen zu verkürzen.

4 Zirkuläre Fragen

Definition: Zirkuläre Fragen machen komplexe Zusammenhänge zwischen unterschiedlichen Beteiligten klar, ohne dass das ganze relevante System anwesend sein muss. Zirkuläre Fragen dienen zur Bewusstmachung von Unbewusstem, zur Sichtbarmachung von Wechselwirkungen zwischen Personen bzw. Personengruppen.

Beispiele:
- Was glauben Sie, würde Herr X (nicht anwesend) zu dieser Thematik sagen?
- Was denken Sie, wie schätzt X das Verhalten von Y ein?
- Was denken Sie, würde der Standort X zu Standort Y über die von Ihnen geplante Reorganisation sagen?
- Wenn Herr Z jetzt hier wäre, was würde er uns bezüglich der noch einzubindenden Personen und Bereiche raten?
- Was würde ein ganz fremder Außenstehender über die Beziehung zwischen Ihnen und Ihrer Geschäftsführung sagen?
- Was sollte Ihr Chef Ihrem Vorstand über Ihr Workshop-Ergebnis kommunizieren?

Zirkuläre Fragen regen in engen, verfahrenen Workshops zur Öffnung der Perspektive an. Oft werden dabei neue Aspekte aufkommen, die die Moderation wieder zielführender machen.

5 Ziel- und lösungsorientierte Fragen

Definition: Ziel- und lösungsorientierte Fragen verhelfen den Teilnehmern zu anderen Denkweisen, neuen Handlungsalternativen und zielorientierten Verhaltensmustern im Gegensatz zu problemorientierten Fragen, die sie zu einem problemorientierten Denken führen und damit eine „Problemverharrung" verursachen.

Beispiele:
- Was ist Ihr Ziel?
- Was möchten Sie in x Monaten erreicht haben?
- Woran merken Sie, dass Sie Ihr Ziel erreicht haben?
- Wer müsste sich wie verhalten, damit Sie das Ziel erreichen?
- Welche Kriterien müsste die Lösung erfüllen, damit sie für Sie eine gute Lösung darstellt?
- Wer würde mehr, wer weniger, wer gar nicht von der Lösung profitieren?
- Was macht Sie zuversichtlich, dass eine Zusammenarbeit mit unserer Abteilung gerade jetzt hilfreich sein kann?
- Was klappt schon gut mit den neuen Mitarbeitern?

Ziel- und lösungsorientierte Fragen sind bestens geeignet, einen Workshop in der Problemtrance zu stoppen. Energien der Teilnehmer werden wieder auf das positive Ziel fokussiert und meist wird auch sofort die Stimmung besser.

Systemische Fragen und Interventionen

8.12 Effektive Kommunikation mit dem House of Being

Die alte Welt: fünf Räume der Zeitverschwendung

Häufig stellen wir resigniert fest im Workshop: Diese ewigen Selbstdarstellungen, Rechthabereien und Spielchen ... was das Zeit kostet! In Workshops entstehen viele Konflikte und Zeitverschwendungen durch eine unbewusste, ineffektive Art, miteinander zu reden. Eines meiner Lieblingstools zu diesem Thema habe ich von meinem Kollegen Michael Walleczek lernen dürfen. Seine Art, einfach und effektiv in Workshops zu reden, hat mich sehr beeindruckt.

Häufig drehen sich die zwischenmenschliche Kommunikation in einem Workshop und auch viele eigene Gedanken unbewusst nur in einem oder mehreren Räumen im sog. „House of Being". Dies kostet nicht nur viel Energie, sondern stiehlt allen Beteiligten auch viel Zeit. Es ist sehr schwer, aus diesem Haus komplett auszusteigen, da es als selbstverständlich gilt, darin zu leben und zu kommunizieren. Häufig räumen wir sogar der Gegenseite unbewusst Zeit für Rechtfertigungen, Geschichten etc. ein – weil wir es so sehr gewohnt sind.

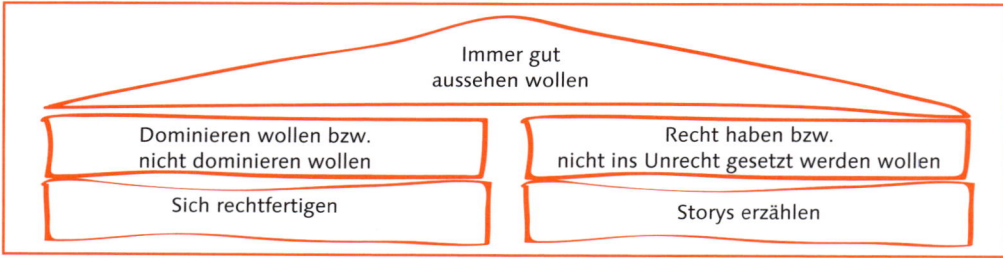

Die fünf Räume der Zeitverschwendung

Alle fünf Räume sind letztlich reine Zeitverschwendung. Leider ist uns diese Motivation hinter unseren Wortbeiträgen im Workshop gar nicht klar. Im ersten Schritt gilt es, die Workshop-Statements genau wahrzunehmen:

- Wann will ich als Moderator oder Teilnehmer mit meinem Wortbeitrag nur vor mir oder den anderen gut aussehen?
- Wo möchte ich insgeheim nur Recht haben oder nicht vom anderen Teilnehmer oder dem Trainer ins Unrecht gesetzt werden?
- Wo spiele ich das „Ja-aber ..."-Spiel, um doch noch Recht zu bekommen?
- Wofür rechtfertige ich mich als Moderator oder Teilnehmer?
- Welche Lieblingsgeschichten erzähle ich besonders gerne?
- Will ich nicht insgeheim andere Teilnehmer oder die ganze Runde in diesem Moment dominieren?
- Bin ich nur gegen einen sinnvollen Vorschlag, weil ich mich von dem, der ihn gemacht hat, insgeheim nicht dominieren lassen möchte?

Ein erster Schritt hier auszusteigen, ist aufmerksam zu beobachten, wann und wie oft wir in einem der Räume unterwegs sind. In besonders ergebnislosen und nervigen Workshops gehen schnell über 60 Prozent der Zeit für das Durchlaufen der fünf Räume drauf, ohne dass jemand auf die Idee kommt, das Treiben zu stoppen. Dem Dach – immer gut aussehen wollen – gilt dabei besondere Aufmerksamkeit, steckt hier doch die eigentliche Motivation des Handelns im House of Being. Schreiben Sie einmal spaßeshalber in einem längeren Meeting oder Workshop mit, wie oft die einzelnen Räume von den Teilnehmern betreten werden. Ihre Strichlisten werden schnell zunehmen!

Im nächsten Schritt besteht dann in bestimmten Situationen – z.B. Meetings oder Workshops – die bewusste Möglichkeit, eben auf eine übliche Rechtfertigung, eine übertriebene Geschichte etc. zu verzichten. So entsteht Raum für eine echte konstruktive Problemlösung in der Welt der Möglichkeiten. Ein Gewinn für alle.

Die konstruktive Alternative: Die Welt der Möglichkeiten

Nachdem wir uns bewusst gemacht haben, wie oft wir uns in den fünf Räumen des House of Being befinden, können wir nun den Ausstieg wagen: Ein effizienter Weg zur echten Lösung wird möglich. Wir kommen jetzt viel schneller zu einer Lösung und reden auch viel weniger.

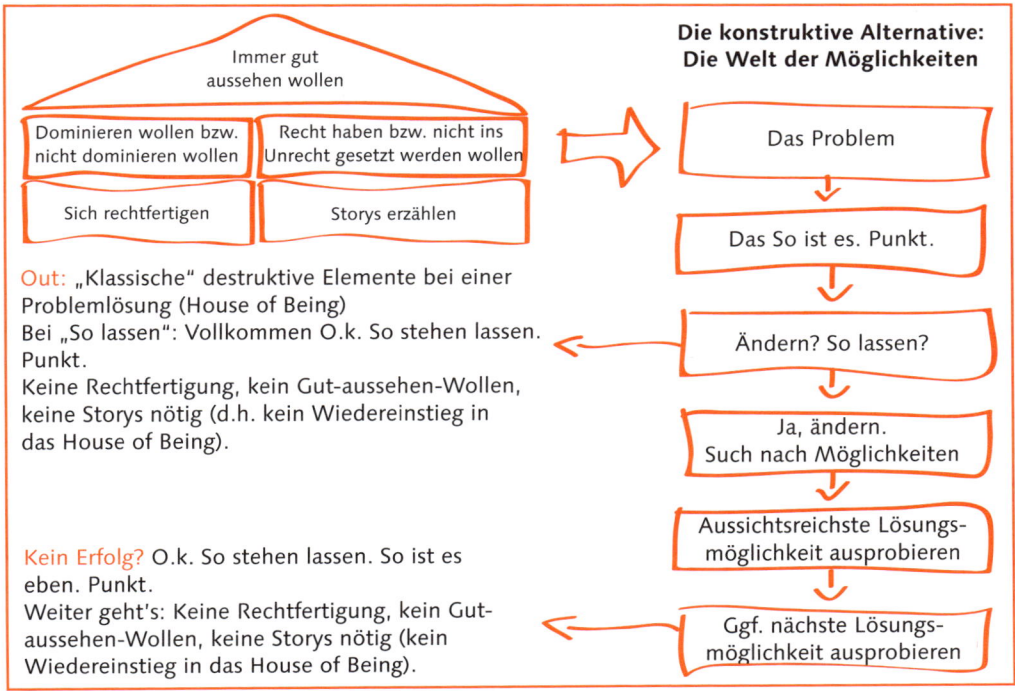

Zeit gewinnen im Workshop durch die Welt der Möglichkeiten

Wie wird dann eine schwierige Workshop-Situation gelöst? Dazu ein Beispiel:

- Teilnehmer: *„Ihre Übung hat keiner hier verstanden. Die bringt doch auch gar nichts."*
- Trainer (ohne Rechtfertigung, ohne Rechthaberei): *„O.k. Wollen wir daran noch etwas machen (ändern)?"*
- Teilnehmer: *„Ja klar, so bringt das doch nichts."*
- Trainer (wieder ohne gut aussehen zu wollen, Rechtfertigungen etc.): *„O.k., ändern wir es. Welche Möglichkeiten haben wir jetzt?"* (das Sammeln der Möglichkeiten beginnt)
- Teilnehmer 1: *„Das sollten wir ganz weglassen."*
- (Trainer nimmt es positiv ohne Kommentar auf)
- Teilnehmer 2: *„Einfach nochmal erklären und dann das Ganze nochmal machen."*
- (Trainer nimmt es positiv ohne Kommentar auf)
- Trainer: *„Was noch?"*
- Teilnehmer 3: *„Wir sollten das zunächst mal als Demo im Plenum zeigen, bevor wir es in Kleingruppen üben."*
- (Trainer nimmt es positiv ohne Kommentar auf)
- Trainer: *„O.k., was noch?"*
- (es kommen keine weiteren Vorschläge)
- Trainer: *„Gut, was wäre jetzt das Naheliegende für uns?"*
- Gruppe: *„Die Demo wäre gut."*
- Trainer: *„Gut, probieren wir es gleich aus. Wenn wir dann noch eine der anderen Lösungen brauchen, nehmen wir sie einfach dazu. O.k., dann fangen wir direkt an ..."*

Was hier so einfach und logisch klingt, findet jedoch in der Praxis so effektiv leider kaum statt. Eine kleine Rechtfertigung wird doch wohl mal erlaubt sein ...

Trainererfahrung

Dr. Holger Sobanski: Stärkste Herausforderung und Profitipp

Was war Ihr persönlich größter Trainings-Flop?
Definitiv eine zweitägige Großveranstaltung mit den 200 Nachwuchsführungskräften eines japanischen Konzerns in meinen ersten Trainerjahren. Da ging fast alles schief. Der erste Tag verlief schon so chaotisch, dass wir am zweiten Tag abbrechen mussten. Die anwesenden Vorstände intervenierten am zweiten Tag kräftig, aber in unterschiedliche Richtungen.

Wie konnte es dazu kommen?
Die Kollegin, die die Veranstaltung leitete, arbeit gern intuitiv-flexibel mit ihren Lieblingsmethoden. Sie hatte noch nie mit einer so großen Gruppe in Englisch gearbeitet.

Wir hatten auch noch nie zusammen moderiert und ich konnte erst am Abend des ersten Tages dazukommen. Die konkrete Zielsetzung war auch dem Vorstand des Unternehmens nicht wirklich klar. „Sie machen da schon was draus", blieb mir aus dem Vorgespräch hängen. Am zweiten Tag forderte der Personalvorstand mich vor der gesamten Gruppe auf, endlich die Hauptmoderation zu übernehmen und Struktur reinzubringen. Ab diesem Moment interessierten sich die Teilnehmer nur noch für die spontane, unabgestimmte Dynamik zwischen den Moderatoren.

Wie haben Sie die Kurve gekriegt?

Gar nicht mehr. Der vorzeitige Abbruch war die Rettung. Immerhin haben wir uns als Moderatorenteam am Abend noch sehr lange zusammengesetzt und sind dabei in befreiendes Gelächter gefallen. Der Kunde hat uns aber nie wieder beauftragt. Wir haben keine Rechnung gestellt und die Finger von weiteren gemeinsamen Großveranstaltungen gelassen.

Was ist Ihre tiefste Lernerfahrung daraus?

Frag so lange in den Vorgesprächen nach, bis dir die Zielsetzung der Veranstaltung wirklich klar ist. Arbeite niemals spontan-intuitiv bei mehr als 100 Leuten im Raum. Bereite bei Großveranstaltungen alles bis in die Details vor und stelle dich auf alle Eventualitäten ein. Gehe nur in eine Zweier-Moderation, wenn die Rollen klar besprochen sind und der Stil zueinander passt.

Was machen Sie nie mehr?

Bei einer schon laufenden Großveranstaltung in die Moderation einsteigen und unabgesprochen die Rollen in der Moderation wechseln. Workshop-Methoden nur nach den persönlichen Präferenzen des Trainers wählen.

Der Profitipp: Mein persönlicher Lieblingshelfer in schwierigen Workshop-Situationen ist: Erst einmal ruhig hinsetzen und kommen lassen. Dann werden etwas trockener Humor und Selbstironie die Situation aufbrechen helfen.

Dr. Holger Sobanski ist Inhaber des Trainings- und Beratungsunternehmens TEAM P in Stuttgart mit den Schwerpunkten Leadership & Change.

8.13 In „zähen" Workshops provozieren

8.13.1 Provokation als grundlegende Technik

Was ist provokative Moderation?

Provokative Moderation ist eine bewusst gewählte, situativ passende – und nur punktuell eingesetzte – Alternative zu unserem bewährten klassischen Moderationsansatz. Im Coaching ist der Ansatz unter dem Begriff des provokativen Coachings bekannt geworden. Die Technik geht auf den irischstämmigen Therapeuten Frank Farrelly zurück und hat über zahlreiche Publikationen (z.B. von Martina Schmidt-Tanger im deutschsprachigen Raum) den Rang einer eigenständigen – meist ergänzenden – Coaching-Technik erreicht.

Ich habe die Grundidee an den Umgang mit Gruppen angepasst und nenne sie provokative Moderation. Normalerweise werden wir in der Moderation schwieriger Themen fast nur fragen, Verständnis zeigen und die Lösung aus den Teilnehmern herausarbeiten. Ratschläge, starke Dominanz (leading) des Moderators und schnoddrige Provokationen sind eindeutig tabu. Genau dies tun wir aber bewusst beim provokativen Moderieren.

Das dafür erforderliche Wissen und Verantwortungsgefühl eines Moderators ist weit größer als wir zunächst denken. Es reicht nicht aus, einfach mal die Karte der Provokation zu ziehen. Dahinter stehen genaue Überlegungen des Einsatzes, umfangreiche Kenntnisse in psychologischen und therapeutischen Prozessen und auch jede Menge Erfahrung.

Warum überhaupt provozieren?

Eine gute Dosis Provokation macht das Moderieren und das Leben für die Teilnehmer manchmal leichter! Auch arbeiten wir damit, um schneller oder wirksamer zu werden im Workshop, sofern das mit dem normalen Moderations- und Trainingsansatz nicht effektiv gelingt. Dies ist gerade bei langatmigen „Problemtrancen" (ständige Problemfixierung der Teilnehmer mit immer neuen Symptomschilderungen) und „Hängepartien" während der Workshops mitunter sehr hilfreich.

Unser kleiner Arbeitsspeicher von ca. 20 Bits (Signalen)/Sekunde wird in der Problemschilderung des Teilnehmers regelrecht „zugemüllt" mit seinen Problemdetails. Im schlimmsten Fall schreiben wir noch eifrig mit und fragen weitere Problemaspekte nach, um Interesse, Empathie und Genauigkeit zu demonstrieren. Genau das wird aber gelegentlich zu unserem Problem! Unser gesamter Arbeitsspeicher ist dann nur noch mit dem Problem erfüllt, selbst alle eigenen Gedanken kreisen nur noch darum (*„Das hatte ich doch im letzten Workshop schon mal?"* / *„Oh, das ist aber wirklich schlimm!"* / *„Welche Technik kann da wohl funktionieren?"*).

Ein den Teilnehmern meist unbewusster Vorgang: Wenn es eng wird, wehrt sich häufig das Bewusstsein (EGO) der Teilnehmer gegenüber dem Moderator und den anderen Teilnehmern oder „schmeichelt herum", um sich (noch) nicht verändern zu müssen. Wir wollen aber gemeinsam an die grundlegende Struktur des Themas, vielleicht sogar die Seele der Gruppe heran, d.h. dorthin, wo die Sehnsucht nach Erfüllung, Veränderung und Erfolg der Gruppe und des Einzelnen liegt. Manche Trainings und Moderationen sind zu nett und harmlos, als dass sie wirklich tief sitzende Themen anbohren könnten. Gleichzeitig suchen wir eine Technik, die auch in verfahrenen Workshops einen Ausweg bietet. Hier hilft uns die Provokation als Stilmittel.

Was unterscheidet provokative Moderation am stärksten von „normaler" Moderation?

- Es geht nicht darum, eine richtige Lösung zu finden, sondern „nur" darum, die Teilnehmer in einen neuen Zustand zu bringen, aus dem heraus sie selbst – ggf. auch ohne den Moderator – Lösungsideen entwickeln (z.B. ein gutes Projekt zum Thema starten ...).
- Der Redeanteil des Moderators ist kurzzeitig viel höher (manchmal bis zu 90 Prozent).
- Wir arbeiten mit vielen eigenen Hypothesen, nie nur mit einer einzigen!
- Wir gehen klar in die Führung (leading) und bieten konkrete Behauptungen und Vermutungen.
- Wir erfragen nicht geduldig die Lösung aus den Teilnehmern.

Welches Menschenbild brauchen provokative Moderatoren?

Wie in Kapitel 1.6 beschrieben: Wir müssen Menschen wirklich lieben. Auch die Grundhaltung „Ich bin o.k. – du bist o.k." ist absolut notwendige Voraussetzung (siehe Kap. 3.4.5). Wir müssen den innersten Kern der einzelnen Teilnehmer und der gesamten Gruppe als völlig intakt, heil und gesund ansehen.

Anders können wir uns Techniken wie das intuitive Provozieren gar nicht erlauben. Sind wir erst einmal leicht wütend auf die Teilnehmer (*„Er geht mir auf den Geist mit seinem Gejammer."* / *„Hier will sich doch eh keiner verändern"*), nervös oder ungeduldig im Workshop – d.h., hat sich schon etwas Druck aufgebaut bei uns als Moderator –, funktioniert provokative Moderation schon nicht mehr. Dann bitte unbedingt auf den Einsatz verzichten!

Wir starten die Technik also, solange wir völlig entspannt und happy mit den Teilnehmern sind. Nur dann wird es positiv laufen. Wir unterstellen den Teilnehmern grundsätzlich große ungenutzte Potenziale, nur leider wollen sie diese ja bis jetzt offensichtlich noch nicht nutzen ...

Sehr schwierig wird es, wenn der Moderator noch unbewusste dominante, abwertende (ich bin o.k. – du bist nicht o.k.), aggressive oder sogar sadistische Persönlichkeitsanteile mit sich trägt. Allzu gerne lassen wir uns dann von der Technik der provokativen Moderation anlocken und begeistern. Wir merken gar nicht, dass hier die Technik nur unsere unbewussten Muster im Gewand einer seriösen, berechtigten Moderationsmethode bedient. Hier hilft nur der sehr wohldosierte Einsatz, die ständige kritische Selbstprüfung und regelmäßige Supervision durch Kollegen.

Welche Rolle nimmt der provokative Moderator ein?

In der – oft sehr kurzen – Phase der provokativen Moderation führt der Trainer klar das Gespräch. Sobald wir die Teilnehmer den Ablauf zu stark führen lassen, „reduziert sich ihre Betriebstemperatur" und damit besteht die Gefahr, dass zu wenig passiert. Nach der provokanten Phase nehmen wir als Moderator wieder unsere ursprüngliche, „dienende" Rolle ein.

Wie sehen wir ein Problem der Gruppe?

„Probleme liebe ich, weil sie das Einzige im Leben sind, was man nicht ernst nehmen muss."
(Oscar Wilde)

Wir nehmen im provokativen Moderieren eine ganz spezielle Sicht auf die Probleme unserer Gruppe ein: Es ist ja manchmal auch ganz nett, wenn wir eine gute Beziehung zu unseren Problemen haben, so können wir uns auch mal einen depressiven stimmungsvollen Workshop-Tag erlauben. Die Probleme kann ich jederzeit einladen, sie sind manchmal besser und treuer als gute Freunde ... Das Problem ist meist nur eine bestimmte Begebenheit, die die Gruppe in die Form einer netten Geschichte gekleidet hat. Und wahrscheinlich haben sich die Teilnehmer untereinander diese Geschichte selbst schon dutzendfach erzählt und auch anderen mehrfach davon berichtet. Und jetzt sind wir dran als Moderator! Flüchte wer kann ...

Martina Schmidt-Tanger vergleicht die typische Problemlösung einer Gruppe oder eines einzelnen Teilnehmers mit einem Huhn auf der Futtersuche, das von den Körnern durch Gitterstäbe getrennt ist: Völlig fixiert auf den direkten Zugang zum Futter traut es sich gar nicht, das Futter und die Gitterstäbe davor aus dem Blick zu verlieren. Wie dieses Huhn gehen auch wir in die totale Problemfixierung und laufen die Gitterstäbe immer wieder auf und ab auf der Suche nach einer direkten Lösung. Doch die gibt es gar nicht und so werden wir immer hektischer, nervöser und frustrierter im Workshop ...

Sobald wir es aber schaffen, das Problem aus dem Blick zu verlieren, tun sich vielleicht neue Lösungen auf: Am Ende der Gitterstäbe brauchen wir einfach nur um sie herum zu gehen, um zum Futter zu kommen! Wie wir das Huhn vom starren „Futter- und Gitterstäbe-Blick" wegbekommen, ist eigentlich egal – Hauptsache, es klappt.

Das Problem ist meist ja auch nicht das wirkliche Thema. Wir sehen den Wald vor lauter Bäumen nicht mehr. Im provokativen Moderieren vernachlässigen wir lässig das ursprünglich geschilderte Problem. Gerne tun wir als provokative Moderatoren so, als ob das gar kein Thema wäre oder verniedlichen es bewusst.

In einer Problemtrance findet eine Gruppe nur Lösungen, die ähnlich probleminfiziert sind, d.h., wir tauschen oft nur ein Problem gegen ein anderes aus. Es macht also wenig Sinn, eine problemfixierte Gruppe direkt neue Ziele oder Lösungen nennen zu lassen.

Wann geht provokative Moderation nicht?

Ohne wirkliche Liebe zu den Teilnehmern in diesem Moment geht die Provokation schief. Dann lassen wir es lieber, auch wenn uns die Provokationen auf der Zunge liegen. Bei akuten ernsten Problemen (Trauerfälle, drohende Jobverluste im Personalabbau etc.) verbietet sich provokative Moderation ohnehin, da sie dann nur zynisch und respektlos wirkt. Ist die Betriebstemperatur der Gruppe zu hoch, ist eine weitere Resonanzsteigerung durch Provokation kontraproduktiv. Wenn der Moderator innerlich wütend oder genervt über die Gruppe oder den Workshop-Verlauf ist, funktioniert es ebenfalls nicht.

8.13.2 Die Provokation als kurze Intervention im Workshop

Wie bauen wir provokative Moderation in die gesamte Veranstaltung ein?

Grundsätzlich recht kurz, oft nur fünf oder zehn Minuten, manchmal aber auch nur in Form einer einzigen Bemerkung oder Frage, um eine entstandene Blockade aufzulösen. Das reicht für den „Normalgebrauch" eines klassisch ausgebildeten Moderators völlig aus. Einen kompletten Workshop im provokativen Moderationsstil führen sollten wir erst, wenn wir in dieser Technik sehr professionell und erfahren sind. Anschließend, nach dem kurzen provokativen Impuls, nutzen wir das spontan entstandene Material, um damit „klassisch" in der Gruppe weiterzuarbeiten.

Wie steigen wir ein in die provokative Moderation?

Grundsätzlich fahren wir unsere Wahrnehmung bereits beim ersten Kontakt mit der Gruppe schon vor dem Workshop-Start hoch und nutzen auch alle Wahrnehmungen, bis die Teilnehmer den Parkplatz verlassen. Provokative Moderation fängt also mental schon beim Reinkommen an und hört erst bei der Verabschiedung auf! Wir beobachten genau unsere Teilnehmer, z.B. Gang, erster Blick, Reinkommen, Händedruck, wie er/sie die Tasche abstellt, den Platz aussucht ... Hier entstehen garantiert eine Menge frischer Assoziationen.

Gut funktionieren einfache Einstiegssätze in die provokative Sequenz:
- *„Darf ich Ihnen jetzt mal die Wahrheit sagen ...?"*
- *„Meine Großmutter würde jetzt sagen ..."*
- *„Also wenn ich Sie nicht schon etwas kennen würde, könnte man meinen ..."*
- *„Jetzt halten Sie sich mal kurz fest ..."*
- *„Auch auf die Gefahr hin, dass Sie mich jetzt furchtbar gemein finden ..."*
- *„Wissen Sie, welche spontane Assoziation mir gerade kam?"*

Diese Sätze „verpacken" nach Martina Schmidt-Tanger oft die provokative Aussage, damit wir die Beziehung zu den Teilnehmern nicht gefährden. Wir könnten ja auch einen Fehlschuss gelandet haben – dann wollen wir ja klassisch weiterarbeiten können.

Wie schieben wir das Problem aus dem Arbeitsspeicher im Hirn der Teilnehmer heraus?

Es geht uns in der provokativen Moderations-Sequenz nicht darum, „feinsinnig" oder thematisch passend zu werden, sondern darum, irgendwie eine neue Aufmerksamkeit oder Ablenkung vom Problem zu erreichen.

Es gibt ganz verschiedene Wege, die ständige Problemtrance zu unterbrechen: Humor, sich etwas blöd stellen oder der Wechsel auf ein komplett „abwegiges" Thema funktionieren grundsätzlich gut. Aber hier bitte vorsichtig dosieren, eine kleine Bemerkung reicht oft (z.B. *„Am liebsten würden Sie Ihren Chefs doch mal eine scheuern, oder?"*). Auch setzen wir das Charisma des Moderators (Aura-Wirkung aufbauen), seine Überzeugungskraft (*„Ich kenne dieses Thema aus 2.500 anderen Workshops ..."*), starke Behauptungen oder sehr emotionale und starke Bilder ein.

Warum erlauben wir uns im provokativen Moderieren so viele Hypothesen?

Es ist wie das Klopfen auf den Busch – irgendwo kommt das Häschen raus. Also testen wir möglichst viele verschiedene spontane Hypothesen, legen uns nie auf eine fest und arbeiten dann dort weiter, wo wirklich eine Resonanz bei den Teilnehmern entstanden ist. Wir können vorher nie wissen, wo das sein wird. Wir können mit einer Assoziation oder Hypothese ruhig mal danebenliegen, das macht nichts.

Welche provokativen Moderationsstile gibt es?

Je nach Energie und Thema der Klienten kann das provokative Moderieren mal „schnoddrig-aggressiv-spitz" sein (*„So als Kleinkind war das ja vielleicht eine nette Nummer, aber jetzt als Erwachsenengruppe ist das schon albern, nicht?"* / *„Sie wehren sich ja nicht einmal ..."*) oder auch „ruhig-melancholisch-traurig-ernst" (*„Sehen Sie die Tragik in diesem Thema ...?"*). Es kann auch häufiger, als wir denken, Humor beigemischt werden. Grundsätzlich sollten wir erspüren, welche Energie gerade bei den Teilnehmern fehlt bzw. gebraucht wird.

Häufig sucht die Gruppe „mehr vom Gleichen", d.h. Moderatoren in ähnlicher Energie wie sie selbst. Zum Beispiel harte Superaktive, weiche Verständnisvolle, traurige Verwirrte etc. Nun bieten wir genau das Gegenteil von dem, was die Gruppe erwartet – fertig ist die erste Provokation! Vielleicht haben die Teilnehmer genau diese Energie schon lange vernachlässigt? Bei „weichen" Teilnehmergruppen gehen wir also vielleicht bewusst einmal „hart" heran und bei sehr rationalen Teilnehmern dann auch mal betont „emotional-extrasoft-kuschelig".

Wie funktioniert provokative Moderation am besten?

- Wenn wir mit starken, leicht überzogenen Bildern arbeiten (bleiben viel länger im Gedächtnis!) und dabei zu 90 Prozent mit positiven Bildern arbeiten (*„Ich sehe hier nur Galeerensklaven, die sich nach der Freiheit sehnen ..."* / *„Ihr Projektteam wirkt auf mich wie müde Hamster, die den Ausgang aus dem Rad nicht mehr finden ..."*).
- Wenn wir eine „erhöhte Betriebstemperatur" bei den Teilnehmern oder auch beim Moderator erzielen.
- Wenn wir neben den Teilnehmern, z.B. im offenen Stuhloval, sitzen mit gleicher Blickrichtung, statt frontal 180 Grad gegenüber oder stehend vor der Gruppe.
- Wenn wir auch mal länger schweigen (aber im Kontakt bleiben!).

- Wenn wir ausschweifende Teilnehmer freundlich auch mitten im Satz unterbrechen und unseren Redeanteil kurzzeitig deutlich erhöhen.
- Wenn wir die Moderation nicht in einer Umgebung machen, die „provokationsfeindlich" ist, z.B. das Bürogebäude der Teilnehmer oder ein strenger Kloster-Seminarraum – besser ist eine fremde, freie Seminarumgebung!

8.13.3 Beispiele und typische Sätze der Provokation im Workshop

Wie klingen typische provokative Sätze in der Moderation?
- *„Echt schade, was wirklich möglich wäre, wenn wir uns nur mal trauen würden ..."*
- *„Jetzt spielen Sie mal nicht so rum ..."*
- *„Ist ja nicht mehr viel Zeit, dann sind Sie auch eines von diesen frustrierten Teams ..."*
- *„Ach ja, Sie kennen das Thema von früher? In den früheren Workshops wollte es wohl auch niemand wahrhaben ..."*
- *„Schöne Geschichte. Bleibt eine Geschichte ..."*
- *„Ich kann Ihnen als Trainer jetzt genau sagen, was Sie tun sollten. Aber was bringt das?"*
- *„Da sehe ich jetzt eine Gruppe ganz kleiner Kinder, die einfach wahrgenommen werden will."*
- *„Das Gespräch mit Ihnen tut mir weh. Sie machen mich richtig traurig."*
- *„Diese ganzen Selbsterfahrungskurse sind doch Quatsch, das sind doch nur Ausreden, etwas nicht zu tun."*
- *„Wie weit wollen wir das denn noch treiben mit dem Selbstmitleid?"*
- Teilnehmer: *„Ich schaff das nicht ..."* Coach: *„Dann lassen Sie es doch!"*

Spätestens hier wird deutlich, dass dies nur auf der Basis echter Wertschätzung gegenüber der Gruppe gelingen kann. Diese Sätze lassen die Teilnehmer keinesfalls kalt.

Welche konkreten Techniken lassen sich im provokativen Moderieren einsetzen?

1 Relevanz / „Betriebstemperatur" erreichen

Wir müssen immer Relevanz – d.h. eine ausreichende „Betriebstemperatur" – bei den Teilnehmern erreichen. Sonst bleibt es rein kognitiv und nichts passiert. Neue Schaltungen (Synapsen) im Hirn entstehen erst, wenn eine ausreichende Dosis Emotionen, Adrenalin etc. zusammenkommt – das nennen wir die notwendige Betriebstemperatur beim Teilnehmer. Dazu müssen wir erst einmal ausreichende Relevanz bei der Gruppe erzeugen. Das ist oft gar nicht einfach: *„Nett, dass wir drüber gesprochen haben ..."* oder *„So richtig hat mir das nicht weitergeholfen ..."* sind oft verstandesmäßige Moderationsebenen, auf denen einfach zu wenig passiert. Die Betriebstemperatur bleibt zu niedrig.

Im stark gruppendynamischen Bereich hingegen ist die Betriebstemperatur oft anfangs zu hoch, d.h., hier wird besser „heruntergekühlt" durch ruhiges Verstehen, um überhaupt arbeitsfähig zu werden. Provokative Moderation ist bei sehr hitzigen Workshops also ungeeignet.

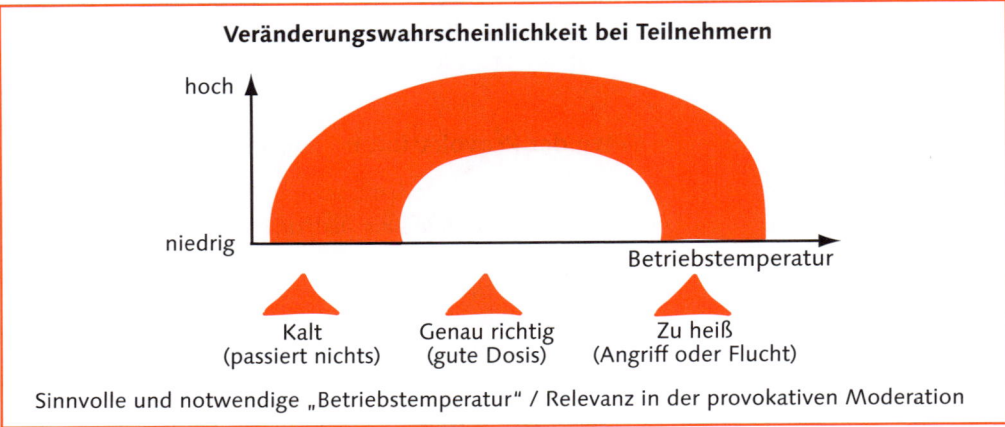

Die Betriebstemperatur im Workshop steuern

Wir kochen die emotionale Resonanz langsam mit viel Rapport und Blickkontakt hoch und bremsen wieder ab, wenn es reicht.

2   Wir zeigen betont Sicherheit als Moderator

„Ja, ich habe es drauf!" – genau diese Haltung soll von Anfang an beim Teilnehmer ankommen, um ihm die Möglichkeit zu geben, sich wirklich fallen zu lassen. Diese Sicherheit geben wir z.B. schon über die saubere Klärung der Rahmenbedingungen, die Zeitplanung des Workshops und das Ankündigen von Irritationen und Provokationen.

3   Wir sprechen Tabus der Gruppe an

Katastrophen werden ohnehin gedacht – es kann also sehr befreiend sein, ein sowieso bei den Teilnehmern schon vage durchdachtes Tabu offen anzusprechen. Das Tabu ist ja da, viele sehen es auch schon, aber keiner spricht es an (*„Irgendwann wird dieses Werk dann ja auch geschlossen, wenn es so weitergeht, oder?"* / *„Kommen dann überhaupt noch junge, kreative Köpfe in Ihr Team?"*).

4   Wir liefern starke Bilder

Nur starke Bilder gehen weitgehend ungefiltert in das Hirn. Manche fallen sehr tief und schwer, manche haben nur geringe Wirkung beim Teilnehmer. Deshalb versuchen wir, möglichst viele starke Bilder anzubieten. Manchmal ist es aber auch clever, auf die ablehnende Antwort der Teilnehmer ruhig und geheimnisvoll zu sagen, *„Ich hatte aber den Eindruck, das Bild passt ..."* – manchmal löst erst das Bewegung aus!

5 Wir ändern die Sitzordnung und das Setting

In der provokativen Moderation sitzen wir uns nicht frontal gegenüber, sondern versuchen idealerweise, fast neben den Teilnehmern zu sitzen. Ideal sind dafür die beiden Endstühle in einem offenen Stuhlkreisoval, diese sollten wir jeweils für uns freihalten. Auch können wir als Auftakt einer provokativen Phase bewusst das Setting dominieren, z.B. die Fenster öffnen (*„Hier muss mal gelüftet werden …"*) oder eine Extrapause machen.

6 Wir setzen Humor ein

Ein wunderbares Provokationsinstrument: Wir setzen Humor auch in schwierigen und hitzigen Momenten ein. Der Vorteil ist, dass Humor und Problemtrance gar nicht zusammenpassen und eigentlich sogar ganz verschiedene Hirnbereiche aktivieren. Wichtig: Arrogantes Auslachen ist aber nicht erlaubt! Wir wollen gemeinsam lachen.

Fazit

Tasten Sie sich langsam heran. Provokative Moderation ist ein scharfes Instrument, das einen verantwortlichen Umgang verdient hat. Es bringt uns nichts, wild „herum-zu-provozieren". Wir diskreditieren im Zweifelsfall den ganzen Berufsstand der Trainer und Moderatoren. Wenn Ihnen provokative Moderation gar nicht liegt, lassen Sie es besser sein. Sie kommen auch anders zum Ziel.

Ein Trost zum Schluss: Fast alle Teilnehmer beurteilen provokative Interventionen übrigens als harmloser und willkommener, als anwesende Gäste, Supervisoren und der Moderator selbst es tun. Offensichtlich spüren wir als Teilnehmer die gute Absicht und vertragen in einem professionellen Setting mehr, als manche glauben. Trotzdem sparsam würzen!

Literaturempfehlung speziell zum Thema Provokative Interventionen:
Martina Schmidt-Tanger: „Gekonnt coachen – Präzision und Pro-Vocation im Coaching".

8.14 Mit Einwänden im Workshop umgehen

Einwände sind ein normales Phänomen in Trainings. Auch durch Einwände zeigen die Teilnehmer, dass sie am Thema wirklich interessiert sind. Sie machen es Ihnen möglich, auf neue Aspekte Ihres Themas einzugehen und ihre Sichtweise zu verdeutlichen.

Einwand oder Vorwand?

Ist es ein berechtigter Einwand oder nur ein vorgeschobener Vorwand? Vertriebsprofis kennen ja den Unterschied: Während ein entkräfteter, berechtigter Einwand zum Kauf führt, kommt es auch nach der Klärung des Vorwandthemas nur zu neuen Vorwänden, aber nie zum Kauf. Einen Vorwand können wir daher recht leicht enttarnen, indem wir die „als-ob"-Methode anwenden:

- Vorwand: *„Das Verfahren, das Sie da vorschlagen, ist für unsere Organisation zu teuer."*
- Antwort: *„Nehmen wir mal an, die Kosten der Umsetzung wären geklärt. Würden Sie es denn dann nutzen?"*

Falls die Kosten der Umsetzung ein berechtigter Einwand sind, lautet die Antwort jetzt „Ja". Ist es nur ein vorgeschobener Vorwand, bleibt es bei einem „Nein", wir hören aber neue Argumente. Genauso funktioniert es auch im Training. Es ist also wichtig herauszufinden, ob die Teilnehmer nur Vorwände z.B. gegen eine Übung haben oder noch berechtigte Einwände ausgeräumt werden müssen.

Wie gehen wir nun mit Einwänden konstruktiv um?

Uns hilft die Haltung, dass konstruktive Einwände den Workshop beleben und wir uns über jeden Einwand freuen können. Wo viel Mist ist, kann viel Kompost entstehen. Nehmen Sie sich ausreichend Zeit dafür und kürzen Sie im Zweifelsfall lieber ein anderes Thema, als über berechtigte Einwände hinwegzugehen. Bei hitzigen Workshops haben wir schon über 50 Prozent der Trainingszeit damit verbracht, Einwände zu behandeln – und das war gut so!

Zunächst hören wir aufmerksam zu und gewinnen etwas Zeit, um unsere Argumente zu sammeln. Die Technik des aktiven Zuhörens ist hier immer hilfreich: Wiederholen Sie das Gesagte mit Ihren eigenen Worten so lange, bis der andere Ihnen zustimmt, dass Sie ihn richtig verstanden haben. Beginnen Sie Ihre Antwort mit: *„Habe ich Sie richtig verstanden …"* Eine präzisierende Gegenfrage kann auch sehr hilfreich sein (*„Was genau meinen Sie?"* / *„Welche Frage ist Ihnen dabei wichtig?"*).

Im besten Fall entkräften wir natürlich die Einwände schon, bevor sie geäußert werden. Falls das nicht möglich ist, finden Sie hier fünf bewährte Methoden, spontan auf einen Einwand zu reagieren:

- Zurückstellen: Notieren Sie den Einwand z.B. auf einem Flipchart (das können Sie auch schon als „Fragenparkplatz" an einer Wand vorbereitet haben) und kommen Sie später zu einem geeigneteren Zeitpunkt darauf zurück.
- Positiv umdeuten: Nehmen Sie den Einwand als positive Bestärkung Ihrer Argumentation. Im NLP kommt dies der Reframing-Technik sehr nahe: *„Die Arbeitsentlastung ist wirklich ein wichtiger Punkt. Genau das spricht für die neue Arbeitsweise, da sie langfristig mindestens zehn Prozent Entlastung bringt."*
- Die Gruppe mitarbeiten lassen: Nehmen Sie den Einwand auf und geben Sie ihn zur Beantwortung in die Gruppe, bevor Sie selbst darauf antworten: *„Ein interessanter Punkt. Da kann ich gerne etwas dazu sagen. Aber vielleicht möchte jemand in der Gruppe direkt etwas dazu sagen?"* Gerade Ihre Fans werden Ihnen gerne aushelfen wollen. Doch Vorsicht: Wenden Sie diese Technik nicht an, wenn Sie selbst keine Argumentation auf Lager haben. Diesen Trick durchschauen die Teilnehmer sehr schnell.

- Teilweise zustimmen: Bei dieser Methode, auch begrenzte Zustimmung genannt, schälen wir den Teil des Einwandes heraus, dem wir ehrlich zustimmen können. Der Teilnehmer wird dies dankbar zur Kenntnis nehmen. Den Teil des Einwandes, dem wir nicht zustimmen können, beantworten wir mit einer passenden Gegenargumentation: *„Ja, da kann ich Ihnen nur zustimmen, dass viele dieser Tools in den Archiven verstauben. Doch ich glaube nicht, dass sie damit für immer verloren sind."*
- Mit Praxisfällen antworten: Je mehr wir praktischer Experte in unserem Thema sind, desto eher finden wir schlagkräftige Projektbeispiele und Praxisfälle, die unsere Argumentation belegen. Schildern Sie ruhig ein paar Hintergrundinformationen aus diesen Fallbeispielen, doch verlieren Sie sich nicht in Details. Das Beispiel soll präzise auf den Einwand hin beschrieben werden: *„Ja, diese Frage hatte ich bei einem Hamburger Versandhandelsunternehmen im letzten Jahr auch zu klären. Sie wurde vollständig durch … gelöst und zwar folgendermaßen …"*

8.15 Die Moderationsmethode: Einwände zur Abstimmung bringen

Wie gehen wir professionell mit methodischen Einwänden und Angriffen von einzelnen Teilnehmern um? Wichtig ist es, sich als Moderator hier nicht in einen Kampf mit dem einzelnen Teilnehmer zu verbeißen. Die Gruppe wird dies irritiert oder neugierig beobachten (*„Jetzt wird es hier mal richtig interessant …"*), aber die Energie der Gruppe zur Lösung wird nicht genutzt.

Die Moderationsmethode ist ein bewährtes Mittel, die Gruppe aktiv zur Lösung einzubeziehen und zügig zu einer klaren Entscheidung zu kommen.

Hier ein Beispiel:

1. Problem	Teilnehmer: *„Das bringt doch gar nichts!"*
2. Gegenfrage	Trainer: *„Was meinen Sie damit?"* (Zeit gewinnen, Energie zurückspielen)
3. wieder das Problem	Teilnehmer: *„Ihr ganzes Training ist falsch!"*
4. Gegenfrage	Trainer: *„Was sollte denn anders sein?"* (Präzision einfordern)
5. wieder das Problem	Teilnehmer: *„Wir müssten Gruppenarbeit machen!"*
6. als Antrag an die Gruppe formulieren	Trainer: *„Herr Schwierig ist also der Meinung, dass wir jetzt Gruppenarbeit machen sollen. Ich nehme das als Antrag, den Ablauf zu ändern. Ist die Mehrheit dafür, jetzt Gruppenarbeit zu machen?"* (Abstimmung findet mit Handzeichen statt)
7. Abstimmung	Trainer: *„Danke, sechs von zehn Teilnehmern wollen also jetzt keine Gruppenarbeit."*

8. Beschluss	Trainer: *„Die Mehrheit hat sich gegen eine Gruppenarbeit ausgesprochen. Herr Schwierig, können Sie dieses Ergebnis akzeptieren?"*
9. wieder das Problem	Teilnehmer: *„Muss ich ja wohl …"*
10. Fortsetzung	Trainer: *„Gut, dann machen wir jetzt weiter."*

Bei der Moderationsmethode ist es wichtig, sich exakt an den Ablauf zu halten und keinen Schritt auszulassen. Anfangs kommt es darauf an, sich zu sammeln und etwas Zeit zu gewinnen. Die Methode muss auch insgesamt recht schnell laufen, um keine weiteren Irritationen zu produzieren.

Wichtig ist es, pauschale Kritik in einen präzisen Vorschlag umzuformulieren und diesen dann in einer klaren Abstimmung an die Gruppe zu geben.

Die Abstimmung muss klar und deutlich mit Handzeichen erfolgen und natürlich stellen wir auch immer gleich die Gegenfrage zur Abstimmung und sammeln etwaige Enthaltungen ein. Jeder Teilnehmer wird damit gezwungen, sich zu positionieren. Die Mehrheitsentscheidung der Gruppe wird vorbehaltlos akzeptiert und sofort umgesetzt. Als Trainer müssen wir also eine etwaige Niederlage entspannt akzeptieren. Wir danken sogar noch dem „schwierigen" Teilnehmer, dass er mit seinem Einzelbeitrag die Mehrheit der Gruppe vertreten hat. Da sind wir ganz Demokraten. In den meisten Fällen wird aber der Trainer „gewinnen". Manche Teilnehmer sind vielleicht schon etwas genervt von den vielen Einwänden dieses Teilnehmers und wollen ihm mit der Abstimmung ein klares Signal senden: *„Es reicht jetzt."*

Die Kunst ist es, den Antrag geschickt und eindeutig zu formulieren. Hier darf der eigene Vorschlag des Trainers durchaus etwas positiv verpackt werden, allerdings ohne lange Werbestatements. Tauchen gleich mehrere Vorschläge von den Teilnehmern zeitgleich auf, arbeiten wir getreu dem Motto: „Wie isst man einen Elefanten? – In kleinen Stücken!" Jeder Einwand wird eindeutig nacheinander durch die Moderationsmethode abgewickelt. Es finden also mehrere kurze Abstimmungen statt.

8.16 Mit persönlichen Angriffen umgehen

Das Schlimmste, was wir in Workshops befürchten, ist oft ein persönlicher Angriff auf uns als Trainer oder Moderator. Diese persönlich verletzenden Angriffe eines Teilnehmers unter die Gürtellinie zielen bewusst auf unseren Kern des Selbstwertgefühls. Im schlechtesten Fall bringt uns ein solcher Angriff so außer Tritt, dass wir bis zum Schluss des Workshops nicht mehr in unsere Normalform kommen. Das darf natürlich nicht passieren.

Persönliche Angriffe sind rein destruktiv und sollten sofort im Ansatz erstickt werden. Haben wir ein solches Niveau erst einmal zugelassen, lädt es den Teilnehmer (oder andere) dazu ein, in dieser Weise fortzufahren.

Persönliche Angriffe sofort stoppen.

Es geht darum, einen persönlichen Angriff wie eine heiße Kartoffel sofort auf den Angreifer zurückzuwerfen, bevor wir uns überhaupt die Finger daran verbrennen können. Schnelligkeit in der Antwort ist also gefragt. Dabei kommt es uns auch darauf an, dass der Angriff gar nicht länger diskutiert wird, sondern sofort im Keim beendet wird. Die Reaktion soll auch so souverän sein, dass allen Teilnehmern sofort klar wird, dass wir uns von diesem Niveau gar nicht schrecken lassen. Letztlich wollen wir auch signalisieren, dass es sich überhaupt nicht lohnt, einen zweiten Versuch zu starten: Wer es probiert, hat die heiße Kartoffel sofort bei sich und damit selbst ein Problem vor der Gruppe.

Die notwendigen Grundhaltungen sind die folgenden, bereits besprochenen Sätze:
- „Mein Kern ist unangreifbar." (Der positive Kern meiner Persönlichkeit kann überhaupt nicht angegriffen werden.)
- „Keine öffentliche Aussage ist ein Problem." (Es liegt nur an mir, ob ich eins daraus mache.)
- „Hochenergetische Menschen setzen Grenzen klarer und früher als andere und nutzen Humor auch dann noch, wenn anderen nicht mehr zum Lachen zu Mute ist."

Die Technik der schnellen Gegenfrage

Bei einem persönlichen Angriff lassen Sie den Inhalt überhaupt nicht in Ihr Hirn dringen. Werfen Sie ihn sofort mit einer spontanen Gegenfrage auf den Angreifer zurück. Stellen Sie sich eine Handgranate vor, die Ihnen zugeworfen wird: Lassen Sie sie nicht in Ihrer Hand explodieren, sondern werfen Sie sie reflexartig zurück. Ihre Antwort muss nicht besonders geistreich oder originell sein. Auch geht es uns nicht darum, Gleiches mit Gleichem zu vergelten und einen noch mieseren Gegenangriff zu starten. Das hält uns nur in dieser destruktiven Stimmung und eröffnet ein Schlachtfeld. Selbst wenn Sie diese Schlacht gegen den Teilnehmer gewinnen, werden Sie einen echten Feind bis zum Ende der Veranstaltung produzieren. Hauptsache, Ihre Antwort ist
- schnell (innerhalb von Sekunden!),
- als Frage formuliert,
- direkt an den Angreifer gerichtet,
- nicht auf den Inhalt des Angriffs eingehend,
- nicht mit einer Rechtfertigung versehen,
- nicht mit einer säuerlichen oder aggressiven „Du Depp-Botschaft" vergiftet,
- humorvoll und idealerweise etwas banal.

Hier einige Beispiele:

- Angreifer: *„Ihre Brille ist aber auch aus den 70er-Jahren!"*
  Antwort: *„Gehen Sie mit mir eine neue kaufen?"*
- Angreifer: *„Haben Sie überhaupt jemals praktisch gearbeitet?"*
  Antwort: *„Wollen Sie es mir beibringen?"*
- Angreifer: *„Sie sind wohl auch einer von diesen übrig gebliebenen 68er-Softies!"*
  Antwort: *„Haben Sie noch ein paar bunte Tücher für mich?"*

Am besten, Sie üben diese Technik in einer kleinen Runde praktisch mehrfach durch. Trauen Sie sich, in diesem wohlwollenden Kreis wirklich auch die übelsten Beleidigungen zu kontern. Wenn Sie die schaffen, kann Ihnen in der realen Workshop-Welt nichts Schlimmeres mehr passieren. Sie werden bei den ersten Runden merken, wie blockiert Ihr Kopf zunächst ist, weil er die „perfekte" Antwort finden will. Dabei explodiert gerade die Handgranate! Mit jeder Runde werden Sie jedoch schneller und humorvoller. Probieren Sie es aus.

9 Ich hab da mal 'ne Frage – Darf ich …

… passive Teilnehmer direkt ansprechen?

Ja, wir sollten es sogar tun! Wie in vielen Meetings ist der Redeanteil in einer Gruppe meist sehr ungleich verteilt. Spätestens nach zwei Stunden ist klar, wer sich in der eher introvertierten, beobachtenden Rolle eingerichtet hat. Die Beiträge dieser Teilnehmer sind oft die substanziell wertvollsten, da sie dem Geschehen oft sehr aufmerksam folgen. Ihre Inputs werden aber nur hörbar, wenn wir sie direkt ansprechen. Fühlen sie sich von unserer Frage, *„Was meinen Sie dazu?"*, tatsächlich einmal überrumpelt, stellen wir die Frage sofort an eine andere Person. Nach einer Weile werden alle spontaner auf diese Frage antworten und vielleicht sogar von sich aus Beiträge bringen.

… Teilnehmer gehen lassen, die nicht freiwillig da sind?

Ja, das schlagen wir immer vor, auch wenn im seltenen Ernstfall oft nur ein oder zwei Teilnehmer pro Gruppe diese Möglichkeit wirklich genutzt haben. Echte Motivation entsteht immer nur aus einer eigenen Entscheidung. Echte Freiwilligkeit können wir nur herstellen, wenn wir entspannt anbieten, dass „geschickte" Teilnehmer ohne Gesichtsverlust das ungewollte Training verlassen können. Jeder Mensch ist für seine Entscheidungen selbst verantwortlich und kann die Konsequenzen dafür tragen. Dazu gehört auch, seinen Vorgesetzten zu erklären, warum er Wichtigeres zu tun hatte, als beim Training zu bleiben.

… einen Teilnehmer bitten, das Training zu verlassen?

Ja, auch das kann vorkommen. Zum Beispiel müssen Schläfer und Dauerstörer nicht endlos ertragen werden. Manchmal ist es nicht nur für die Gruppe, sondern auch für den Betroffenen das Sinnvollste. Freundlich, aber bestimmt und gut begründet ist es kein Tabu.

… sagen, dass ich nicht mehr weiter weiß?

Ja. Die Weisheit liegt immer in der Gruppe. Wir denken oft schon länger, im kritischen Verlauf einer Diskussion nicht weiterzuwissen, trauen uns aber nicht, es auch zuzugeben. Dabei ist es ein bewährtes Stilmittel, genau das in den Raum zu stellen. Allerdings sagen wir es nicht „fünf vor zwölf", sondern so früh, dass wir es noch aus einer entspannten Haltung heraus tun und aus dieser Öffnung neue Anregungen aus der Gruppe zum Weitermachen entwickeln können. Außerdem erlauben wir uns das, weil wir zuvor schon ausreichend eine solide Fachkompetenz im Thema demonstriert haben.

… mal lauter werden?

Ja und Nein. Das ist in manchen Kulturkreisen natürlich eine echte Entgleisung. In Deutschland funktioniert es als kurzfristiges Notmittel nur, wenn wir es innerlich ruhig tun, d.h. die Lautstärke ganz bewusst und kontrolliert als Stilmittel einsetzen, wenn die normalen Interventionen erschöpft sind. Aus diesem Verantwortungsgefühl für die Situation kann es sein, dass einmal lauter zu werden für alle im Raum die sinnvollste Interaktion ist, um eine destruktive Situation aufzulösen. Auch der Workshop-Leiter kann seine Emotionen gezielt einsetzen, wenn es dem Ziel dient.

… einfach nur schweigen?

Ja und Nein. Das kommt auf die Situation an: Häufig wird das bewusste Schweigen (schon drei Sekunden können lang sein) von Trainern viel zu selten eingesetzt. Komplexe Botschaften brauchen ja 1,5 Sekunden, um vom Teilnehmer wirklich aufgenommen zu werden. Kürzere Schweigepausen sind also die reinste Wohltat für eine Gruppe. Nachdem wir eine neue Sequenz angekündigt haben, ist es auch oft sinnvoll, einfach einige Sekunden zu schweigen, damit die gewünschte Bewegung in die Gruppe kommt. Während die Teilnehmer in einer Reflexion sind, sollten wir als Moderator ohnehin auch über Minuten hinweg komplett schweigen können. Unangemessen für Trainings finde ich aber die quälend langen Schweigepausen, die sich einzelne Moderatoren leisten, wenn es hitzig wird. Wer diese gruppendynamische Intervention nicht wirklich gelernt hat, sollte es lieber lassen. Der Schuss kann nach hinten losgehen.

... die Teilnehmer bitten, mir (noch) eine Chance zu geben?

Ja und Nein. Es kommt dabei natürlich darauf an, ob wir schon der Verzweiflung nahe und bettelnd-unterwürfig unterwegs sind. Dann bringt es meist nichts, da der letzte Respekt der Alphatiere verloren geht. Ist dies aber nicht der Fall, haben wir gute Erfahrung mit dieser überraschenden Intervention gemacht. Die konfrontative Stimmung lässt plötzlich nach, wenn wir uns menschlich zeigen und die Frage ganz offen stellen. Bekommen wir die Chance, müssen wir aber auch sofort liefern – eine zweite Chance wird meist nicht gewährt.

... Verbündete in der Gruppe suchen?

Selbstverständlich. Arbeite mit der Gruppe, nicht gegen sie. In kritischen Workshops ist es durchaus erlaubt, den konstruktiven Kern der Gruppe zu identifizieren und bei Bedarf direkt um seine Meinung zu bitten. Wir tun dies natürlich sehr diskret und keinesfalls offensichtlich. Das kann sogar so weit gehen, dass wir in der Pause einzelne Teilnehmer bitten, im Interesse des Diskussionsfortschritts sich öfter zu Wort zu melden. Sind wir jedoch als neutrale Ablaufmoderatoren gebucht, scheidet diese Intervention in der Regel aus.

... mich mit den Teilnehmern gegen den Auftraggeber verbünden?

Nein. Es kommt nicht selten vor, dass bei einem Inhouse-Workshop die Teilnehmer subtil prüfen wollen, ob sich der Trainer auf ihre Seite schlägt, z.B. beim Kritisieren der nicht anwesenden Chefetagen. („*Wie sehen Sie das denn als neutraler Außenstehender ...?*") Hier Position gegen den Auftraggeber zu beziehen, ist zwar bequem und bringt als Belohnung ein harmonisch verlaufendes Training, aber es rächt sich meistens. Zum einen kann der Auftraggeber vom Trainer und Moderator echte Loyalität erwarten. Zum anderen sickert dieses Verhalten nach der Veranstaltung oft zu den Auftraggebern durch, dann allerdings gerne auch noch übertrieben oder verfälscht dargestellt.

... ein Training abbrechen?

Ja. Wenn es aussichtslos erscheint, die Ziele der Veranstaltung noch zu erreichen, ist der Abbruch der Veranstaltung eine ehrliche Option. Warum sollen wir uns in einem sinnlosen Workshop quälen, nur weil der Raum und alle Teilnehmer bis 18 Uhr geblockt sind? Ressourcen sind kostbar und sollten geschont werden. Wir haben oft die Erfahrung gemacht, dass ein bewusster, von allen akzeptierter Abbruch einer Veranstaltung das Projekt richtig in Schwung gebracht hat und ein späterer Zeitpunkt – oft mit der gleichen Methodik – bessere Lösungen gebracht hat.

... ein misslungenes Training abrechnen?

Eher nein. Geht der Misserfolg auf die Kappe des Trainers oder Moderators, sollte aus Kulanzgründen keine Rechnung gestellt werden. Das ist das Mindeste, was wir noch zur Lösung des Problems beitragen können. Der Kunde hat schon genug Ärger und Kosten mit einer misslungenen Veranstaltung. Liegt die Verantwortung aber wirklich größtenteils beim Veranstalter oder anderen Parteien, dann ist eine Abrechnung trotz erkennbarem Misserfolg gerechtfertigt. Aber merke: Es gibt kein schlechtes Publikum, nur unpassende Trainingsdesigns und nicht passende Trainer.

Trainererfahrung

Uli Ernst: Stärkste Herausforderung und Profitipp

Was war Ihr persönlich größter Trainings-Flop?
Eine Impulsveranstaltung, die unser Unternehmertraining bewerben sollte. Die Veranstaltung war mit 40 Teilnehmern so gut besucht, dass daraus ein volles Seminar hätte entstehen können. Stattdessen kam es zu einer aufgeladenen Protestatmosphäre und es traute sich praktisch keiner mehr, sein Interesse für unser Unternehmertraining auch nur kundzutun.

Wie konnte es dazu kommen?
Die Impulsveranstaltung richtete sich an Landwirte und fand daher im Rahmen der Jahreshauptversammlung der regionalen Berufsvertretung statt. Dort herrschte eine aufgeladene Stimmung, nachdem die Unternehmer seit Monaten mit extremem Preisverfall zu kämpfen hatten. Ein Teil der Besucher wollte seinen Frust über die Berufsvertretung ausgerechnet an diesem Abend kundtun. An dem Abend verspätete sich der Vorstand der regionalen Berufsvertretung und deshalb sollte ich mit meinem Impulsvortrag beginnen und anschließend sollte nach meinen 1,5 Stunden der Vorstand die Veranstaltung übernehmen, um die Themen der Jahreshauptversammlung zu erörtern. Meine Vorstellung mit Schnupperelementen aus unserem Seminar gelang wie schon so oft erst einmal gut. Als ich mit meinem Programm nach 1,5 Stunden fertig war, bat mich jedoch der Geschäftsführer, doch noch ein paar weitere Elemente vorzustellen, weil der Vorstand noch immer nicht eingetroffen war. Diese Situation nutzten die aufgebrachten Landwirte für ihren Protest und es wurde am Ende von einigen Teilnehmern lautstark zu radikalen Aktionen wie dem Umwerfen eines Milchlasters aufgerufen, mit Parolen wie „Wir brauchen kein Unternehmertraining – wir brauchen bessere Preise!" - Interesse an unserem Unternehmertraining hat danach niemand mehr geäußert …

Wie haben Sie die Kurve gekriegt?
Dieser Abend war einfach gelaufen – ich war nur froh, irgendwann relativ unbeschadet aus dieser intensiven Schusslinie gekommen zu sein. Witzigerweise waren aber trotz allem einige Teilnehmer doch überzeugt worden und nahmen an unserem Training etwas entfernt an einem anderen Ort teil.

Was ist Ihre tiefste Lernerfahrung daraus?

Stets alle Sinne auf Empfang, um Unzufriedenheit so früh wie möglich zu erkennen. Mit vermeintlich schwierigen Teilnehmern mache ich mich am besten vor der Veranstaltung bekannt, um Anonymität abzubauen. Bei meiner Vorstellung kläre ich genau, wofür ich stehe und wofür ich verantwortlich bin.

Was machen Sie nie mehr?

Habe ich meinen Auftrag erfüllt und ist meine Botschaft angekommen, verlasse ich bei kurzen Impulsveranstaltungen dann sofort die Bühne.

Der Profitipp: Mein persönlicher Lieblingshelfer in schwierigen Workshop-Situationen ist: Mit dem charmantesten Lächeln, das ich habe, stets die Souveränität behalten.

Uli Ernst ist Trainer im Kernteam der Andreas Hermes Akademie und leitet einen eigenen Hochseilgarten mit Trainerteam am Ammersee.

Literatur zur Vertiefung

- Antons, Klaus: Praxis der Gruppendynamik. 8. Auflage, Göttingen 2000
- Aurel, Marc: Selbstbetrachtungen. Stuttgart 1949
- Berne, Eric: Spiele der Erwachsenen: Psychologie der menschlichen Beziehungen. Reinbek 1999
- Bhagavad Gita: Das heilige Buch des Hinduismus – Eine zeitgemäße Version für westliche Leser. Jack Hawley (Hrsg.). München 2002
- Bhagavadgita: Das Lied der Gottheit. Stuttgart 2008
- Bönsch, Marion; Zach, Kathrin: Seminarkrisen meistern: Erste Hilfe für Trainer, Lehrer, Vortragende. 2. Auflage, Reinbek 2006
- Bucay, Jorge: Komm ich erzähl dir eine Geschichte. 5. Auflage, Frankfurt 2008
- Buckingham, Marcus; Clifton, Donald: Entdecken Sie Ihre Stärken jetzt! 3. Auflage, Frankfurt/Main 2007
- Csikszentmihalyi, Mihaly: Flow – Das Geheimnis des Glücks. 13. Auflage, Stuttgart 2007
- De Shazer, Steve: Der Dreh: Überraschende Wendungen und Lösungen in der Kurzzeittherapie. 11. Auflage, Heidelberg 2010
- Döring, Klaus; Ritter-Mamczek, Bettina: Lehren und Trainieren in der Weiterbildung. 8. Auflage, Weinheim 2001
- Fromm, Erich: Die Kunst des Lebens: Zwischen Haben und Sein. Freiburg 2007
- Fromm, Erich: Haben oder Sein. 27. Auflage, München 1999
- Fromm, Erich: Die Kunst des Liebens. 58. Auflage, München 2000
- Großer, Michael: Outdoors für Indoors. Mit harten Methoden zu weichen Zielen. 2. Auflage, Augsburg 2003
- Grün, Anselm: Menschen führen – Leben wecken. 5. Auflage, München 2008
- Herrmann, Ned: Das Ganzhirn-Konzept für Führungskräfte: Welcher Quadrant dominiert Sie und Ihre Organisation? Wien, 1997
- Kießling-Sonntag, Jochem: Handbuch Trainings- und Seminarpraxis. 1. Auflage, Berlin 2003
- Krawiec, Ingo: Sozial kompetent trainieren. Bonn 2011
- Lao Tse: Tao-Te-King. Ins Deutsche übertragen von Hans Knospe und Odette Brändli. Zürich 1996
- Lawson, Karin: The Trainer's Handbook (Pfeiffer Essential Resources for Training and HR Professionals). 3. Auflage, San Francisco 2008
- Lipp, Ulrich; Will, Hermann: Das große Workshop-Buch. Konzeption, Inszenierung und Moderation von Klausuren, Besprechungen und Seminaren. 8. Auflage, Weinheim 2008
- Lipp, Ulrich: 100 Tipps für Training und Seminar. 1. Auflage, Weinheim 2008
- Mecking, Kai: Umgang mit schwierigen Verhaltensweisen einzelner Seminarteilnehmer. München 2007
- Meister Eckhart: Deutsche Predigten: Eine Auswahl. Stuttgart, 2001

- Meister Eckhart: Meister Eckhart und sein Kloster. Freiburg, 2003
- Rachow, Axel (Hrsg.): Spielbar. 51 Trainer präsentieren 77 Top-Spiele aus ihrer Seminarpraxis. 2. Auflage, Bonn 2006
- Rautenberg, Werner; Rogoll, Rüdiger: Werde, der du werden kannst: Persönlichkeitsentfaltung durch Transaktionsanalyse. 19. Auflage, Freiburg 2001
- Röhrig, Peter (Hrsg.): Solution Tools. Die 60 besten, sofort einsetzbaren Workshop-Interventionen mit dem Solution Focus. 3. Auflage, Bonn 2011
- Schlippe, Arist von; Schweitzer, Jochen: Lehrbuch der systemischen Therapie und Beratung. 10. Auflage, Göttingen 2003
- Schmidt-Tanger, Martina: Gekonnt coachen – Präzision und Pro-Vocation im Coaching. 2. Auflage, Paderborn 2004
- Schulz von Thun, Friedemann: Miteinander reden 1: Störungen und Klärungen. 48. Auflage, Reinbek bei Hamburg 2010
- Seifert, Josef W.: Besprechungen erfolgreich moderieren. 11. Auflage, Offenbach, 2004
- Seneca, Lucius Anäus: Von der Seelenruhe. Herausgegeben von Heinz Berthold. Leipzig 1980
- Seneca für Zeitgenossen: Ein Lesebuch zur philosophischen Lebensweisheit. Zusammengestellt von Josef M. Werle. München 2000
- Simon, Fritz B.: Einführung in Systemtheorie und Konstruktivismus. 4. Auflage, Heidelberg 2009
- Simon, Fritz B.: Gemeinsam sind wir blöd!? Die Intelligenz von Unternehmen, Managern und Märkten. Heidelberg, 2004
- Simon, Fritz B.; Rech, Christel: Zirkuläres Fragen – Systemische Therapie in Fallbeispielen: Ein Lernbuch. 8. Auflage, Heidelberg 2009
- Spies, Stefan: Authentische Körpersprache. 2. Auflage, Hamburg 2004
- Spitzer, Manfred: Lernen: Gehirnforschung und die Schule des Lebens. München 2007
- Stahl, Eberhard: Dynamik in Gruppen: Handbuch der Gruppenleitung. 2. Auflage, Weinheim 2007
- Weidenmann, Bernd: Erfolgreiche Seminare und Kurse. 7. Auflage, Weinheim und Basel 2006
- Weidenmann, Bernd: Update für Trainer: In 14 Lektionen zur didaktischen Meisterschaft. Bonn 2011
- Wilber, Ken: Wege zum Selbst. München 2008
- Ziegler, Erich: Das australische Schwebholz und 199 andere Spiele für Trainer und Seminarleiter. 2. Auflage, Offenbach 2007

Die Autoren

Dr. Holger Sobanski war u.a. Leiter der Personal- und Organisationsentwicklung eines internationalen Konzerns und Projektleiter bei Kienbaum Management Consultants, Düsseldorf. Er bildet regelmäßig Coaches, Managementtrainer und Changemanagement Consultants in spezialisierten Ausbildungen aus. Er ist Inhaber des Trainings- und Beratungsunternehmens TEAM P in Stuttgart. Er trainiert seit über 15 Jahren Fach- und Führungskräfte aller Ebenen in mittelständischen Firmen und internationalen Konzernen und führt Strategie- und Change-Moderationen durch.

Promotion in Indien über das Einzelcoaching von internationalen Führungskräften; NLP-Master; jeweils systemische Coaching-, Trainer- und Beraterausbildungen; u.a. Lehrbeauftragter für Train the Trainer an der TU Braunschweig, Dozent für Persönlichkeitsentwicklung an der Universität Hohenheim, zertifizierter Trainer und Coach nach dvct e.V.

In Kontakt kommen Sie mit ihm unter
www.teamp.de oder
holger.sobanski@teamp.de

Thomas Rößle: Der erfahrene Trainer und Teamcoach fördert Fach- und Führungskräfte in ihren kommunikativen und sozialen Kompetenzen und bringt Teamprozesse wertschätzend und präzise in Schwung. Im TEAM P steht er für die methodische Qualifizierung – speziell für Mitarbeiter und Führungskräfte, die sich in die Rolle des Trainers und Moderators entwickeln wollen. Thomas Rößle ist seit mehr als zehn Jahren als selbstständiger Managementtrainer und Ausbilder tätig.

Stichwortverzeichnis

Quick-Start

Trainer werden ist nicht schwer

Ein guter Trainer muss noch lange kein guter Unternehmer sein, aber kaum eine Trainer-Ausbildung bereitet einen Trainer auf eine erfolgreiche Selbstständigkeit vor. Diese Lücke schließt dieses Buch.

Martina Caspary/Gerhard Gieschen
Erfolgreich als selbstständiger Trainer
168 Seiten, kartoniert
ISBN 978-**3-589-24101-9**

Weitere Informationen zum Programm erhalten Sie im Buchhandel oder im Internet unter **www.cornelsen.de/berufskompetenz**

Cornelsen Verlag • 14328 Berlin
www.cornelsen.de